菩提寺イチョウの4月の全景。枝から多数のれんぎ（摺木、こぶ、チチ）が下がる。江戸中期、将軍徳川吉宗はこのれんぎの伐り取りと献上を命令、村の大事件となった記録が残る。左斜面に立つのは天明イチョウ。DNA鑑定で親木から分離独立したことがわかった（2022年4月、著者撮影）。

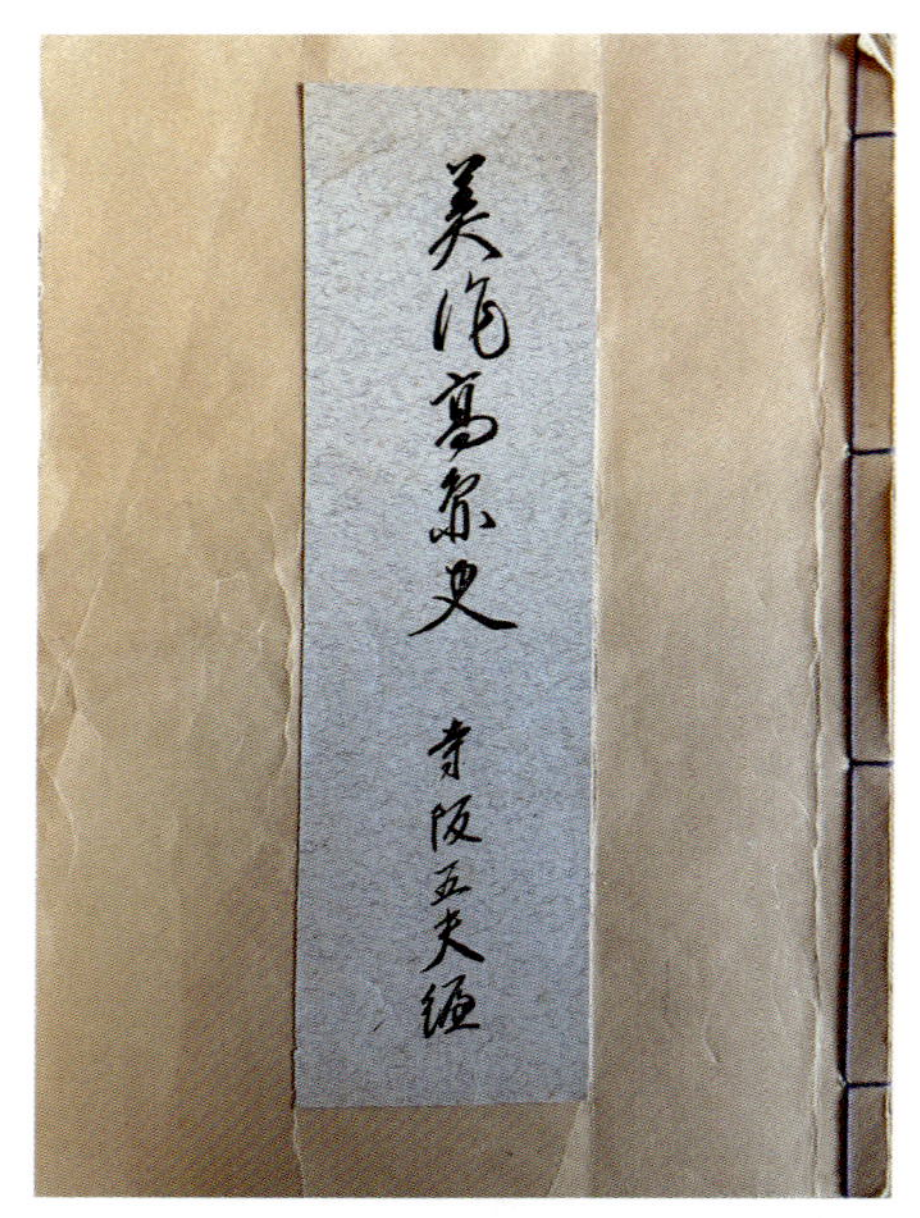

右）寺阪五夫編『美作高円史』表紙。昭和33（1958）年刊（奈義町立図書館蔵）。享保5（1720）年の菩提寺イチョウに関する「吟味覚書」の全文を収載する唯一の文献。著者は内容と郷土史家寺阪の編纂態度に強い衝撃を受けた。

下）江戸時代後期に皆木保実が描いた菩提寺イチョウの絵。リアリティには欠けるが「デン木」に注目している。「れんぎ」を「デンギ」と聞いたのだろう。菩提寺イチョウの現存唯一の絵画史料。『白玉拾』所収（津山郷土博物館蔵）。

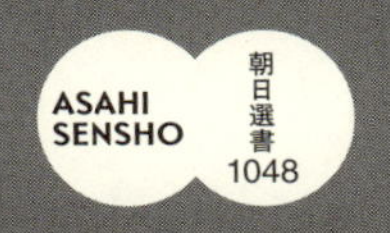

木に「伝記」あり

巨樹イチョウの史料を探して全国を歩く

瀬田勝哉

朝日新聞出版

目次

図版作成　鳥元真生
イラスト　マカベアキオ
ＤＴＰ　渋谷瞳子
　　　大澤洋恵
装幀　前田奈々

本書は選書という体裁上、専門家以外の方々も多く読まれることがあるため、史料はできるかぎり著者が大意を記すようにした。文字遣いにおいては、人名などの固有名詞を除き、常用漢字、現代仮名遣いを用いた。史料の引用で一部、旧仮名を使用した箇所もある。

木に「伝記」あり
巨樹イチョウの史料を探して全国を歩く

瀬田勝哉

はじめに

　これはある巨樹イチョウの伝記を書く試みである。「木に伝記」とはおよそなじみのない表現だろう。伝記といえば人間と相場は決まっている。木についての伝記など果たして可能か。もし可能だとしたら、それは当然その木の植物学的な誕生から、生長の過程や現在の様子、育ってきた生育環境、気象環境など、木に刻印されたさまざまな自然科学的データから読み取っていくのが正攻法だろう。

　しかし私は「個」としての一本の木の伝記を、あえて人文科学的、歴史学的な方法で語ってみたい。個人史ならぬ「個木史」だ。もちろん木は自ら語らないから人間が書き残したものに頼ることになる。文字資料だ。ここでは広く一般的なものをいう場合は「資料」、そのなかでも特に文字で書かれた歴史的なものは「史料」と書く。

　普通に考えたら、一本の木の歴史を単独の本にして書くなどということはまず不可能だ。しかし私は幸運にもある史料に出会うことができた。これまで見たこともないような内容だ。とはいっても、いわゆる「原史料」といわれる生（なま）の古文書や日記ではない。それを書き留めた六十数年前の一冊の活字本との出会いにすぎない。しかしあまりに衝撃的だった。

その本はこれまで岡山県の一地方でしか知られていなかった。岡山県立図書館では見られるが、国立国会図書館には収められていない。そこに書かれていた一本のイチョウの木に起きた「事件」に出会って私は目を疑った。もちろんたかが一本の木だ。政治や社会に対して何か大きな影響を与えるといったような歴史的事件ではない。しかし広く木と人間の歴史というものを見渡したとき、書き留めておかなければならない特異な事件だ。

いったい一本のイチョウに何が起きたのか。この「木の事件」ともいうべきことを、どうしても少しでも木に関心のある人々に伝えたくなった。さらにその事件を足場にして一本の巨樹の歴史、つまり「個木史」にまで挑戦したくなった。それはとりも直さずその木と関わった人間の歴史ということになる。木はまだまだ力強く生きているから、「木の一生」などとはいえない。半生であり、その半生に関わった人間の歴史だ。それを私は「木に伝記」と言ってみた。

木は岡山県、旧美作（みまさか）国の山中にある古寺「菩提寺（ぼだいじ）」の巨樹イチョウである。当然イチョウが根を下ろしている場所、美作那岐山（なぎさん）菩提寺という寺がどんな寺かも調べることになるだろう。その木は前に立つだけでも十分人を厳かな気分にさせてくれる。余計なようだが、そこに私は、この木に関わった人間の歴史をつけ加えることで、もう少しだけ木の魅力をふくらませてみようと思った。

本書は一〇章構成とした。第一章はなぜ巨樹イチョウの研究を私が始めるようになったか、その初動段階を記す。第三章以下が今述べた美作菩提寺のイチョウだ。しかしその出会いに至るまでに、私は全国を歩いていくつもの巨樹イチョウに向き合った。それらは菩提寺のイチョウほど史料的に恵まれなかったために伝記を書くまでには至らなかったが、さまざまなことを教えてくれた。そこでそのなかから数本だけを選んで、当のイチョウとそれに関わった人のことを第二章として書くことにした。資料（史料）という面から見て特徴的なイチョウということにもなる。専門書でもないのに考証が多くて読みづらく、まどろっこしいと感じられる方もおられるだろう。先を急ぐ方は第二章を飛ばしていただいてもけっこうだ。

しかしできるだけ目を通して、木についての歴史的な資料（史料）探しのむずかしさ、何はわかるが何はわからないか、どこまで言えるかなど、歴史研究者の追究のプロセスを知っていただけたらありがたい。

第一章　なぜ巨樹イチョウか――そもそもの私のミッション

なじみ深いイチョウ

　イチョウといえば、木に関心のない人でもたいていは思い浮かべることができるだろう。それくらい日本人にはなじみのある木だ。葉っぱの形、秋ともなると強烈な匂いを発するギンナン、テレビでは各地のイチョウ並木の金色の映像が流れる。日本では街路樹に最も多く植えられていることもあって、思い出しやすい印象的な木には違いない。

　東京では明治神宮の外苑イチョウ街路樹、大阪では御堂筋(みどうすじ)のイチョウ並木が有名だが、どちらもイチョウが「都道府県の木」に選ばれている。しかもご当地の国立大学のロゴマークにイチョウが使われるほどで、両大都市の住民にはことになじみ深い木だろう。

「都道府県の木」が都道府県民の投票で選ばれたのは昭和四一（一九六六）年。このとき全国でもう一つだけイチョウが選ばれた県がある。神奈川県だ。もちろん横浜にも山下公園通りの有名なイチョウ並木はあるが、神奈川の場合はどうやら鶴岡八幡宮(つるがおかはちまんぐう)など社寺の大銀杏(おおいちょう)も県のシンボルツリーにふさわしいとされたようだ。街路樹ではなく観光地の神社の一本の木だ。鶴岡八幡宮のイチョウは平成二二（二〇

図1-1　鶴岡八幡宮大石段下のイチョウ。7年後の倒壊など全く予想できないほど勢いを感じさせる。2003年、著者撮影。

一〇）年、突然倒壊して人々を驚かせ気を揉ませたが、今では木の根元の部分や枝からの挿し木がたくましく生長を始めている。遠い先にはなるが、立派な再起が期待できるだろう。

　ここで私が取り上げようとしている巨樹イチョウは、全国的に見て特別有名な木というわけではない。美作国、現在の岡山県の東北部にある菩提寺という寺のイチョウだ。岡山県では幹周第一位の木として名を知られていても、鶴岡八幡宮（図1－1）や最近では全国一位の幹周としてテレビでもたびたび取り上げられる青森県の北金ヶ沢のイチョウに比べればずっとローカルだ。もちろん私も知らなかった。そんなイチョウを私が一冊の本の主人公にまでして「伝記」を書こうというのだから、よほどのきっかけがあったということになる。それはどういうことか。少し長くなるが順を追って書いていこう。

こうして私のイチョウ研究は始まった――一通の手紙

今から一二年前の平成一五（二〇〇三）年三月、春休みでの長旅から戻り、久しぶりに勤務先の大学に行ってみると、ロッカーに見知らぬ人からの一通の手紙が入っていた。開けてみると思いがけないことが書かれていた。私がその三年前に出版した『木の語る中世』を読んで共鳴したから教えを請いたいという。まことに丁重な文だったが、およそ次のようなものだった。

自分は昨年筑波大学を定年退官して今は他の職には就かず、「銀杏(イチョウ)科学研究舎」と称して自宅でイチョウの研究に専念している。日本全土には、目通り幹周ほぼ六メートル以上とする「巨樹・巨木イチョウ」が全国各地に約五〇〇本存在する。自分たち夫婦で五年ほどかけて車でほぼ全てを見て回り、幹周などを測定してデータを集めてきた。目的は「イチョウが中国から渡来したといわれる時期を解明するため」だ。現存する巨樹のイチョウのなかから、渡来以来、あるいは限りなくその時期に近いときから生きてきた木を探り出すことができれば、その木の樹齢を解析して渡来期を推定することが可能となる。今ようやく巨樹・巨木イチョウの全国的分布図も出来上がった。それを自然科学的観点から考察してみるが、なかなか納得のいく結論が見通せない。困っている。

そこで生物学的視点だけではなく、歴史・民俗学的視点でもとらえることが重要だと考え直した。あなたは『木の語る中世』という本で、植物を通して日本の歴史を見るという珍しい研究をしておられる。そのあなたとの共同研究ができたら、これまでにはない新たな展開が期待できるのではないか。

イチョウの精子研究から巨樹研究に

こう最初に切り出したのちに、初めて堀輝三(てるみつ)氏は自分の研究歴を明かし、なぜイチョウ研究に進んだかを説明する。大学では理学部で植物学を専門にしていたが、追いかけていたのは細胞だ。植物の長い過去の歴史が現世に生きる植物の細胞の生命活動のなかに軌跡を残しているはずだと考えた。その細胞を通して現在の緑色植物の祖先を探し出す。だから淡水や海水に棲(す)む植物性プランクトン生物の細胞の構造を電子顕微鏡で調べていた。

その研究の脈絡のうえから、一〇年ほど前イチョウのつくる精子の研究が必要となり、イチョウに触れるようになった。それがきっかけで、自(おの)ずとイチョウという巨樹になる樹木に関心が向くようになった。

およそこういう内容だった。「イチョウの精子」のどこが問題なのかといった植物のごく基礎的なことも知らなかった私はちょっと不思議な気持ちになった。プランクトンのような微細な生物の研究をしていた人が、大木のイチョウ研究へと専門が広がっていく、その研究のプロセスの面白さに興味をそそられた。

堀氏は最後にこうも付け加えた。筑波大学の自分のところでイチョウ研究をしていた佐藤征弥(まさや)さんという徳島大学の准教授が、もうすぐＤＮＡの面白い成果を発表する。佐藤さんとはすでにともに研究しているが、あなたを加えて三人でやるともっと面白くなるに違いない。一緒にやりませんか。

植物学者からの共同研究の素晴らしく魅力的な誘いに私は小躍りした。堀氏の私への期待は「現存している巨樹イチョウ」の来歴を文献資料（史料）でたどること、そして樹齢を文献的に推測すること、次に運よく最も長い樹齢のイチョウが確定できれば、日本に初めて入ってきた時期はそれより前と断定できる。さらに運が良ければ入った時期そのものの文献に出会えるかもしれない。そこをやってほしいというものだった。

しかしちょっと待てよ、そんなうまい具合に要望にピッタリ合う文字史料など求められるわけはないと、心のなかでは懐疑的な気持ちも十分大きかった。それでも「巨樹・巨木イチョウ」と言われるものをこまめにあたっていけば、個々の来歴はかなり明らかにできるかもしれない。それを積み上げていけば意外な視界も開けて、堀氏の期待に少しは応えられるかもしれない。やってみる価値は十分ある、そんなふうにも考えて受ける決断を伝えた。

質問攻めにあう

堀氏からは、手紙の往復では時間が惜しいからメールでも電話でもファックスでもいいということだった。しかし当時まだかろうじてパソコンを触るくらいのレベルだった私は、ひとまず手紙で返事を書いた。待ってましたとばかり堀氏からは電話がかかってきて、畳みかけるような質問攻めが始まった。

すでにできている全国分布図を送るから見てほしいが、今すぐにでも知りたいことがあるといって尋ねられたのが次の三つだ。

1　全国で一番巨樹イチョウが多いのは青森県だ。イチョウが中国・朝鮮から入ったといえば、普通に考えて西日本や奈良・京都など近畿地方が先で、巨樹が多いのもそちらだろう。ところがなぜか巨樹とされるような太いイチョウは圧倒的に青森県にある。青森県には中国・朝鮮から直接入ってくる別ルートでもあったと考えられるか。

2　京都・奈良など畿内、つまり歴史的に「中央」とされるようなところには巨樹イチョウが極端に少ない。これは朝廷を中心とする中央の権力者たちがイチョウを植えることを嫌って避けたからか。あるいは単に戦乱などが多く、火災などで焼けて残らなかったというだけのことか。

3　九州の大分県の辺鄙(へんぴ)な場所の丘の上に「大神宮」という小さな社(やしろ)がある。巨獣のような迫力を感じさせる素晴らしいイチョウが生えている。大神宮というからお伊勢だろうが、なぜ伊勢信仰がこんなところにあるのか。そのイチョウの木の周りには女性や子どもの墓と思われるものがいくつも倒れかかってはいるが残っている。伊勢と女性・子どもとイチョウの関係はどうなっているのか。

とりあえずの返答

あまりの熱心な問いかけに私はたじたじとなったが、1については、そのころ日本中世史でも注目を浴びていた安藤(あんどう)(安東)氏という、津軽半島十三湊(とさみなと)を拠点に活動する海の大豪族のあり方が頭に浮かび、非常に興味を持った。確かに安藤氏とも関連性はあるかもしれない、輸入経路はともかく、中央経由ではない木の流れを考えていいかもしれない。ひとまずこんなことを答えて収めてもらった。

2については面白いが、いろいろ文献にあたってみないとなんとも答えられない。3は意外ともいえる話だが、「大神宮」がお伊勢さんを指すかどうかもわからない。しかし女性・子どもの墓らしいものがイチョウの下にいくつもあるというのは民俗学的にも非常に興味深い。ぜひ現地に行って観察してきますと、ここでもまずは逃げた。

堀氏の歴史学に対する期待が大きいことはひしひしと感じることができたが、こちらからすると少しこわい気にもなった。気持ちが前掛かりになりすぎていることを慮(おもんぱか)って、私が伝えたことがある。人文研究はすぐに成果が見えず時間がかかる。史料(資料)一つを探すにも、最初からある場所がわかっているわけではないから、無駄を承知であちこち史料をめくらなければならないし、歩かなければならない。空振りは日常茶飯事、労多くして益少なしです。

さらにある程度めぼしいものにあたりをつけて現地調査をしたとしても、その木だけ見ていたのでは底の浅い表面的な理解にしかならない。周辺の歴史地理学的観察や民俗学的な聞き取りなどやっていたら、一カ所で一日などはざらだ。木に古くからの伝承などがある場合は、文献によってその地域の歴史や木の所有者の歴史もつかまなければならない、データを取ってそれでよしとはできない以上、とても時間がかかるし、お金もかかる。とまずこんなことを念押しして伝えた。

堀さんの研究　平瀬作五郎のイチョウ精子発見

ここからは「堀さん」の呼称で書いていくが、もちろん私はこれまでの堀さんの研究の中身は知らない。先ほどの自己紹介にもあったようにに「細胞構造」に関心があったようだが、具体的には〇・一ミリ以下の「単細胞」というような植物プランクトンも含まれる「藻類（そうるい）」の研究をしていたという。そんな小さなものの研究が今やイチョウにまで広がってきたのは、それまでの「細胞」研究の脈絡から「イチョウがつくる精子」を研究する必要性が生まれたからだという。

イチョウに精子が作られ、卵細胞に運ばれて受精が行われ、新しい生命体が誕生することは今ではよく知られている。しかし一〇〇年以上も前の明治の頃、イチョウのような大木にシダ植物にあるような精子がつくられ、それが卵細胞に届いて受精が行われるなどということは欧米でも全く知られていなかった。ところが明治二九（一八九六）年、平瀬作五郎という東大で画工として働いていた一助手がイチョウの精子を発見し、世界の植物学者を驚かせた。この平瀬の発見は、植物の進化の歴史のミッシングリンクを埋めるほど大変大きな意味のあることだったと堀さんは語る。

ちなみに平瀬作五郎はイチョウの精子発見ということで今も名前は記憶されるが、その業績は必ずしも正当に評価されているとはいえないと『「イチョウ精子発見」の検証――平瀬作五郎の生涯』という本で本間健彦（たけひこ）氏は熱く語っている。イチョウのことを学ぶうえでの必読書だ。

平瀬は非常に細かく観察した結果を植物学の雑誌に発表した。しかしこのイチョウの精子の活動を実際に観察することは現在でも非常にむずかしく、自分の目で確認できた人はごく少数だと堀さんは言う。

イチョウ精子をこの目で確認するむずかしさ

なぜそれほどむずかしいのか。イチョウは雌雄異株（しゆういしゅ）で、雌（めす）のイチョウには「胚珠（はいしゅ）（若いギンナン）」があり、春、雄のイチョウが飛ばした「花粉」をこの胚珠で受け止める。しかし「受粉」したといっても、この段階ではまだ花粉のなかに精子は存在しない。「花粉」は約三カ月半、胚珠のなかで過ごし、胚珠自体の生長にともなって八月中頃に二個の精子となる。間もなく花粉管が破れて「繊毛（せんもう）」のついた精子が飛び出し、泳いで胚珠につくられた卵細胞に到着し受精が行われる。受精した卵は細胞分裂を続けて次の世代の子（胚）となる。

精子の観察、確認が非常にむずかしいのは、この精子がつくられた後、飛び出して泳ぐ期間が極めて短いからだという。一本のイチョウではギンナンのなかで精子はほぼ一斉につくられ泳ぎ出す。一年でせいぜい三日くらいしか観察できないらしい。別の木のギンナンも同様だから、日をずらして収集したとしても、せいぜい一〇日から二週間しか観察できないのだという。ピンポイントでその日をつかむのが非常にむずかしい。このことに気づくまでに堀さんも数年かかっている。

堀さんは毎年決まった場所の決まったイチョウからギンナンを採り観察データを集めた。そしてついにこの繊毛のある「精子」が花粉管から飛び出し、泳いで卵細胞に届く決定的な瞬間を記録映画に撮ることに成功した。海外の科学映像賞をいくつも取った『種子の中の海』と題するＤＶＤは市販されている。観察の手順も公開したから現在は関心のある人ならだれでも、辛抱強く顕微鏡を覗(のぞ)けばイチョウの精子活動の神秘の瞬間を観察することが可能だというが、今なお成功は厳しいらしい。

平瀬作五郎といい堀さんといい、生物学研究というのは試行錯誤しながら顕微鏡で根気強く観察し一瞬のチャンスを狙うという意味では、私が考えていたよりもはるかに忍耐と集中力の必要な学問だということを知った。歴史学とはまた違うが、地味な、そして時間のかかる積み重ねの必要な学問という点で大いに共感する思いだった。

堀さんの「銀杏学」のすすめ——大著二冊

堀さんは私に手紙を書いて共同研究を勧めてくれた直後の二〇〇三年六月、『写真と資料が語る日本の巨木イチョウ——23世紀へのメッセージ』という大著を刊行している。そのなかに〈「銀杏学」へのいざない〉という魅力的な名称の章が設けられている。自然科学と人文科学が互いに補完しながら総合研究する「銀杏学」の提唱だ。「あとがき」を書いたのは三月二二日となっているから、ちょうどその頃、私にあの呼びかけをしてくれていたことになる。堀さんにはすでにこのとき「銀杏学」の構想があったのだ。

人に任せるだけではなく、堀さん自身、すでに専門の自然科学から一歩外に踏み出し、人文科学分野の文献探索、ことに歴史的なことに先行研究を頼りにしつつ歩み始めていた。日本に入ってきたのはどうやら平安末か鎌倉以降かと漠然とはいわれているが、室町時代だという説もあってまだまだ流動的だ。その各説を一つ一つ文献にあたりながら調べを進めていた。そこをもう一段専門的な意見を聞きたい、さらに新しい文献を探してもらいたいということで私を誘ったことになる。

堀さんは電話してきた段階ですでに、自分の足と手と目で把握できた五〇〇本以上の全国巨樹・巨木イチョウの分布図を作成していた。共同研究をスタートさせるより前だ。『写真と資料が語る日本の巨木イチョウ』はその第一弾だった。さらに二年後の二〇〇五年一二月には第二弾として『総覧・日本の巨樹イチョウ――写真と資料が語る。幹周7m以上22m台までの全巨樹』をご夫婦で刊行している。日本の巨樹・巨木のイチョウについての詳細なリストを完成させたことになる。

堀さんの巨樹と巨木の定義

二冊の書名に注目すると、一冊目は「巨木」、二冊目は「巨樹」となっている。環境庁（現、環境省）が一九九一年刊行した『日本の巨樹・巨木林（全国版）[*]』では、地上から約一三〇センチの位置で幹周三〇〇センチ以上を巨木と定義としている。巨樹についての定義はない。

それに対して堀さんはイチョウの場合に限る、として次のように定義している。

幹周五〇〇～六〇〇センチ台を巨木

幹周七〇〇センチ以上を巨樹

つまり第一冊目は、幹周五〇〇センチ台と六〇〇センチ台の「巨木」を扱っている。ただしこのクラスは数が多いから、本にすべての写真まで載せて詳しくデータと説明を書き込んだのは六〇〇センチ台だけだ。

第二冊目は幹周七〇〇センチ以上の「巨樹」の写真とデータをすべて載せている。環境庁が取り上げていないものも合わせてリスト化した網羅的なものだが、当然その後見つかったものもある。とはいえ、この二冊は日本の巨樹・巨木イチョウの基本台帳になると言ってもいいだろう。

環境庁の調査と違って、夫婦二人ですべてを、それも夏、冬と季節を違えて最低二度ずつ見て回り、自分たちで生物調査や資料調査をしている。もちろん環境庁調査でも統一的な測定基準を設けて調査員にも周知しているはずだが、実際の測定に携わる人が非常に多い以上、判断基準がずれてくることは避けられない。特にイチョウのような複雑な形をした木ではそうだ。堀さんの調査では基準の狂いははるかに小さいだろう。それでも堀さんは言っている。二度測り直しはしないのだと。それくらい測定は揺れるし、むずかしい。

（注＊）環境省自然環境局生物多様性センターでは二〇〇〇年以降「巨樹・巨木林の基本的な計測マニュアル」をインターネット上で公開している（「大きな木が待っている！」）

こうして堀さんは第二冊目『総覧・日本の巨樹イチョウ』に、それまでにつかめた「巨樹イチョウ」

のリストとデータを公表した。堀さんは自分が取ったさまざまなデータはこれから二〇〇年先まで有効活用できるようにと考えたという。本に書いたのはそのごく一部だ。それでもこの本に全国分布地図もつけたことで都道府県ごとの比較も可能となり、各地域の特徴も一目瞭然となって見えてくる。

そのころ堀さんが心待ちにしていたのは、徳島大学准教授の佐藤さんによる巨樹のＤＮＡ検査結果だ。堀さんのところで一緒にイチョウ研究を進めていた人で、私たちの共同研究の仲間であるが、その成果も大きく進展していた。堀さんはできたてホヤホヤの初期的成果も取り入れている。全国分布図や一覧表はこの最新成果と融合させることで一層有効利用できるようになりイチョウ研究の飛躍的前進が期待されるが、それは後に回そう。

何がわかっていないのか——私の準備運動

さて私のほうだ。勤務する大学で木のゼミを開き、専門分野の中世でも木の本は書いたが、イチョウについてはほとんど無知も同然だった。学生時代には毎日見慣れたイチョウ並木の太い木によじ登った危ない経験もあるが、生物としての特徴などはほとんど知らなかった。二億年くらい前から生きている化石のような木というくらいだっただろう。

ところが関係の本や論文を読み始めてみると、東洋にイチョウという珍しい植物があることをヨーロッパに伝えたのは日本帰りのドイツ人ケンペルだったこと、ヨーロッパではそのころからイチョウに興味を持って植樹し始めたこと、またイチョウの精子発見という植物学上の世界的大発見をしたのは平瀬作五郎という日本人だったことなど、イチョウと日本人にはとても深い関わりがあることを知って関心は急速に高まった。

風説からの脱却を試みる堀さん

堀さんから与えられた私のミッションは文献資料調査だが、中国・朝鮮からの伝来史については先にも書いたように堀さん自身がすでに自説を発表していた。それまで当たり前のように語られていた根拠のない風説からの脱却を目指していた。東洋医学史の専門家真柳誠氏の研究と、初めて本格的にイチョウを日本史の俎上に載せた中世史家の西岡芳文氏に学びながら。『総覧・日本の巨樹イチョウ』に示された堀さんの考えをここに記しておこう。

1 中国の人々の前にイチョウが姿を現したのは一〇〜一一世紀である。

2 一二世紀初めには、中国でギンナンは食品として一般に広まり、『紹興本草』に初めて薬用効果が記載された。

3 一二世紀以前にわが国に伝えられた中国の本草書には、イチョウ（鴨脚、銀杏、白果等）は採録されていないので、『紹興本草』を見たほんの少数の人を除き、ほとんどの日本人はイチョウを知らなかった。

本草とは薬用になる植物に由来する語で、これを研究する本草学は中国で早くから発達しており、日本へも遣唐使の頃から入っていた。しかしそこにイチョウは出てこない。

堀さんの推論

イチョウの日本伝来史だが、堀さんは物的証拠、文字証拠、絵巻物を検討した結果、こう推論している。

1 日本には、一三世紀後半～一四世紀前半に果実としてのギンナン（種）としてイチョウが到来した。

2 室町時代中期（一四五〇年頃）までに国内に急速に広まり、各地で木が生えるようになった。

3 一六世紀以降になると、イチョウの果実（ギンナン）、木ともにわが国の人々の日常生活に入り込んでいった。

実は堀さんの研究だけでなく、それまでの研究ではどうしても果実（ギンナン）が中心だった。食料品だったからだ。持ち込まれたのも最初はきっとギンナンだったのだろう。一九七六年、韓国新安（しんあん）沖に沈んでいた中国浙江省（せっこうしょう）慶元（けいげん）（寧波（ニンポー））から日本に向けた船が引きあげられ、船内からギンナンが一粒発見された。「至治三年（元の年号、日本では元亨三〈一三二三〉年）」の年号が書かれた木札があったことから大いに注目された。

絵画的には絵巻物にイチョウの「葉」らしきものが描かれ注目された（西岡芳文「歴史のなかのイチョウ」）。しかし実物の木を知っていて描いた感じの絵ではない。このことからイメージだけが先行し、まだ人々に馴染みのある木とはなっていなかったとも考えられている。

金沢文庫所蔵の鎌倉時代末期から南北朝時代の典籍にイチョウの葉が挟まれていたことから、そのころすでにイチョウが広く植栽されていたとする考えもある（納冨常天「鎌倉期典籍と葉子――金沢文庫資料研究余滴」）。しかし葉が典籍に挟まっているというだけではその時代のものかどうかの決定的証拠にはならないと堀さんは慎重だ。イチョウの葉に本の防虫効果があることが日本で知られて普及するのがいつからかも問題になってくる。

要するに植えられた「イチョウの木」が存在したのか、あるいは「イチョウの木を植えるという行為」がはっきりと確認できるか、ともに確実な文献史料でわかっていなかった。堀さんから私に課せられた最大のミッションはまずそこだった。それが明らかになる文献探しをしてほしいということになる。

私の仕事始め――幸先よく「京都・花御所」史料が見つかる

正直言って、私はこうした調査研究は得意ではない。史料の網羅的な収集とか悉皆調査を専門とする研究には向いていない。「検索」ということに甚だ弱いのだ。とはいえ、引き受けたからには、まず身の周りで割合簡単に見られる文献史料からでも始めなければならない。周りにある中世の日記・古文書・記録などの歴史史料を手当たり次第に見始めた。
ラッキーなことに成果は割合早く表れた。『愚管記』、もしくは『後深心院関白記』という摂関家近衛道嗣の日記だ。永徳元（一三八一）年一〇月七日にこうある。

　庭前の銀杏・槇等を武家上亭に堀（掘）って渡した。内々厳命があったからだ。

前関白左大臣近衛道嗣邸の庭に生えていた銀杏と槇などを、将軍足利義満の要請で掘り返して「武家上亭」、つまり「花御所」「花亭」とも呼ばれることになった室町殿に運び移植している。近衛殿の邸宅は室町殿から西へ一町のところにあったから、そこから運んだのだろう。これが今のところ「木」としてのイチョウの本邦での初見だ。

実は三年前の永和四（一三七八）年二月二八日にも近衛は自邸の庭の有名な糸桜の小木を義満から所望されていた。このときは間に入った三宝院僧正からの問い合わせがあり承諾した。当日は日野大納言が奉行として立ち会い、掘り出した。まだ寝殿しか完成していなかった「花亭」の庭に運んで移植している。酒も酌み交わしているから、はなやかなイベントの空気があったのだろう。

それに対して三年後の永徳元年の銀杏のときは「内々厳命」であった。問い合わせなどというものではなく「厳命」だったのだ。この三年の間に義満の地位と実力は飛躍的に向上し、有無を言わせぬ命令に前関白近衛道嗣も従うしかなかった。記事は極めて短い。

天皇はじめ上位にある権力者が、下位の者の庭木などを強制的に召し上げて移植することは平安時代から行われている（河原武敏『平安鎌倉時代の庭園植栽』）。なにもこのときが初めてではないが、庭造りが一層盛んになる室町時代にはこれまで以上に強力に「召し上げ」が押し進められた。河原者（庭者）が実力者の命を受けてめぼしい庭の木や石に目をつけては運び出している。

今回の場合ではそれ以上のことはわからないが、最上級の公家近衛邸から最高位の武家足利将軍邸に移植していることは注目しておくべきだろう。みやこ京都ではまだ珍しい木だったのではないか。

運ばれたイチョウがすでにどれくらいの樹齢だったかはわからない。ただかなり目立つものであったからこそ義満の厳命の対象となったと考えれば、一〇年、二〇年では若すぎる。高さも考えて仮に三〇年くらいのものだとすれば一三五〇年（南北朝時代中期）頃、五〇年とすれば鎌倉時代最末期の一四世紀前半には大地に植えられ生長を始めていたことになる。実生からか挿し木からかはわからないが。

「種子」としてのギンナンではなく、「木」自体が鎌倉末か南北朝中期、つまり一四世紀中頃に存在していたことはこれで証明された。それも近衛という最上級貴族邸から足利将軍武家邸に移植されたということが確認できた。これで室町時代（南北朝時代を除いた）渡来説は消える。

京都の禁裏では、奈良の東大寺・興福寺では

では禁裏ではどうか。ずっと下るが『お湯殿上日記』永禄四（一五六一）年五月一七日にこうある。禁中の「いちやうの木」があまりに茂りすぎたため、「だいこく」に命じてすかせたと。『お湯殿上日

記』は禁裏に働く女官の日記で代々書き継がれる。「だいこ（ご）く」とは「大黒」とも書き、禁裏に出入りして「千秋万歳」を演じ「三毬杖」も囃す芸能民だ。もとは掃除を職掌とする集団で「声聞師」とか「散所」と呼ばれる（川嶋將生『中世京都文化の周縁』）。庭者だけでなく、彼らもまた石木の移動、掃除などの作庭に関わっていた（山路興造「前近代　被差別民呼称とその実像」）。

このように京都ではすでに禁裏のイチョウの木は大きく育っていて鬱陶しいほどになっていた。

奈良ではどうか。『多聞院日記』という興福寺多聞院の僧が書き継いだ日記がある。その天文一一（一五四二）年七月一四日に、ある坊の被官が「東大寺ヰチヤウノ木ノ本」で勧学院衆によって打ち殺されたという記事が載っている。勧学院はこのころ興福寺にも東大寺にもあったようで、どちらのとは言えないが、「東大寺のイチョウ」というところが注目される。

天正一六（一五八八）年五月一五日には「大仏ノヰチヤウノ木」の西に「井」が「出デツキ」というから水が湧き出したのだろう。奈良中の人が飲み水などのために人夫を出してやってきて大にぎわいになっていた。「大仏のイチョウの木」と言われるくらいに人々によく知られたイチョウがあったことになる。

興福寺はどうか。近世初期の俳論書である『毛吹草』は正保二（一六四五）年に刊行された。本邦古今の名物つまり物産が列記されているが、「大和」の項に「興福寺銀杏」とあり「コウブクジノギンアン」とルビが打たれている。全国で「ギンナン」が名物としてあがっているのはこれしかないから、興福寺のギンナンはよほど有名だったのだろう。一本二本ではなく相当数の雌のイチョウの木があったことになる。

奈良を代表する二大寺院にも中世後半から近世初期には確実に目につく大きなイチョウがあり、ギンナンのなる、かなりの数のイチョウの木があった。現在、京都西本願寺境内の御影堂（ごえいどう）の前にある大イチョウは江戸時代も早々に植樹されたものに違いないが、大社寺と仏前・神前のイチョウの関係という点では十分その面影を伝えている。

堀さんからの電話の質問のうち、ペンディングにしていた2に対する答えはこれで解決した。京都・奈良の朝廷、幕府、貴族、大社寺いずれも権力側が嫌悪したという事実は全くなかったことが証明された。現在畿内地方に巨樹イチョウが極めて少ないという事実は、残っていないというだけであり、別の要因を考えなければならない。

佐藤さんの成果――DNA研究で「グループ」が見える

堀さんが語っていた若い研究者、徳島大学の佐藤征弥さんの研究が徐々に私たちの共通の情報になりだしていた。佐藤さんからは全国巨樹巨木イチョウDNA解析の中間発表的なものとして、都道府県ごとの一覧表と全国マップに落としたものが次々に送られてきた。これによって巨樹イチョウの研究は格段に進むことになる。

堀さんの研究では巨樹イチョウ約五〇〇〇本の都道府県分布により大小や多寡（たか）を比べることはできるが、その五〇〇〇本相互間の「関係性」がわからないままという弱みがある。グルーピング（仲間分け）ができない。言い換えればイチョウ相互の「移動」を思い描くことがない。存在しても全体としてそれぞれが個々バラバラなままだ。

佐藤さんのDNA解析はこの弱点を克服し、研究を質的に飛躍させることになる。DNAの違いでいくつかのタイプ分けができれば、それぞれの「グループ性」「関係性」が見えてくる。どのタイプがどこに分布するか。分布の特徴は何か、なぜそのような分布になるか。分布の背景にある人の動きにも考えが及ぶ。さらにそもそもなぜそのタイプが生まれるのか、中国・朝鮮との関係はどうか等々。

もちろんその土台には堀さんの悉皆調査がある。都道府県別の木の幹周、雌雄、本数、特徴等の全国一覧表だ。そこに新たにDNAが記入されていく。そしてDNAタイプ別に一覧表と全国分布図が作り直される。それを見比べながら各タイプの地理的分布の特徴、さらには相互の関連性、移動の可能性などを考えていく。もちろん中間的なものだから、DNA解析が進めば次々とマップは追加、修正が加えられていく。現在では二四のタイプが見つかっている。

例えば四つのタイプ例

平成二一（二〇〇九）年、佐藤さんは『TREE DOCTOR』No.16「特集イチョウ」に「DNAからみたイチョウの日本への伝来・伝播」という論考を書いている。詳しくはそれを見てもらうとして、ここでは代表的なタイプを四つほど、その特徴とともに紹介しておこう（図1－2）。

図1-2　佐藤征弥氏による日本の主なイチョウDNDタイプの分布。
A：東日本1タイプ　B：西日本1タイプ
C：西日本1タイプ×西日本2タイプ　D：関東・九州タイプ

A　東日本1タイプ　日本で最も多く見られるタイプで、圧倒的に東日本に多い。性別は雄にかたよっている、クローンによる伝播の可能性がある。

B　西日本1タイプ　九州北部に多く、韓国の巨樹で最も多いタイプで中国にもある。船の移動による伝播が考えられる。

C　西日本1タイプ×西日本2タイプ　二番目に多く、西日本1と2の交雑タイプ。親タイプと分布が重なるが、幹周の大きなものが多い。

D　関東・九州タイプ　分布域が九州と関東および周辺の二つに分かれる。

この発表は、以後のイチョウ研究にも大きな影響を与えた。私の全国調査計画も思いつき的に歩くのではなく、佐藤さんが提供してくれたタイプ分けを頭に入れながら、常に相互間の「関連」「移動」のことを考えて実施していくこととなる。(*)

（注＊）最近も遺伝子に注目した新しい研究が発表されている。片倉慶子・河上友宏・渡辺洋一・藤井英二郎・上原浩一「日本のイチョウ巨木の遺伝的変異の地域的特性」（『日本緑化工学会誌』四四－四　二〇一九）

活動資金をどうするか

堀さんの誘いを受け喜んで参加することにはしたものの、研究資金はどうするかという頭の痛い課題があった。全国を調査して回る旅費と文献収集に必要な費用はかなりな額になると予想された。私は資金集めの経験もなかったし、そもそも苦手だ。しかしここでも堀さんの用意は早かった。

三菱財団から「人文科学研究助成」の募集があるということをつかんできた。もちろん高い倍率で当たるかどうかは全くわからないから、採用されなかったら別途考えなくてはならない。しかし力を込めて魅力的な学際的研究計画を出せば可能性は十分あると堀さんは励ましてくださった。「日本・東アジアにおけるイチョウの伝播・交流に関する学際的研究」というタイトルで提出した。

応募の結果は運よく採用された。これによりわれわれの研究は三年間経済的心配から解放され、まことにありがたかった。DNA検査のための試料採集と解析、現地調査による歴史・民俗・地理的資料収集と整理などに充てられた。私の場合、アシスタントとして大学院の三島暁子さんに情報収集をお願いした。非常に頑張って東京で拾えるデータをたくさん集めてもらい大助かりした。三菱財団の支援は毎年の報告義務はあったものの、全体としては煩瑣(はんさ)な手続きも縛りも少なく、大変利用しやすくて助かった。お陰でスムーズに研究を進めることができたことを深く感謝している。

第二章　全国にイチョウ史料を求めて

1　一歴史研究者の歩き方

現地に足を運ぶ

どうやって調査候補地を選ぶか。堀さん、佐藤さんがつくった全国一覧表を手がかりに、まずは東京で得られる情報をもとに、これと候補を決める。そのうえで現地の教育委員会や博物館、郷土資料館に直接電話して交渉する。趣旨を説明すればたいていは丁寧に応じてもらえた。それまであまり関心がなく情報も持っていなくても、こちらが足を運ぶとなると、そのときまでには資料（史料）を探して用意しておいてくれる。あるいはもっと詳しい人を紹介してくれる場合もある。もちろん連絡なしの飛び込みということもよくあった。

私の場合、単独行動することが多いが、堀さんや佐藤さんのように車を駆使できないのが泣きどころ。役場の教育委員会や資料館では現地まで車で案内してくれることも多いが、鉄道、バスで最寄りの駅や停留所まで行き、その先はタクシーや徒歩ということもしばしばだった。

現場では植物の素人なりに木を観察するのはもちろんだが、特に心がけているのは木の周りやもう少し広く周辺を歩き回ることだ。遺跡・寺院跡、館跡(たてあと)など「跡地」と言われるものがないかに注意を払う。小さな地名(地字)もだいじだ。あるいは石造物が近くにないか、大きな岩や滝など信仰の対象になりそうな目立つ自然物はないか、道や人家、川との関係はどうなっているかなど観察事項は尽きない。川筋はよく付け替えられるから特に注意を要する。要するに木を単独のものとして見るのではなく、「場」とともに見ていく。だから「場」の復元を頭に描く。それは自ずからその場に関わった「人」を想像することにもなる。

しかし私の最大のミッションは文献史料探しだから、担当してくれた相手にはかなりしつこく質問をした。もちろん現地の住民との直接の話もだいじだ。それが思いがけないほうに進んで、イチョウとの個人的思い出なども聞けるから面白い。イチョウの葉を焼酎(しょうちゅう)に漬け込んでつくったイチョウ酒をペットボトル一本もらったこともある。まだイチョウ酒のつくり方などあまりネットでも知られていなかった頃のことだ。

町の選挙について聞くこともあった。町議会議員に立候補する者が少ないため全員当選になるが、それが地域に停滞を生んでいる、隣町と協力して観光行政を進めていけばもっと過疎も改善されるだろうにといったような、地域の将来を案じて熱心に語る人もいた。

こちらから提案してしまうこともある。例えば子どもが大きくなっていくのに合わせて、毎年決まった日にイチョウの前で記念写真を撮るといい、子どもさんの成長とともにイチョウの生長の「定点観測」にもなります、五年、一〇年、三〇年、五〇年……と続けられればなおいい、立派な個人や家族や地域の歴史資料になりますよ、などといった具合だ。研究目的は頭に置きながらも、木を楽しむことが何よりだいじ。そんなことをしていたら、移動も含めると一日に一件調査ができればいいほうだ。

観察には冬か早春がいい

生物的な観察が必要な堀さんは同じものを、葉のある時期と、葉のない時期の二回は見て回るという方針を立てていたが、私は遠距離の場合、基本的には一回だ。たいていは葉が茂っていない冬か早春という時期を選んだ。景観的には秋の黄葉期がいいが、幹、枝の全貌がしっかり見える時期のほうが何かと観察しやすい。夏ではただうっそうとしていて観察はむずかしい。葉っぱが落ちた後の裸の木はまるで形が変わる。ぎょっとするもの、痛々しいものも少なくなかった。

三年ほどかけて東北、関東、北陸、近畿、中国、四国、九州、対馬、それに韓国と、注目した幹周一〇メートル級の巨樹を五〇本くらいは調べて歩いた。幹周六メートル以上となればその倍はあるだろう。堀さんや佐藤さんに比べればはるかに少なく、とても網羅的に調べたなどとはいえない。それでもイチョウについて触れた資料、ことに文字で書かれた文献史料を探すことが主眼だから、だいたいの見当はついてきた。初めてイチョウという植物を知る旅でもあった。都会で見る手入れの行き届いたイチョウとはまるで違う、野性的なイチョウの姿、本来の木のあり方に目を奪われた。

本書の主題である美作菩提寺のイチョウに進む前に、まずは強く印象に残ったいくつかのイチョウを紹介しておこう。特に「資料（史料）」ということに重きを置きながら。たいていは全国的にも有名だったり、各地方ではよく知られたものだが、どれも「イチョウ資料（史料）」のあり方」という点には焦点が合っていない。ここではその点に重きを置きながら「歴史研究者の見たイチョウ」を記しておきたい。美作菩提寺イチョウ史料がいかに特別なものであるかを理解するためにも。

2　津軽安藤氏本拠地のイチョウ
――青森県深浦町北金ヶ沢・関・深浦

今でこそ「日本一のイチョウ」といわれるが

現在イチョウの巨樹ランキングといえば必ず筆頭にあげられるのが青森県深浦町北金ヶ沢のイチョウだ。日本を代表するといっていいだろう。この木について歴史的にどのような資料（史料）が残っているのかを見ておくことは、全国の巨樹イチョウ資料のおよその傾向やその限界性を知るうえでも意味がある。すでに佐藤さんが「青森県深浦町の北金ヶ沢と関に存在する巨樹イチョウと杉について」（『東北・北海道のイチョウ――イチョウの生物学的・文化的神秘を探る』）という論文を発表しているが、私は角度を変え、改めて歴史研究者の目で書いてみたい。

今でこそ日本一の大イチョウとして全国的にも有名だが、平成三（一九九一）年、環境庁から『日本の巨樹・巨木林（全国版）』が出たときにはまだ載っていなかった。中央で認知されるようになったのは意外に新しい。平成一一（一九九九）年六月一一日の『東奥日報』に「日本一のイチョウ〝本物〟は深浦に　環境庁なぜか見落とし」の見出しで記事が出ている。国の天然記念物に指定されたのは二〇〇四年のことだ。

幹周はずば抜けて大きいが、それは周の測り方の問題にも関わる。現在、環境省は測定の方法を統一的に示しているが、それによると二〇・〇メートル（二〇二二年確認では二二メートルに変更）、堀さんの測定だと二二・三メートル、しかし二〇メートルとする人も多い。測定次第では各人でかなり大きな差が生まれる。

遠くから見ればそれだけでも森のようだし、近づいてみても小山のよう（図2−2−1）。さらに強烈な印象を与えるのは主幹の周りにいわゆる「チチ」(＊)が多数垂下し、地面に突き刺さっているものもあるからだ（図2−2−2）。いずれはこれが生長して主幹に接近し、さらには融合、合体するのだろう。異様な光景で、人による測定など拒否しているようにさえ感じる。堀さんもこの地中に突きささって幹化したものを除いた幹周の測定は不可能で、すべてを含む外輪周を測定したと注記している。

（注＊）通称「チチ」は専門用語でも「チチ（chichi）」と使われる。乳根(にゅうこん)・気根とも言われるが、実のところ生物学的にはよくわかっていない。堀さんはむしろ実態の観察からその性格の多様さを考察している（『写真と資料が語る日本の巨木イチョウ』二九七頁以降）。

図2-2-1　北金ヶ沢のイチョウ。1本の木であることを疑いたくなるほど大きく複雑だ。2004年、著者撮影。

図2-2-2　北金ヶ沢のイチョウのチチ。上：地面を突き刺すチチ。下：この木のチチはチチというより鋭い槍のようだ。2004年、著者撮影。

北金ヶ沢のイチョウについては、この木のすぐ横に長く住んでいる五十嵐和雄氏が平成二七（二〇一五）年に深浦町でのシンポジウムで講演している。祖母の経験や「垂乳根イチョウ」と呼ばれる名前の由来などを話していて興味深い。

確かに長く中央の調査からは漏れていたかもしれないが、実は五十嵐氏の話より前の大正年間には当地方では非常によく知られた有名なものだった。『折曽乃関』という書名の著作物がそのことを証明している。

「折曽の関」は蝦夷管領安藤氏の拠点だった

「折曽の関」というのは北金ヶ沢の東側に接する隣村「関」と北金ヶ沢一帯のことで、今はどちらも深浦町に属している。北金ヶ沢のイチョウの歴史を知るためにはどうしてもこの「関」の歴史を知る必要がある。長くなるがまずこれから記しておこう（図2－2－3）。

現在の地名「関」は「折曽の関」からきているといわれている。鎌倉時代最末期、東北北部では鎌倉幕府を揺るがす大事件が起きた。「津軽大乱」とか「蝦夷蜂起」と呼ばれる。出羽から陸奥、さらに北海道南部の「蝦夷」が蜂起した。事件の発端となったのは「蝦夷管領（当時は蝦夷沙汰代官）」と呼ばれた海の大豪族安藤（安東）氏の相続問題で、惣領家と庶子家が争った。交易などで安藤とつながりの深かったアイヌもそれに連動して蜂起したとされている。

そのときの一方の根拠地が津軽半島外ヶ浜（陸奥湾側）の「内末部（内真部）」で、もう片方の拠点が

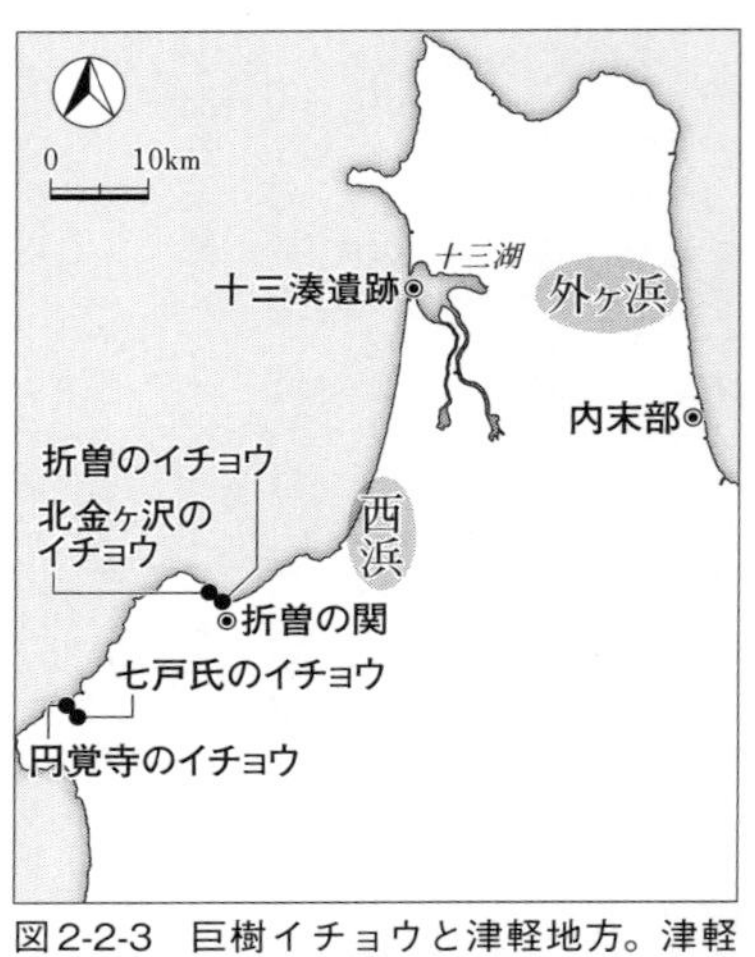

図2-2-3　巨樹イチョウと津軽地方。津軽安藤氏の活躍する時代の巨樹イチョウは西浜に多く残る。ただし十三湊にはない。

この「西浜折曽の関」だと当時の史料『諏訪大明神絵詞』に記されている。アイヌ史研究では非常に有名な史料だ。現在の研究では、西浜折曽の関のほうが惣領家、外ヶ浜の方が庶子家でほぼ確定している（石井進『中世のかたち』、斉藤利男「安藤氏の乱と西浜折曽関・外浜内末部の城郭遺跡」）。

西浜の関には、丘陵の斜面に「関のカメ杉」と呼ばれる特別有名な風格のあるスギの巨樹がある。現在カメ杉の周りには南北朝時代の北朝年号を持つ板碑が四二基集められている。カメ杉の根元からは一四世紀前半に生産された古瀬戸瓶子の蔵骨器と骨も発見された。

板碑のうちの二つには「安倍」の名が書かれている。安倍が安藤氏の本姓であることから、この辺一帯が津軽安藤氏の遺跡群であることは間違いなさそうだ。そうしたこともあってテレビなどマスコミにもよく取り上げられる。近世以降「関」と呼ばれるこの地が、中世の「折曽の関」の中心だったことは動かない。

郷土史『折曽乃関』の誕生と名木カメ杉

『折曽乃関』という書物はこの地方の歴史を知るうえで極めて重要だ。タイトル通り、内容の中心は旧関村のこと。しかし本書は『大戸瀬村郷土史』という別称も持っている。大戸瀬村とは明治二二（一八八九）年、市町村制実施にともない、関村、北金ヶ沢村など旧七カ村が合併してできた行政村をいう。同書の記述はこの行政村全体にも及んでいる。

なかでも中心は「旧関村」だが、実は「旧北金ヶ沢村」も中世では「折曽の関」の範囲内に含まれていたと考えられることから「北金ヶ沢」にもかなりのスペースが割かれている。同書はこれまで当地方の基礎的文献として歴史研究者もしばしば利用してきたが、成立の経緯を考えたものはない。これを理解することがイチョウにとっても重要になる。

同書発行のいきさつは、発行人島（嶋）男司の「あとがき」に書かれている。島は国内諸地方を歩き、各地の由来・実況が書物になっていることに強い刺激を受けた。自分も村の沿革を調査し公表したいと考えるようになり、資料を諸方面に求めた。編纂は弘前の歴史家中村良之進に頼んだ。島自身は「カメ杉保存会」を組織して有志を募り、その賛助を得て郷土史の発刊に踏み切った。活版刷にすることは無理だったから石版刷で一四五部つくったという。発行人の島は関村の村社八幡宮の氏子総代であった。

一方、編纂および著者となった中村良之進は弘前市に住み、「中津軽郡致遠尋常小学校訓導、私立陸奥史談会幹事、青森県史蹟名勝天然紀念物調査会史蹟名勝部調査嘱託員」という肩書を持っていた。長ったらしいが、これが無視できない重要な意味を持つ。中村は著名な古碑の研究者でもあった。原稿は大正一〇（一九二一）年一二月に緒言を書いて完成させ、翌一一年七月に刊行している。

『折曽乃関』のなかで私がほしいのはもちろん「イチョウ」の記述だが、本書ではなんといっても「カメ杉」とその下に並ぶ多くの古碑が主役だ（現在は「板碑」と言われる）。これらは現在あまりにも有名だから簡単に書いておくと、木の高さは三〇メートル、幹周りは八・二メートルで、「神杉」「亀杉」「甕（瓶）杉」「千年杉」といろいろな呼ばれ方をする（ここでは基本的にカタ仮名「カメ杉」を使用する。図2－2－4）。

木のすぐ後ろには元からあったものや、周辺の田んぼや畔から集められたものなど四二基の板碑が並べられている。ほぼすべて南北朝時代の北朝年号を持つ。鎌倉末の津軽の大乱で戦う安倍（安藤）氏の名前もあることから、ここが対立する一方の根拠地＝西浜折曽の関であり、江戸時代の地図や紀行文にも出ていることなどを中村は記している。

中村は続けてこう書く。明治の末年、「青森大林区署」がこの地は国有原野だという理由で、土地と杉を公売処分にかけようとしているという噂がたった。村側は大いに驚き、協議の結果、明治四五（一九一二）年二月二二日、二六名が連署して「史蹟地及び名木保存願」を青森県知事武田千代三郎に提出した。

請願書の内容は、「伝聞では、この地は忠節で亡くなった者の納骨の地ということで、杉は墓標の代わりとなる記念木であって本村史蹟の随一だ。加えて「名木老樹は簡単に伐ってはならない」というのが昨今の政府のご方針だとうかがっている」というものであった。結局署名運動が功を奏したのか、カメ杉は売却によって伐られることなく残ることとなった。

図2-2-4　上：「瓶杉」「亀杉」「神杉」などと呼ばれるこの有名な木にもかつて伐られようとした危機があった。2004年、著者撮影。下：カメ杉の古い絵葉書（青森県所蔵県史編さん資料）。集められた板碑が並ぶ。

珍しい「折曽の大イチョウ」の記述

カメ杉の記述に続いて出てくるのが、その直下ほぼ一〇〇メートルの近さにある「北金ヶ沢のイチョウ」とは別の巨樹イチョウのことだ。カメ杉に比べ全国的には注目されることはないが、なかなか立派な巨樹で、現在の巨樹・巨木林データベースでは周一二・〇メートル、堀さんの測定では一三・七七メートル。『折曽乃関』にこういう記述がある。現代文に直すとこうだ。

大銀杏樹

関の瓶杉(かめ)、金井ヶ沢(かないがさわ)の銀杏樹(いちょう)といえば誰一人知らないものはない名木だが、当村には瓶杉に次ぐ老木銀杏樹があることは世間でもまだ知らないようだ。もっとも天和(一六八一～八四)の図式や「県邑雑記(けんゆう)」にも載っておらず、また本県農林課の調査にも見えないが、宝暦年間(一七五一～六四)の「関・嶋両村図式」と文久年間(一八六一～六四)の「九十三里沿海図」には明記されている。まだ実測の発表を聞かないから正確なことはわからないが、周囲は三丈(九メートル)というふうにいわれている。多少の相違はあるかもしれないが、その下には無銘の古碑が一基立っていることからしてもそれなりに年月を経たものであって、あるいは鎌倉時代頃の遺物とも考えられる。

これは瓶杉と阿弥陀(あみだ)杉の中間にあって山麓の少し小高く平坦なところにある。同所は一見したところ小館あるいは寺院を設置するに適当な場所だから、きっとその頃何かを建立した遺跡だろう。

享和二年（一八〇二）の古碑調べに、この山の麓に館を構えてこのあたりを領有する人がいたとあるが、それと合致するとすれば、あるいは安倍氏の別荘ではなかったか。ともかくこの老木は別荘か寺院の記念樹と見るべきものであって、当村の二大名木である。

こうした記述から見ると、著者中村はこのイチョウの木の生えている場所も安藤氏関係の別邸か寺院跡と考えていた。現在、関では考古学の発掘は海側にある縄文時代のものが主で、この一帯はまだ手がつけられていない。

近年の研究では、カメ杉のある「陣森」と呼ばれる丘陵中腹部こそが鎌倉時代末の砦（とりで）的な城郭跡で、その下の平地側に日常的な住まいの居館があったと考えられている（斉藤利男「安藤氏の乱と西浜折曽関・外浜内末部の城郭遺跡」）。有力な仮説にとどまっているとはいえ、今問題にしているイチョウの位置を考えればまことに興味深い仮説といえるだろう。

「関村絵図」の転写から『折曽乃関』制作へ

『折曽乃関』にはこうしたことが書かれているが、いったんこれを離れて深浦町歴史民俗資料館・美術館が保管している「関村絵図」といわれる絵図に目を転じてみよう（図2－2－5）。関に現存するスギとイチョウの巨樹二本、さらにもう一本、その五〇年前に失われた阿弥陀杉を加えた計三本が非常に目立つように描かれている。

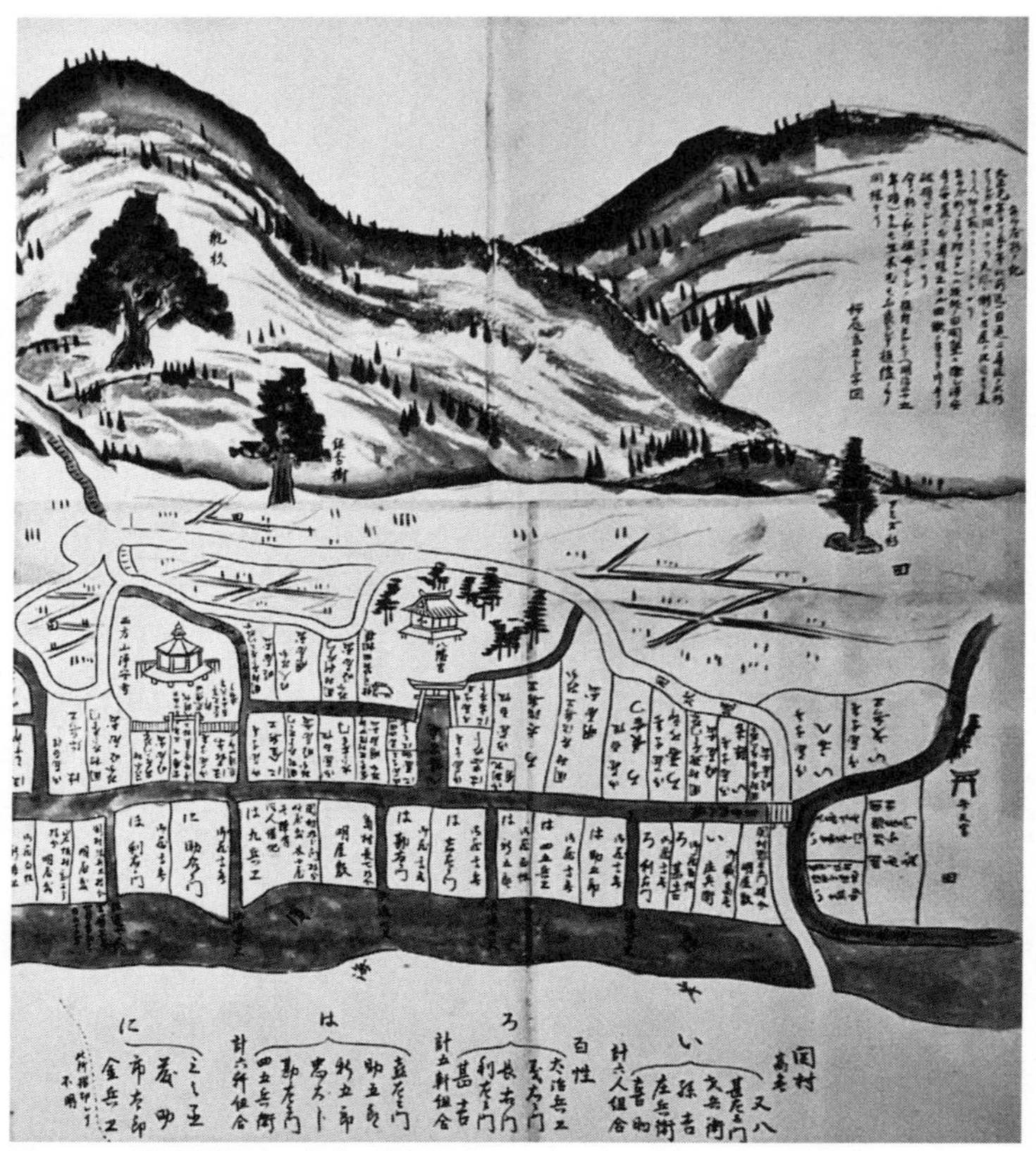

図2-2-5 「関村絵図」の部分。特別目立つ三本の木。左側の山の中腹がカメ杉、その右下に「銀杏樹」とあるのが折曽のイチョウ、右端にアミダ杉が描かれている。深浦町教育委員会蔵。

絵図の下にこの絵図の来歴が記されている。江戸時代には庄屋が所持していたという正本（原本）から大正二（一九一三）年謄写（見ながら写し取る）をつくり、それを同五年に複写（そのまま模写する）し、さらに最終的に中村良之進が同九年一〇月再複写したものが現在のものだという。大正の短期間の間に①正本→②謄写→③複写→④再複写と転写が相次いだことになる。この過程で絵図の元の形がどこまで残っているのかはわからない。

短期間に転写が相次いだということで気になるのは、カメ杉が明治四五（一九一二）年の請願書で伐採を免れてから後の現地の歩みだ。中村によると、かつて多数の古碑がカメ杉のすぐ横の私有地から発掘されたが、個人の私有地ということから将来の不安定さが残った。そこで村の所有地にすべく、村が持っていた秣場の一部と交換して大正八（一九一九）年四月二三日「亀杉境内付属地」とする契約を結んだ。もともと江戸時代調べの段階では九基、近年カメ杉付近で発見された二四基、それに田んぼや畔などにもあった五基を集め、計四一基（現在四二）の古碑を一堂に並べたという。

こうしてカメ杉を中心に土地を整備した結果、この一帯には関の歴史・文化が凝縮された「安藤氏の聖域」ともいうべきシンボリックな空間が創出された。

それだけではない。これを末長く伝えていくために大正九（一九二〇）年一二月「瓶杉保存会」の設立が呼びかけられた。発起人五名が書いた趣意書には、中村が関のカメ杉とその樹下に並ぶ古碑を研究し、保存会の立ちあげを唱導したと記されている。中村の「私立陸奥史談会幹事、青森県史蹟名勝天然紀念物調査会史蹟名勝部調査嘱託員」という長たらしい肩書、特に後者がここで有効に働いた。改めて後にも書くことになるが、このころ国が取り入れようとしていた史蹟名勝天然紀念物保存政策が関係していることは間違いない。

会の設立呼びかけが大正九（一九二〇）年一二月、中村が絵図を再複写して完成させたのがその二カ月前の一〇月だということを思い出そう。さらに一年後の一〇年一二月に中村は『折曽乃関』の緒言を書いて原稿を完成させ、島男司が「あとがき」をつけて翌一一年七月に本は刊行された。

すべてはカメ杉と遺跡保存の線上にあった

こうした一連の出来事には明らかに関連性があっただろう。絵のなかの三本の木、ことに現存する二本、カメ杉とイチョウは特別立派で目を引く。江戸時代の絵図作成時にここまで飛び切り大きく見せる必然性は考えにくい。私の推測では、江戸時代の関村絵図をベースにしつつも思いきり二本の木を目立つように強調し、さらにすでに五〇年前に失われた阿弥陀杉をも描き込んだのは中村良之進その人だったと考えられる。このとき圧倒的な二本の巨樹として描かれなければならない差し迫った理由があったからだ。

カメ杉保存会設立の賛同者を広く集めるためには、目に訴える強いインパクトのあるものが欲しかった。呼びかけに応じた者たちを見ると、現地西津軽郡・関の住民だけではなく、近隣町村はもちろん県外、南津軽郡、中津軽郡、弘前市在住の者、さらには東京在住者まで含まれている。発起人を含めれば一四一名。現地で実物を見ることがかなわず十分イメージできない他地域の者向けの絵図はどうしても必要だった。

さらに郷土史『折曽乃関』の制作もこの活動の延長上にあったに違いない。発起人、賛同者含めて一四一名、摺った本の部数は一四五部。二つは非常に近い数字だ。カメ杉保存会を組織し有志の賛助を得て「ここに本書を発刊する」と書かれているから、賛同者は資金を出して本を受け取ったのだろう。

古碑を一カ所に集め、保存会を設立し、本を刊行する、この一連の事柄が中村の主導によって推進されたとすれば、絵図を活用するためにも中村は再複写と称して強調された三本の木を盛り込んだ絵図を生み出さなければならなかったのだと私は考える。

こうしてカメ杉は、全国的に見ても極めて珍しいほど歴史の輪郭が描ける有名な木となった。近年津軽安藤氏の研究は大きく前進したが、その基礎が今から一〇〇年前の大正九（一九二〇）～一一（一九二二）年に築かれていたことは十分記憶しておいていい。

しかしその一方で、カメ杉の陰になったかのように関のイチョウ（現在「折曽のイチョウ」の名が定着している）のほうはほとんど注目されることはなかった。

北金ヶ沢のイチョウは誰もが知る名木

ずいぶん長い前置きになったが、『折曽乃関』の性格と著者中村良之進が明らかになったところで、いよいよ北金ヶ沢のイチョウに移ろう。

関（折曽）のイチョウに関する文章のなかで、「関の瓶杉、金井ヶ沢の銀杏樹といえば誰一人知らないものはない名木だが」と書かれているが、残念なことに北金ヶ沢の方は絵図が残っていない。中村の最も強い関心が関のカメ杉と多数の古碑というセットであったのに対して、こちらにはそれに匹敵するものが少なかったからだろうか。後で少し触れるように、スギとイチョウの木としての格差ということがあるかもしれない。さらに関村の島男司のように保存活動に熱心な人物がいなかったことも関係していただろう。そんなわけで、ここでもまずは中村の文字による記述に頼ることとなる。

大銀杏樹

金井ヶ沢において最も古いものは石器時代の遺跡で、次はこの大銀杏樹だろう。本県農林課で調査した三〇〇年を超えるもののうちに「公孫樹(イチョウ)　径十三尺十間余　西郡北金ヶ沢（所有者不詳）」とあるのはこれのことだ。ところが前記天和の図式にもまた後記九十三里沿海図はもちろん、その他の古記録にもいまだかつてこの樹に関する記事を見ない。

しかし一見してびっくりするような古木であって、幹の周りは簡単には測ることができない。なぜなら気根ともいうべき肉塊が枝からさがっており、太いものは径一尺余、長いものだと四、五尺はあるだろう。そしてその先端が深く地中に入っているものもある。この肉根の間の少し暗いところに小祠(しょうし)が建っているのもなかなか古風で優雅なものだ。

本県には長い年月を経たイチョウは多いのだが、おそらくはこの樹の右に出るものはないだろう。まことに関のカメ杉・イチョウとともにこの三本は大戸瀬村の三名木と称してもいいものだが、この樹の巨枝は年々欠損していくものもある。今から相当の保護を加え、樹齢の長く続くことを希望するとともに、その状況を石に刻んで永久に伝えるというのもよいのではないか。

以上が中村の書く北金ヶ沢のイチョウだが、よく観察はしているものの自分では測定まではしていない。県の農林課が調査した直径十三尺＝三・九メートル、というのを書き写している。その次の十間＝一八メートルは高さだろうか。それにしては低すぎる。なお関ではスギもイチョウも「周」で書かれていたのに、ここは周ではなく「径＝直径」で測っている。「幹の周りは簡単には測ることができない」と自分でも書いているように、周では測定困難なので、およその直径で判断して、このような記述になったのだろう。

金ケ沢とはどういう場か

そもそも金ヶ沢とはどういうところか。中村はもともと関と金ヶ沢は一体の地であって、鎌倉・南北朝時代にはこの辺も「折曽の関」だったという。改めて「折曽の関」の性格とは何かが問題となる。この地から深浦方面に南下するには険しい山、谷があり、陸路として西に行くには、唯一、奇岩の続く海沿いを回る一本道しかない。一般には、その出入口としての陸の関所だと考えられている。

しかし『深浦町史下』（一二三頁）で工藤睦男は、海上交通の関所ではないかと提起している。この地は有名な十三湊と深浦の中間点にあって航路上重要な位置を占めるという。西北側に荒崎・弁天崎という奇岩をともなう丘陵を持つ。そこで北西風を避けられるという利点があったのだろう。西側の外海は風の変化の激しい地域だから、寄港して停泊するには非常に適している。しかも遠く十三湊、時には蝦夷地が肉眼ではっきりと見える位置でもある。「折曽の関」はこうした立地からも海関だったという。対立しつつも安藤氏の一方の拠点だった時代が確実にあるのだから、中世ではただの小さな漁村の船着場であったとは考えにくい。

その後北金ヶ沢は江戸時代には小規模ながらも津軽藩から一港湾として扱われた。深浦、鰺ヶ沢と並んで「沖横目」という監視役が置かれ海の関所の役割を果たしていた。村の山手には「遠見番所」も設けられた（『深浦町史』上、一六六頁）。異国船渡来を見張る役目もあったのかもしれない。江戸時代の前半は関村の方が家数、人口ともに多かったが、後半からは金ヶ沢村の方が勝っている。両村ともに漁業が盛んで、漁についての特別な免許を持つ者たちも住んでいた。どちらも枝村を分村するほどでもあった。

遺物・遺跡はあるが

北金ヶ沢のイチョウのある場の特色を述べたが、関のカメ杉、折曽のイチョウとは違い、こちらには周辺に遺物、遺跡はないと思われていた。イチョウの養生をするため周りを掘ったが何も出なかったと、以前、私も深浦町教育委員会から聞いていた。伝承も「安藤の別院だったらしい」とはいわれるが、いつ頃誰が言い出したのかもわからない。中村良之進の『折曽乃関』にも触れるところのないあいまいな伝承だった。どの地方でもよくあることだが、外部から研究者らの持ち込んだ推測が、いつの間にか現地では「昔からの言い伝え」であるかのようにいわれ出す。この「逆輸入された知識」が「伝承」をつくるこわさもあって、私は北金ヶ沢のイチョウについても自ずと慎重になっていた。

ではは北金ヶ沢のイチョウの歴史を考えるうえでの資料は、何もなかったかというとそんなことはない。現場から直線距離南東方向三〇〇メートルのところに薬師堂跡（北金ヶ沢の古碑群）がある。薬師堂が中世で何だったのかはわからないが、中村良之進はここにも周辺にあった板碑一八本が集められていることを書いている。カメ杉の四二本には及ばないしやや小ぶりだが、この一帯も板碑集中地域だった（図2－2－6）。年号は南北朝時代、一四世紀のもので、時代的にはカメ杉とは重なりつつもほんの少し遅れるという。こちらのほうが文字や種子（梵字）などは丁寧に彫られていて、出来はいいともいわれている（『青森県の板

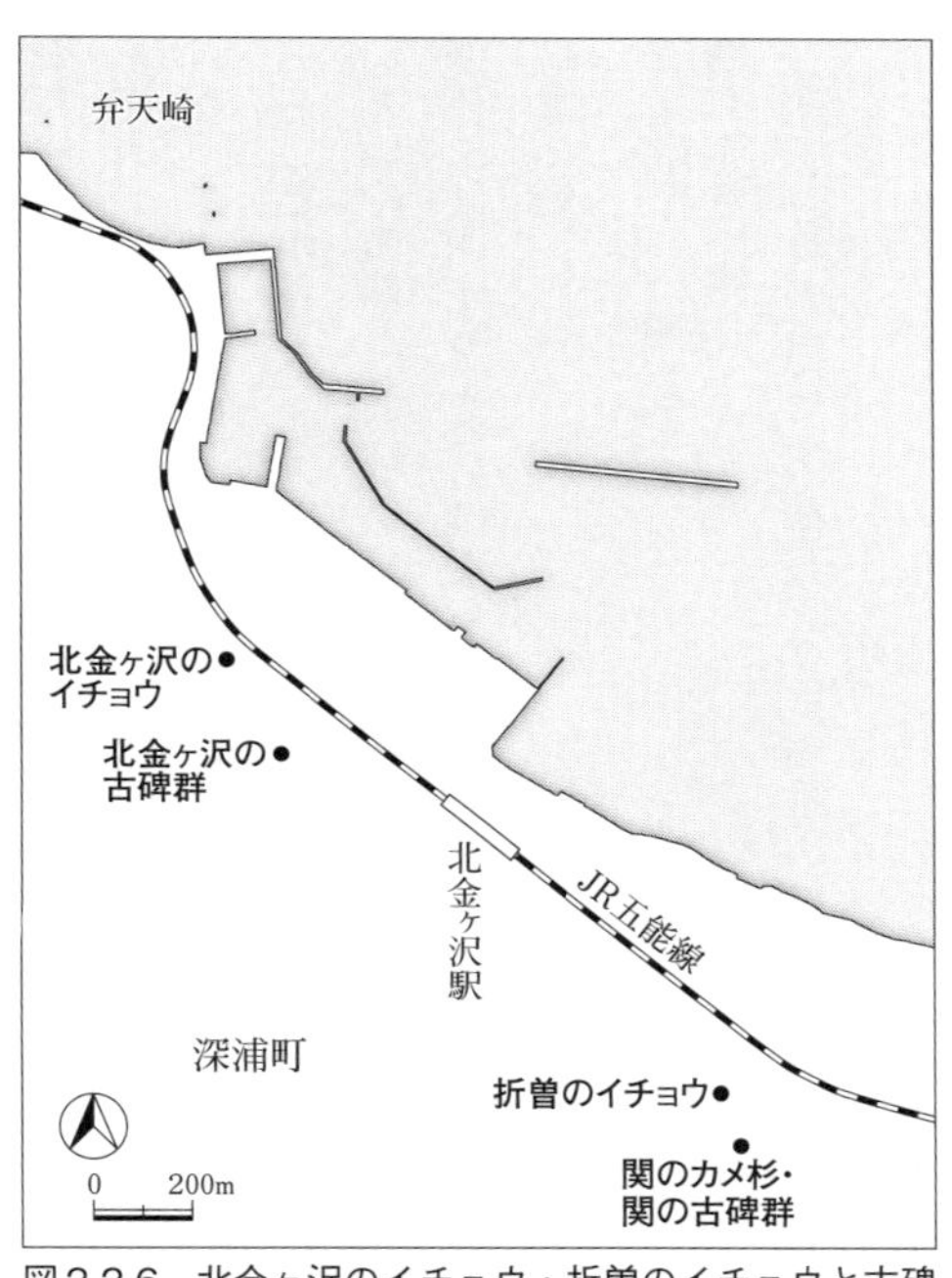

図2-2-6　北金ヶ沢のイチョウ・折曽のイチョウと古碑群の位置関係。

碑』)。

それだけではなかった。その後道路工事の際、イチョウのすぐ山手側から四基の板碑が掘り出されている。これも南北朝時代のものだが(現在、薬師堂跡に並べられている)、こちらはイチョウと隣接していることからも、明らかに北金ヶ沢のイチョウと直接的関係があるだろう。安藤氏関係の寺院の跡らしいという漠然とした言い伝えもこれでぐっと可能性が高くなる。もちろんそれだけでは「安藤氏」との関係を証明することにはならない。しかし南北朝時代にイチョウの一帯が宗教的空間であった可能性は強まった。

気になること

イチョウの横に長く住む五十嵐和雄氏は気になることを言っている。

平成になった頃から、年々葉が〝小さく少なく〟なる傾向が気になっております。銀杏の周辺はもともと湿地状の土地でしたが、国道バイパス・町道の開通、周辺の水田の畑地化等により、乾燥化していることが大きな要因であると思っております。

イチョウ周辺の整備等環境開発は目を見張る程で、その利便性の恩恵を感受しておる今日でありますが。さて、物言わぬ銀杏にとっては!!

(「垂乳根の銀杏考70年」)

思いあたる史料がある。幕末文久二（一八六二）年のもので、北金ヶ沢の番所の勤番になった津軽藩の一役人が、「金井カ浦記」という記録にこんなことを書いている（弘前市立図書館八木橋文庫）。世にも稀（まれ）なイチョウの傍らには「金井の清水」という、岩穴から水が湧いてサラサラ流れ出すところがある。酔客は酔いを冷まし、病者は煩いを潤す。さらに炎天の灼熱（しゃくねつ）をも払う、まことに素晴らしいところだと。イチョウのすぐ近くにはこういう水の湧き出すところがあったのであり、一帯は湿潤な地だったのだ。「金井カ浦記」は『深浦町史年表』（四〇〇頁）に掲載されているにもかかわらず、史料として注目された形跡がない。これにはカメ杉についても非常に重要な伝承が書かれているが見落とされている。「金井の清水」というイチョウに近接する場所についての重要な情報についても同様だ。イチョウの生長にとって、水脈がいかに大切かはこの後も触れることになるだろう。過去の重要な記述を見落とさず十分理解したうえで、日本を代表する巨樹イチョウの盛んな姿を早く取り戻さねばならないのではないか。

蓑虫山人は北金ヶ沢のイチョウを描いたか

『折曽乃関』が書かれた大正一一（一九二二）年を数十年さかのぼる明治一〇（一八七七）年の頃、深浦から西浜一帯を歩いてイチョウの木を描いた人物がいた。蓑虫山人（みのむしさんじん）という一風変わった人物だ。美濃の出身で幕末から明治にかけて日本中を放浪した。東北亀ヶ岡式の縄文土器といえば誰でも土偶を思い出すだろう。蓑虫も同じように興味関心を抱いた。自分でも発掘し、専門誌に投稿するほど入れ込んだ。

図2-2-7　蓑虫山人画「陸奥国西津軽郡深浦銀杏巨木之図」模写。『蓑虫山人と青森』（青森県郷土館編）をもとに模写（作成・マカベアキオ）。誇張があることはもちろんだが、模写のもとになったカラー図版を拡大して見ると圧倒される迫力だ。

東北が好きで晩年は東北の旅が長い。明治一四（一八八一）年、深浦辺を主に漫遊して絵にしている（望月昭秀・田附勝『蓑虫放浪』）。

一九世紀初頭に東北を歩いた菅江真澄（すがえますみ）も深浦辺を歩いて関のカメ杉のことは書いているが、北金ヶ沢、折曽のイチョウのどちらにも触れていない。一方、蓑虫はイチョウにも関心を示した。

実は彼の描いた「銀杏巨木之図」というものがあることは私もつい最近知った。『深浦町史年表』のなかのごく小さな写真に気づいたのだ。青森県立郷土館で開かれた『蓑虫山人と青森』という企画展の図録を見ると、カラー版だ。イチョウの木の絵は江戸時代以降菅江真澄などにもあるにはあるが、蓑虫山人の巨樹イチョウの絵ほど大きなチチが大枝から真下に落ちるリアル感いっぱいの絵は見たことがない。蓑虫自身もチチが大地に向けて逆さに伸びていく迫力に圧倒されたのではないか。もちろんこれをそのまま写実と見ることはできず、極端に強調されていることはまちがいない。ただイチョウの木の下に小さな鳥居と祠（ほこら）も描かれているのは気になる（図2―2―7）。

この絵を見た最初、私はチチの立派さからこれは北金ヶ沢のイチョウに違いないと直感した。絵の横に「陸奥国西津軽郡深浦銀杏巨木之図」と記されてはいるが、蓑虫は「金ケ沢の景」という絵も描いているから、きっとこのイチョウまで足を運んで描いたのだろうと思ってしまったのだ。

それにしてもこの絵がこれまでほとんど注目されてこなかったのは不思議なくらいだ。「深浦」という文字から、深浦にあるイチョウと見られていたからだろうか。確かに北金ヶ沢から二〇キロ離れた深浦の町中にも巨樹のイチョウは今もある。九世紀初頭創建とされる古刹（こさつ）、円覚寺（えんがくじ）のイチョウとその近くの七戸（しちのへ）氏のイチョウだ。

円覚寺のイチョウは海のすぐ近くにあるとはいえ、寺院境内の木の多いやや窮屈な場所に生えている。描かれた絵の形態や場所の雰囲気は円覚寺のイチョウの姿・形などとはまるで違う。円覚寺の木は直立気味だ。

円覚寺では龍燈杉（りゅうとうすぎ）と名づけられたスギの巨木が有名で、古来沖合で難破しそうになった船はこの木の梢（こずえ）から発せられる光によって方向が示され救われるという伝説もある。「龍燈杉」という名前の由来だ。蓑虫もこのスギを二度、迫力ある筆致で描いている。それほど円覚寺ではスギの印象が強く、影の薄いイチョウを独立させてこのように立派に大きく描いたとは考えられない。

もう一本の七戸氏のイチョウについてはどうか。堀さんの測定では一四・二メートルと確かに太い。円覚寺からは四〇〇メートルも離れていない。現在はＪＲ五能線のガードに遮られて海は見えにくくなっている。木は太くチチもけっこう立派で十分迫力はあるが、個人所有ということもあり、荒れた形状と周辺の様子から私はなんとなくこの絵の候補から外してしまっていた（図2－2－8）。

図2-2-8　七戸氏のイチョウ。堀輝三氏撮影。周辺環境を整えれば十分注目されるイチョウになるだろう。

深浦七戸氏のイチョウだった

問題の絵の右横には「陸奥国西津軽郡深浦銀杏巨木之図」の文字、左には「ちちの実のちとせを経つ

つ栄え来し　かげも尊とき神のみやしろ」と和歌が詠まれている。「ちちの実」とはチチの信仰がここにもあるのか（ギンナンは「種」であって「実」ではないが）。あいにくこの木は雄でギンナンはならないが。歌は、その長く生きてきためでたい巨樹の木陰にあって、ご利益も大きい神の祠であることよ、とでもいうのだろう。左下の方には人家が並び、遠くに灯台、帆船も見える。

蓑虫はこれとほぼ同じ背景の海の景色を別の絵でも描いている。明治一四（一八八一）年一一月一四日のこと、室内では主人と蓑虫、円覚寺二五代住職海浦（うみうら）尊海が客人夫婦を迎えて酒席を設けているが、掛け軸の上には「銀杏舎」と書かれている。この家屋は「銀杏舎」と呼ばれたのだ。ここに巨樹のイチョウがあったからだろう。

とすると蓑虫が描いたイチョウは間違いなく場所は深浦の町で、円覚寺のイチョウでないとすれば七戸氏のイチョウだし、「銀杏舎」の「主人」は七戸氏でなければならない。私が北金ヶ沢のイチョウと予想していたのは明らかに間違いだったのだ。

七戸吉蔵氏旧蔵とされている「霊樹記」という書き物が残されていた。文章は円覚寺二六代住職海浦義観が明治二六（一八九三）年につくり、大正一三（一九二四）年に清書された。「七戸大木（七戸巌の俳号）」の園には周囲三丈（九メートル）の霊樹があるという。「大木」という号からしてイチョウの巨樹に誇りを持つ人物らしいが、その先祖が文化年中（一八〇四〜一八）雑木雑草を伐ってスギ・ヒノキを植えようとしたところ、唐宋元の古銭を掘り当てた。先祖はイチョウの木の下に小祠を建て、古器に古銭を納めて丁寧に祀（まつ）ったという。絵のなかの赤い鳥居、社が歌のいう「神のみやしろ」にあたるのだろう。

さらにこうある。土地の婦人でチチの乏しい者は麻糸の幣を持ってこの木に祈請すれば必ず霊験があると。麻糸をイチョウのチチに結び祈念するというのは北金ヶ沢のイチョウでも見られた（『深浦町史』下）。間違いなくこの木にもチチの信仰があったのだ。

さらに続けていう。慶応末（一八六八）年、津軽藩がこの地の警備に小隊を配し、七戸氏所有地に火薬製造所を設けたが、火薬の原料として硝酸を取るため獣骨穢尿を集め霊地を汚した。翌明治二（一八六九）年には役人らがここを飲酒歌舞の場とし、さらに猥雑な地となってしまった。その夜、突然家屋の上に巨人の足音がして建物は崩壊、役人たちは命からがら退散した。霊樹の怒りを知って役人はこの地を元の持ち主に返し、七戸氏は再び以前のように祀ったと。

蓑虫山人が明治一四（一八八一）年に宴席での歓待を受け描くことになったのは、この再び祀られるようになったイチョウと社だったのだ。社がやや不釣り合いなほど立派に描かれているのも、こうした経過を踏まえれば理解しやすい。

七戸氏のイチョウがいつ頃植えられたかは全くわからない。「七戸氏」は深浦のなかでも町議会議長や議員を何度も務めた旧家だが、「七戸」という姓は元来津軽のものではなく南部地方のものだ。ということは七戸氏もいつの時代か、東から西海岸の深浦に移住してきたと思われる。元禄年間（一六八八〜一七〇四）の頃ということだが、そうすればこのイチョウは氏の先祖が直接植えたものではないことになる。

この場所は深浦のなかでも地理的に重要な場だ。街を流れる磯崎川の川口に近く、上流方向には安藤氏、木庭袋（きばくら）葛西氏、千葉氏と続いた中世の城跡、館跡がある。深浦の古代以来の古刹円覚寺にも近く、深浦のなかでも中世を色濃く感じさせる場だ。いつとはいえないが、このイチョウは間違いなく中世に植えられたものだろう。

当地方の巨樹イチョウの位置づけ

関・北金ヶ沢のイチョウから深浦のイチョウにまで及んだが、話をもう一度北金ヶ沢のイチョウに戻す。明治から大正にかけて当地方ではすでに十分有名なものだった。それでも五十嵐氏の祖母が誰も世話をするものがなかったと証言していることは無視できない。そもそも当地方でのイチョウの位置づけ、木のなかでの地位というものにも関わってくるように思えるからだ。それはどういうことか。

関の「カメ杉」も元は「神杉」であり、それがなまってなじみのある「瓶」や「亀」に変わったのだろう。人間業とは思えない神の霊力を木に感じて命名した尊称だ。すでに失われてしまった「阿弥陀杉」も、たまたま土中から阿弥陀仏が掘り出されたことで命名された。霊験あらたかな仏の霊力により出現したと考えられたからこそ、その尊称がついたのだろう。

一方イチョウはどうか。折曽の関の場合はただの「大イチョウ」で、巨樹であるにもかかわらず人の話題にものぼらなかった。北金ヶ沢の場合は「垂乳根イチョウ」と名づけられたのは、五十嵐氏の証言からすると昭和になってからという。尊称、愛称があっても「垂乳根イチョウ」「女イチョウ」など、チチに特化した全国共通の女性の信仰に基づいた名だ。また祠があって「姥神さま」が祀られていたりするが（元南津軽郡・源常林のイチョウなど）、これもチチを授ける神だった（大島建彦「口承文藝における巨樹の信仰」）。

円覚寺には有名な「龍燈杉」と呼ばれる巨樹のスギがあることはすでに触れた。悪天候のとき沖を通る船が目印にするという。人々は船乗りの命綱ともいえる方向指示を果たす重要な力をこの龍燈杉に感じているのだ。木への尊崇、強い畏敬の念からと見てよい。

これに対して円覚寺のイチョウはどうか。ただの「大イチョウ」。蓑虫山人の絵でも両方描かれながらイチョウのほうは小さい。蓑虫は別に巨大な龍燈杉だけを独立して描いてもいる。七戸氏のイチョウにしても、祠もあって祀られてはいるが、きっかけは掘り出された古銭と壺を納めるためだった。

もちろん巨樹イチョウが「樹祖神」と呼ばれ神木として祀られているところもある。しかしこの神名はカメ杉もまた同様に呼ばれていて（「金井カ浦記」）、イチョウに限ることではない。巨樹一般にいわれることで、固有名詞的な木の尊称、愛称というものではない。

深浦地方のスギとイチョウについては佐藤さんも先に紹介した論文ですでに書いていて、二つの巨樹・巨木を「ペア」として比べている。青森県ではもう一例「天狗杉」と呼ばれた上北町（現、東北町）新舘神社のスギとイチョウの「ペア」を紹介している。私はこうした傾向は青森県や深浦地方にとどまらず、より広く全国的に見られるものではないかと考えている。

昭和三七（一九六二）年に刊行された『日本老樹名木天然記念樹』を見ると、スギは「将軍杉」「玉杉」「毘沙門杉」「鬼杉」「翁杉」など超越する神仏の霊力を背負った名称が冠せられる。本多静六『大日本老樹名木誌』（大正二〈一九一三〉年）には、さらに「神」「権現」「神代」「天王」「天狗」「大師」など、「杉」の上につくものは枚挙にいとまがない。

一方イチョウは一貫して「（大）イチョウ」か「乳母（めのと）イチョウ」「姥（うば）イチョウ」「女イチョウ」などだ。他に特別な敬称を持たず、チチを出すという役割に限定された女性だけの信仰のように見える。当時の女性の地位の低さと関係しているといえるだろう。木の場合もまたスギやマツに比べ、イチョウのランクが一段低く見られる傾向にあったと考えられる。木にも格差があったのだ。

こうしたイチョウの相対的な地位の低さが、地域で世話をするものがないとか、女性だけが世話をするといった土地の人の関心の弱さにもつながっていたのではないか。

イチョウ資料（史料）の限界性

これまでの深浦一帯の調査で、当地方の大きな政治勢力安藤氏やその関連寺院とイチョウも関わりがありそうだということ、それが一四世紀の南北朝時代の匂いが強くするくらいまではわかった。しかしそれ以上に確たる文字史料には出会えなかった。安藤氏という固有名詞と結びつきそうだということは一つの特徴といえるが、それ以上のことは何もいえない。

イチョウが生きた時代の政治的背景が明確になる文献史料はある、年代の確かな物的碑文もある、さらにそれ以後も注目され続けてきた歴史的記録もある。これだけ資料（史料）が揃（そろ）っていても、イチョウについての歴史的史料には出会えない。これが多かれ少なかれイチョウ資料の全国共通のあり方だといえるだろう。結局、堀さんから与えられたミッションへの明快な答えにはならなかった。ましてやどこから当地方に入ったかなどはわからない。海からの可能性もあるという、なんとも漠然としたものにとどまらざるをえなかった。

3　被災史こそ重要と教えてくれたイチョウ
——岩手県久慈市・長泉寺

太平洋側にも巨樹イチョウがあった

青森県には日本海側の津軽地方だけでなく、太平洋側の南部地方にも優に一〇メートルを超える巨樹が多い。しかも海側に目立つ。これまで見てきた津軽の深浦から時計回りで右に行くと、青森湾の宮田（青森市）の二本のイチョウ、太平洋側に回って青森県上北部おいらせ町根岸のイチョウ、八戸から南下して三戸郡階上町道仏のイチョウ、さらに岩手県に入って久慈市・長泉寺のイチョウと、一四、一五メートル級の特別太いイチョウが並ぶ。やや内陸側にあるとはいえ十和田市法量のイチョウも奥入瀬川中流で、海につながっているといってもいいだろう（図2－3－1）。七戸町・大銀南木のイチョウも、汽水湖である小川原湖に流れ込む高瀬川の支流の側だ。

イチョウの幹周（太さ）ランキングというと、北金ケ沢のイチョウが認定される前には、根岸のイチ

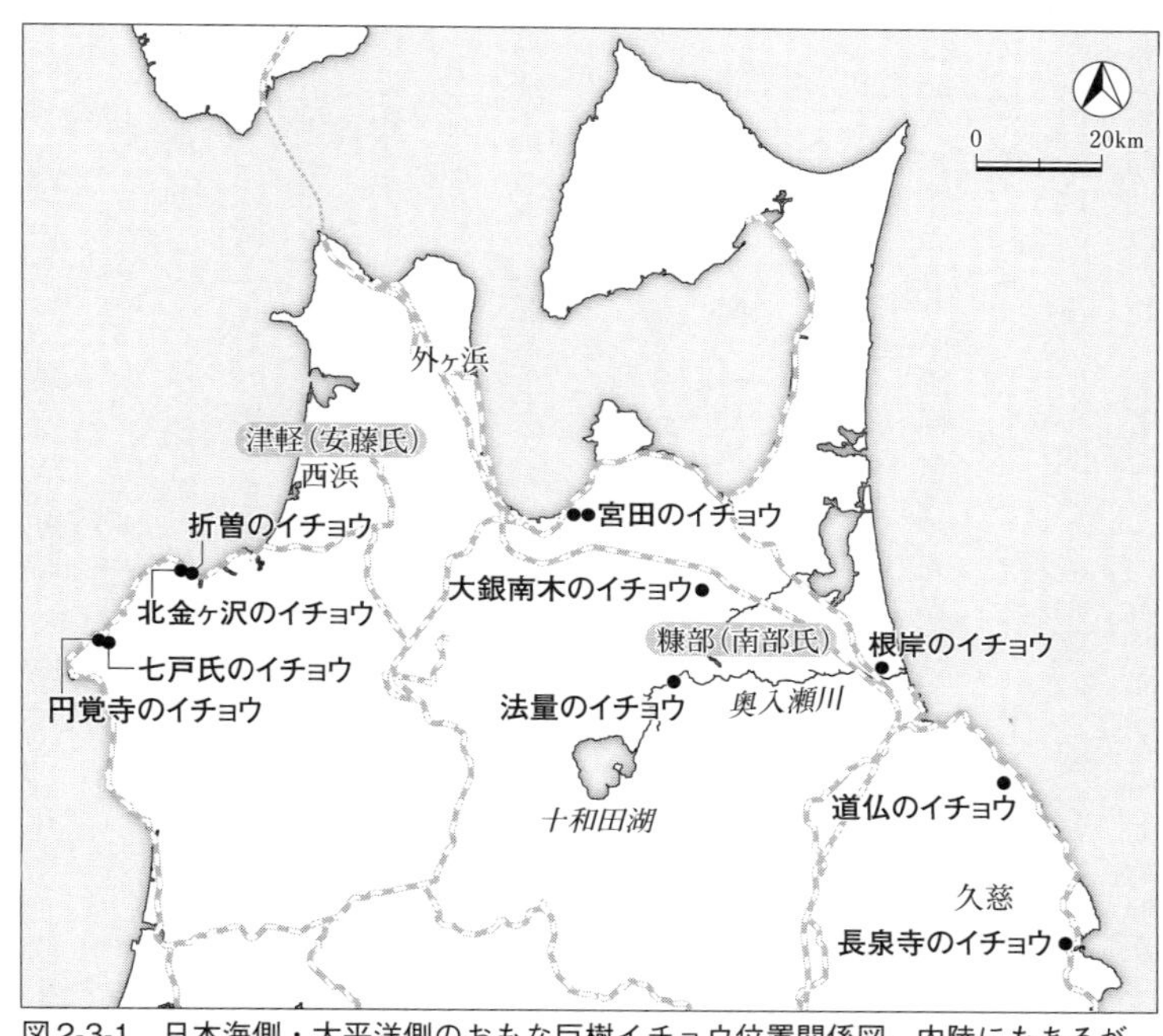

図2-3-1　日本海側・太平洋側のおもな巨樹イチョウ位置関係図。内陸にもあるが、当地方では概して10数m級の巨樹は海側か、川で海につながる所に顕著だ。

ョウが一位といわれた時代がある。さらにその前にはこれから取り上げる久慈市・長泉寺のイチョウも一位とされた時期があった。

ＮＨＫテレビの朝ドラ「あまちゃん」で有名になった久慈は岩手県の北部だが、青森県の根岸や道仏とは一連の地と見てよい。この一帯は歴史的には「糠部（ぬかのぶ）」と呼ばれ、後には「南部」地方と称された。かつて一戸から九戸までの行政単位が設定された地域だ。

こちらは青森県西部に勢力を持つ安藤氏の勢力圏とはいえない。鎌倉時代までは北条得宗（とくそう）家（家督（かとく））領で、安藤氏と同じように代官が支配したといわれるが、安藤氏のような突出した一族はいない。続く南北朝時代以後は南部氏の一族が次第に大きな政治勢力になる。

久慈市・長泉寺のイチョウの幹周は一四・七メートル（環境省「巨樹・巨木林データベース」二〇〇〇年。以下、同データベースに掲げられる数値を示す場合、環境省を略し確認・調査年を添える）とあって、今も全国屈指の巨樹としての勢いを保っている。日本の天然記念物保存活動をリードした植物学者の三好學（みよしまなぶ）が昭和五（一九三〇）年に調査。根元周約一五メートル、地上一・五メートルの幹周一四メートルで「本樹は銀杏の巨樹として最大のものに属す」（『天然紀念物調査報告植物之部 第一三輯』）、「本樹は蓋（けだ）し日本の公孫樹として最大なるべし」（『日本巨樹名木図説』）と書いている。翌六年、国の天然紀念樹（文部省告示第四五号）に指定されたことで一躍有名になった。

久慈の歴史は詳しくはわからないが、鎌倉時代末以降、南部氏の一族久慈氏が支配したとされている。室町時代には久慈氏一族の光信（みつのぶ）が突如津軽側の鰺ヶ沢の上流種里（たねさと）に入部し、大浦（おおうら）氏を称した。以後西浜一帯の安藤氏の勢力を放逐（ほうちく）することに成功する。その後、光信自身は弘前に移って戦国大名津軽氏となった。

まさに津軽安藤氏の対極にあったといっていい、南部久慈氏の根拠地にも巨樹イチョウがあったことになる。イチョウが津軽安藤氏の専有物ではないことがこれでよくわかる。東北の巨樹イチョウが一つの政治勢力によって持ち込まれたとか、保護されたという単純な考え方は成り立たない。青森県から岩手県にかけての海側に一四メートル級の巨樹が並び、内陸側に一〇メートル級か、それ以下のものが分布する傾向はかなり顕著で、その意味するところも何かありそうだが今は深追いしない。とにかくここにあげたイチョウはすべて同じＤＮＡで東日本１と呼ばれるタイプだ。宗教者も加えた複雑な伝播の契機・形態があったと思われる。

銀杏山長泉寺の記録『知音記』と一枚刷の「略縁起」

銀杏山の山号を持つ長泉寺には『知音記(ちいんき)』という平成四（一九九二）年に寺が出した資料集がある。一九世中興隆山虎海の五十年忌を機に、檀信徒が一丸となってまとめあげたものでよく整理されている。「まえがき」によると、現住職藤原耕道(こうどう)師の父故二〇世藤原円海が後代に託すべく整理し伝えてきた資料だという。

五十年忌の対象となった一九世虎海は元薩摩の人で、本名は「松田富次郎」（のち、姓を藤原に改める）という。西南戦争で敗れた後、父とともに「六部(ろくぶ)」となって諸国を歩きこの地まで来た。その後父と別れて長泉寺に入り、明治三九（一九〇六）年正式に住職を継いで衰退していた寺の復興を果たした。寺宝や資料の整理保存に極めて熱心で、事細かく記録している。その意志が二〇世円海、さらに二一世耕道へとつながって『知音記』刊行に結実した。

長泉寺の開創は寛永七（一六三〇）年となっている。開山は宮古にいた本室寿宗（初代）。現在の地に寺を建立したのは寛文三（一六六三）年で、二世密伝長参のときとされる。巨大なイチョウが江戸時代に植えられたとは到底考えられないから、長泉寺建立以前からこの場所にあったことは間違いない。この地の字名は「門前」という。この字名はすでに江戸初期にあったことがわかっているから、長泉寺建立以前にこのあたりに別の寺があったことになる。「長久寺」という寺だろうといわれている。

前住職二〇世藤原円海が記した「銀杏古木大公孫樹因記」というイチョウの由来などを記した一枚刷の紙がある（以下「因記」と略す）。冒頭に「当長泉寺は最初久慈町大字長久寺にあり、寺号もまた最初は「長久寺」と称していた」と書かれている。当寺と「長久寺」の関係を自ら語るもので、「寺伝」と呼んでいいだろう。続いていわゆる略縁起ともいうべき簡単な長泉寺の縁起があり、後半部にイチョウが国の天然紀念物に指定される近代の歴史が書かれている。

略縁起の部分がいつつくられたかはわからないが、二〇世円海がそれまでの伝承を踏まえて自分でまとめたのだろう。縁起はいう。二世密伝長参の夢に異装の霊が現れた。自分は公孫樹の精霊だが凡俗によって伐り倒されることのないよう、自分の側に一宇を建てて永く仏徳を施してもらいたいと。こう頼んで消えたが、密伝は木の霊のお告げだと考え、その木のある場所を探し求めた。あるとき托鉢の途中、異様な声に導かれて行ってみると、大きな老イチョウがあった。これだと直感し、密伝長参はそれまでいた寺をこの地に移し、山号を「銀杏山」、山麓に水の流れがあったので寺号を「長泉寺」と改めた。

これが「銀杏山長泉寺」の略縁起の大略だ。山号は、この木が雄でギンナンは取れないにもかかわらず「ぎんなんざん」と読む。山号は音読みが慣例だからということらしい。この山号は明治三五（一九〇二）年頃の史料には確認されるが、それ以前いつから使われていたかはわからない。「因記」に従うと、寺をこの地に建てた寛文年間（一六六一～七三）頃ということになる。

長泉寺の巨樹イチョウに迫るためには、長泉寺の前史となる寺院「長久寺」を追う必要が出てくる。少し長く複雑になるが、このイチョウの発生発端にもなるだろう重要なところだからしばらくおつき合いいただきたい。

前身・長久寺の創建　a説——山号「銀杏山長久寺」に着目

長久寺には二つの創建説がある。a説、b説としておこう。両説に初めて本格的にメスを入れたのは地元の研究者、弥藤邦義(やとうくによし)氏だ(『知られざる久慈・歴史ロマン——長久寺の謎に迫る』)。これまで多くの文献ではa説を採ってきた。こちらは豊臣秀吉の時代に滅亡した久慈氏嫡家の一族で、江戸時代、宮古の北部接待(せったい)村領主として生き残ることができた「接待久慈氏」の「家譜」に記された長久寺開創説に拠っている。「家譜」は正徳六(一七一六)年の編纂という(『久慈市史 第一巻』)。

久慈氏はもともと三戸(さんのへ)(現、青森県南部町)にあった南部宗家(総本家)の支流で、南北朝時代に久慈を領地として勢力を張った。宗家の南部氏はもともと甲斐(かい)を本国とするが、源頼朝が平泉の奥州藤原氏を滅ぼした後、糠部郡に地頭職をもらう。その後、鎌倉時代後半から現地に移住し、糠部郡三戸を中心に勢力を扶植していった。その支流の一つが久慈氏ということになる。

久慈氏本家はその後、紆余(うよ)曲折をたどるが、小田原北条氏滅亡後の天正一九(一五九一)年、九戸(くのへ)政(まさ)実(ざね)の乱で政実方につき、豊臣秀吉に滅ぼされて断絶する。この乱の平定によって秀吉の国内統一が完了するという極めて重要な事件だ。

久慈氏のなかで唯一存続を許されたのが宮古北部の接待村にいた久慈氏だ。その接待久慈氏が伝えた久慈系譜のなかに「治継（はるつぐ）」と記された人物がいる。治継には「双親の菩提のために、新たに一院を造って銀杏山長久寺と号す」と書かれている。この「銀杏山長久寺」が注目すべき文言ということになる。「双親」とは治継の二人の父、つまり実父政継（まさつぐ）と養父信継（のぶつぐ）のこと。政継は「長久寺殿」と書かれ、子の治継にも「久慈において長久寺に葬る」と書かれている。治継時代の久慈氏と長久寺の関係の深さを物語っている。中世の久慈には「長久寺」という領主久慈氏の菩提寺といえる寺のあったことがわかる。

では治継が二人の親のために長久寺を創建したのはいつの時代のことか。諸説あるが、今は厳密な検討は必要ない。おおよそ応仁の乱後の一六世紀前半というくらいでよい（『久慈市史 第一巻』、三七六頁）。その後、久慈氏本家が秀吉によって断絶させられたことで、菩提寺であった長久寺も庇護者を失って荒廃し、江戸時代も早くには廃寺となって久慈から姿を消した。

前身・長久寺の創建　b説——南朝年号「元中九年」に注目

もう一つのb説は、久慈で廃寺となった長久寺が、その後花巻（岩手県花巻市）で復活したことで浮かびあがったものだ。花巻でつくられた「妙応山長久禅寺興建記」という寺の由緒・沿革を記した史料に拠っている。普通、「由緒書」というと史実としては疑問も多く、慎重な扱いがいる。しかしこの「妙応山長久禅寺興建記」には傾聴すべき歴史が書かれていた。そもそもなぜ花巻なのか。以下、図2－3－2、図2－3－3を参照しながら読んでいただきたい。

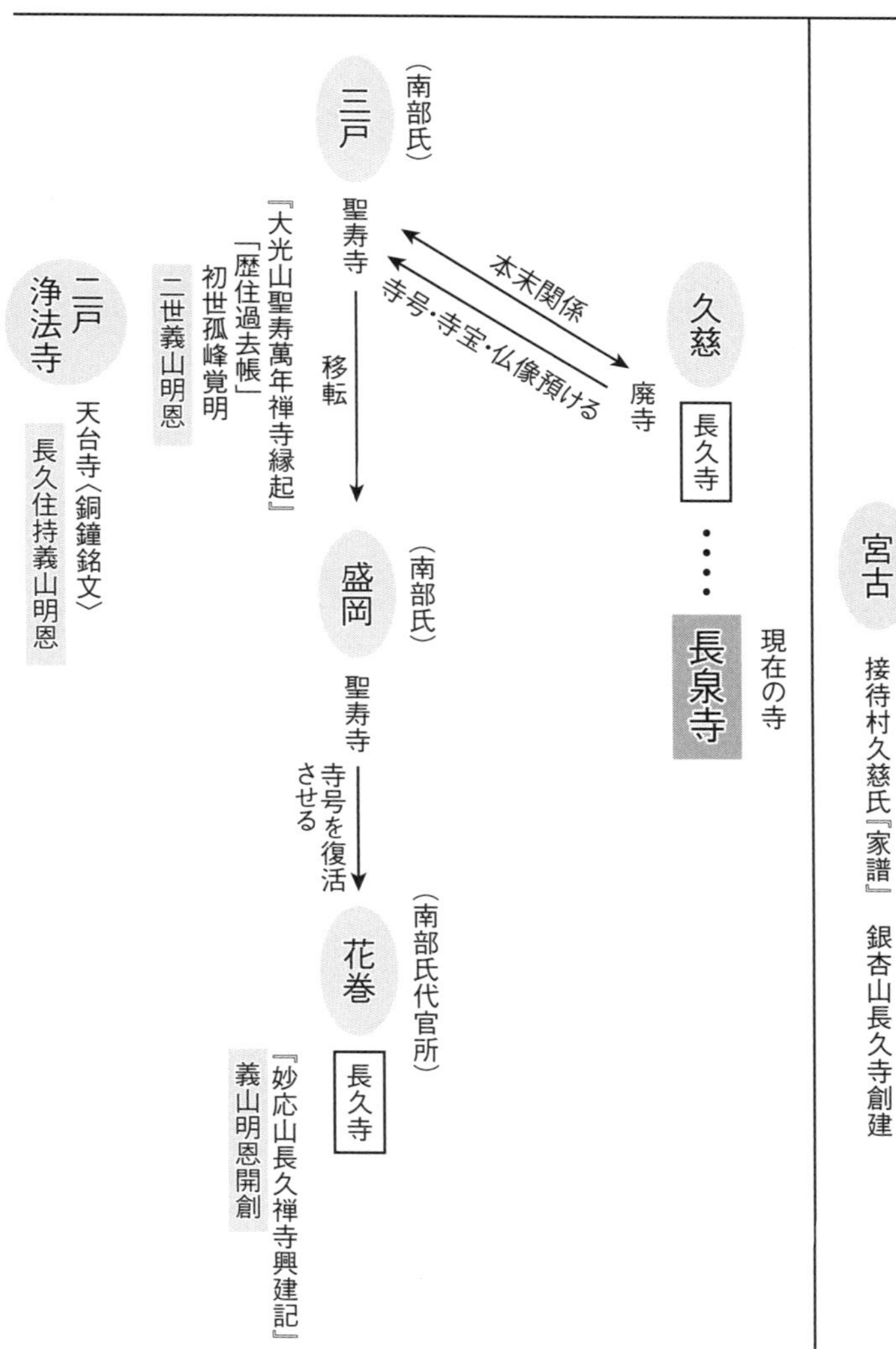

図2-3-2　久慈銀杏山長泉寺の前身「長久寺」の沿革　a説b説の概略。

「久慈の長久寺」は、久慈氏の本家南部宗家の菩提寺「聖寿寺（しょうじゅじ）」の末寺だった。聖寿寺は南部家の本拠地三戸（青森県）にあった。秀吉時代の九戸政実の乱（天正一九〈一五九一〉年）で九戸方についた久慈氏は滅亡する。それによって久慈の長久寺も廃寺となり、寺号や宝物類は本寺の三戸聖寿寺の預かりとなった。

図2-3-3　長久寺沿革に関係する地名と諸寺の位置関係。

その三戸南部氏は秀吉時代、盛岡に移転する。菩提寺であった聖寿寺も一緒に盛岡に移転。預かっていた久慈長久寺の仏像、宝物類も盛岡で保管されることになった。

江戸時代、盛岡に城を構える南部氏は花巻に代官所を置いた。時の代官は、花巻には臨済宗の寺がないため藩主の仏事を行うことができない、新しく寺院を頂きたいと藩主に訴えた。藩主は許可し、長久寺の寺号を復活して与えた。同時に聖寿寺で預かっていた久慈長久寺の仏像や宝物類もつけた。こうして花巻の地に長久寺は復活するが、そこで宝暦一一（一七六一）年につくられたものが「妙応山長久禅寺興建記」ということになる。

そのなかには重要なことが書かれていた。「妙応山長久禅寺は義山明恩（ぎざんめいおん）禅師が開創したもので、昔は久慈村にあり、領主久慈氏の位牌所であった。義山禅師はその前は土佐天忠寺（てんちゅうじ）の住職であり、三光国師（さんこうこくし）の高弟でもある」と。

これがb説だが、従来はいくつも疑問があって正面から取り上げられることもほとんどなかった。果たして信用できるのか。久慈の郷土史家弥藤邦義氏は問う。義山明恩という人物は本当に実在したのか、また存在したとして久慈にいた事実があるのかと。

注目したのは久慈に来る前に「義山明恩が土佐の天忠寺の住職」であり「三光国師の高弟」だというところだ。弥藤氏は土佐や、三光国師孤峰覚明が活動した出雲地方の資料を調査し、それが事実であることを突き止めた。しかも義山は、石庭で有名な京都龍安寺の創建開山義天玄詔の師であることが確認されている。義山の実在は確かめられた。

次には義山明恩がほんとうに久慈にいたかという点だ。それは二戸市浄法寺町（岩手県）にある有名な「天台寺」の銅鐘の銘文によって裏づけられた。この銅鐘銘文は長く疑義の多い史料として敬遠されてきた。というのも、実際に鐘を鋳て銘文が刻まれたのが江戸時代の明暦三（一六五七）年であったからだ。ふつうなら十分疑われていい。しかし近年新史料が発見され、この銘文の内容が裏づけられるに及んで信憑性が大きく高まっている（『知られざる久慈・歴史ロマン』）。銘文には「元中九年壬申三月廿六日」「長久住持義山叟釈明恩謹撰」と書かれている。天台寺の銅鐘の銘文を長久寺の住持義山明恩が書いたということになる。

天台寺は北奥仏教史上の名刹で、作家の今東光、瀬戸内寂聴が住職となって復興を遂げた。銘文に刻まれた「元中九（一三九二）年」は、南北朝の合体がなり、足利義満の室町政権が一層強固になるまさにその年の南朝年号だ。合体は閏一一月だから三月はまだ南朝年号が生きていてもおかしくはない。

この地域や天台寺、さらに義山は南朝方に属していたことになる。

すでに義山明恩が三光国師孤峰覚明の高弟であることを突き止めた弥藤氏は、孤峰覚明が南朝天皇（後醍醐・後村上）から三光国師号をもらうほどの臨済宗法燈派の高僧であったことを重視する。覚明が南朝系寺院（和泉・大雄寺等）の住職であることが多かったことはよく知られている。

その孤峰覚明と弟子義山明恩が、意外にもというべきか、南部氏の菩提寺聖寿寺の歴代過去帳（『大光山聖寿萬年禅寺縁起』）に「開山初世、二世」となっていたのだ。二人の密接な関係を十二分に語るものといえるだろう。南部宗家も当時は南朝系だったことになる。

義山明恩も師同様南朝系の禅僧で、「元中」という南朝年号を使うことはまことに自然なことだ。天台寺の鐘銘文を南朝年号で書いたことも矛盾しない。

以上のことからして、久慈の長久寺が元中九年より以前、義山明恩によって南朝系色彩を帯びた寺院として創建された可能性は強まった。長久寺は南北朝時代末期、一四世紀末にはすでに存在したことになる。

a、b両説並立から長泉寺イチョウに何を読み取るか

長久寺の創建についてa説、b説の間には百数十年の隔たりがある。しかしどちらも史料的に見て否定しがたい。どちらかが正しく、どちらかがを誤りだとして否定し去るのではなく、両立させることはできないかと弥藤氏は考えた。その要点を私の言葉で整理し直すと次のようになる。

ｂ説の南北朝末期（一四世紀末）に創建されたというのは事実だろう。しかし開山である義山明恩の後が順調に続いたとはいえず、その後荒廃していった。そしてａ説の戦国時代、一六世紀前半、領主久慈治継が両父（実父と養父）のために立て直し「再興」を果たしたと。これが弥藤説だ。

ａ説とｂ説のどちらかを否定し去るのではなく、調和させた弥藤説に私も賛成する。そう考えるのが最も無理がなく、矛盾も少ない。

以上、話の重心が「長泉寺」から今はなき「長久寺」へと移ってしまった。元に戻すと、久慈の「銀杏山長泉寺」より前に、同じイチョウをもとに「銀杏山」の山号を持つ「長久寺」があったことは確かだろう。もちろん山号が一六世紀前半にまでさかのぼるかどうかは不明だ。復活した花巻長久寺の山号は「妙応山」だから、元の久慈長久寺も「妙応山」だった可能性もある。今のところいえるのは「銀杏山長久寺」の山号は「接待久慈氏家譜」がつくられた江戸時代正徳六（一七一六）年には登場しているということだけだ。

再び長泉寺の略縁起

最後にもう一度長泉寺の略縁起を思い出そう。二世密伝長参が霊夢によって老イチョウの声を聞き、その後探し求めた結果、老イチョウの木を見つけてその側に寺を建てたという話だ。そこは元の長久寺の土地だったところ。寺伝では「当長泉寺は最初長久寺と称していた」という。「長久寺」と「長泉寺」の間には本来直接的な継承関係はなかったはずだが、寺伝がこういうのは、両者が同じイチョウに由来する山号を持っているからに違いない。イチョウを介した両寺のつながりを寺伝は語っていたのだ。

イチョウは長久寺創建の頃、南朝系の禅僧義山明恩によって植えられた可能性がある。一四世紀末、南北朝時代の最後の頃だ。現在から六三〇～六四〇年くらい前のことになる。

ここまで長々と「長泉寺のイチョウ」を寺の歴史、前史とともに追ってきたが、これだけ示唆的な史料があるように見えても、実は追究はここで行き止まりになる。文字のうえからわかるイチョウの歴史はまことに微々たるもの、これ以上を文字から追究することは不可能に近い。

昭和以降の被災史

長泉寺のイチョウについて、どうしても書いておきたいことがある。私が長泉寺で強く心引かれたのがイチョウの被災ということだった。全国のイチョウはどこでもさまざまな被災の歴史を持っているが、このイチョウは昭和五（一九三〇）年に三好學が初めて見たときから、今に至る九〇年間におよそ五度の甚大な被害を被っている。それによって大きく姿を変えながらも今も樹勢は盛んだ。長寿の木とされるイチョウの面目躍如たるものがある。

昭和六（一九三一）年二月二〇日国の天然紀念物(*)に指定されて以降の被災を、わかる範囲で書いておこう。ここで取り上げるものはどれも風による被災だ。

＊「天然紀念物」か「天然記念物」かはしばしば混用されていて厳密な差はない。後にも記すが、戦前の国の法律による指定では「紀」を用いている。

図2-3-4　上：葉の散り終わった11月の朝。木の勢いは回復しつつあった。2004年、著者撮影。下：1991年台風による被災直後。写真・長泉寺提供。

① 国の天然紀念物指定から五年後の昭和一一（一九三六）年一〇月一日、暴風雨により大イチョウの幹、枝四本が倒折した。翌一二年八月、近隣の篤志家が相寄って、その折れた部分から、時の住職一九世隆山虎海師の像を刻んで開眼式を行った（『知音記』八一号）。

② 昭和二二（一九四七）年九月のカスリーン台風、続く二三（一九四八）年九月のアイオン台風により主幹や支幹が折れ、幹周日本一の座を譲ったとされている（『岩手日報』昭和五九〈一九八四〉年九月一二日付夕刊）。

③ 平成三（一九九一）年九月二八日、台風19号により直径一メートル近い太枝が折れた（図2－3－4）。翌四年には一九世の五十年忌、先の住職二十世の十三回忌が予定されていたから、法要に間に合うように、折れた大枝の太い部分から「慈母観世音菩薩像」（高さ二尺〈六一センチ〉）がつくられた。残る細かい枝部分からは参詣人の焼香用の抹香（まっこう）がつくられた。

④ 平成一一（一九九九）年一〇月二八日暴風雨で幹が折れたとの寺からの連絡で、教育委員会より三名が現地視察を行う。イチョウは幹が複数に株分かれする状態だったが、そのうち南側の直径一・二メートル長さ二〇メートルの幹一本が折れた。平成三（一九九一）年の台風19号で大枝が折れた際に、今後のためにと相互にワイヤで巻きつけたが、今回木が折れてワイヤが切れ折損防止の効果はなかった。折れた枝からたくさんの木皿をつくって参拝者に配布した。

⑤ 平成一六年（二〇〇四）の台風16号でも大枝がやられた。藤原菊英さんによると、多くの人が

集まり盛んに枝を欲しがった。「碁盤」にするためだという。一人にあげたら不平等になるということで、そのときはあげなかった。現在碁盤や将棋盤の多くは本カヤ、新カヤを使うが、もとはイチョウも人気のある素材だった。反りや歪みが出にくく、表面が滑らかなのが好まれたのだろう。

折れた枝から慈母観世音菩薩像を彫り出す

平成三年の台風被害後、なぜ子を抱く慈母観世音菩薩をつくることになったのか。そもそも観音は子どもを授かるようにと祈願することも多かったように、女性・子どもとの相性がいい。子どもの成長を見守る仏でもある。長泉寺のイチョウも近隣の多くの女性の信仰を集めていた。寺の生き字引だった一九世の長女藤原菊英さん（大正九〈一九二〇〉年生）はこんな話をしてくださった。

イチョウの「こぶ」を削って煎じて飲むと必ず乳が張ってきてお乳が出るようになる。近所の人はもちろん、五里一〇里離れたところからも連日来ていた。自分が子どもの頃は断りもなく勝手に削っていたが、天然記念物になってからはそういうことをしてはいけないということで、寺が梯子をかけてこぶを削ってお守りにしたり、煎じやすくするために鉋か鉞で薄く削って一週間分ずつ計二回あげた。煎じて飲むと癖がなく、水二合入れて煎じて一合になるくらいにする。これを二回に分けて飲む。どれくらい人助けしたかわからない。削り屑をもらった人は「気持ち」を幾分か置いていった。売っていたわけではない。

科学的に見てどれほどの効果があったかはわからないが、菊英さんの言葉は自信にあふれていた。地域女性の信仰はよほど厚かったのだろう。慈母観世音菩薩像が選ばれる素地はこうしたところにあった。

仏像を彫った一関在住の京仏師佐久間溪雲氏（昭和三一〈一九五六〉年生）にも伺ってみた（図2－3－5）。

図2-3-5　折れたイチョウで彫られた慈母観世音菩薩像。佐久間溪雲氏作（写真・長泉寺蔵）。

住職と岩手県の曹洞宗青年会の総会で知り合って一週間後、「寺のイチョウの枝が台風で折れて堂に突き刺さり、大変なことになっている」と電話がかかってきた。そのとき住職から慈母観世音菩薩を彫ってくれと頼まれた。トラックで久慈に駆けつけ、現場を見、観音像のサイズを聞いて木を製材所に運び、四寸板に引いて坐像二尺割用の板にしてもらった。枝といっても直径三尺（九〇センチ）あった。

イチョウを素材として仏像を彫刻することは今回のようなことがなければまずないだろう。私も最初にして最後だと思う。素材は木目が複雑で逆目だらけ、とても彫りにくかった。仏師は基本的に被災木で彫刻することは少ない。「素性のいい木」は被災すると「割れが入る」から使われない。このイチョウは目が入り組んでいて「素性が悪かった」ので割れも入らず、かえって使えた。

木の乾燥に関しては、依頼から完成期間までが短かったし、そもそもイチョウは生命力のある木で乾燥しにくいうえに、目が入り組んでいるので水も抜けにくく苦労した。

最終的には彫りながら乾かす方法を採ったが、胎内を空洞にしてできるだけ肉厚を薄くし乾かしつつ彫刻した。できたものは歪みも少なく安心した。

彫刻は岩手でし、自分でトラックに載せて京都まで持って行き仕上げてもらった。自分が京都で修業したのでそこにお願いした。岩手で塗師、金箔師に頼んで完成させ、法要に間に合わせることができた。

佐久間氏の奮闘もあって、翌平成四（一九九二）年六月二七日の慈母観世音菩薩像開眼供養式に間に合った。翌二八日には予定通り一九世虎海五十回忌、二〇世円海十三回忌法要が営まれ、同時に開山堂・位牌堂の落慶、開山忌も執り行われた。先代からの課題だった銀杏山長泉寺の文字資料『知音記』も刊行された。

不幸にも被災した寺のシンボルでもあるイチョウは、この年予定されていた寺にとっての一大行事に華を添えるべく、慈母観世音菩薩像となって出現したことになる。災い転じて福となしたといっても過言ではないだろう。慈母観世音菩薩像は現在位牌堂正面、最上部に安置されている。

右を見ても左を見てもランキング花盛りの現在、長泉寺のイチョウを見ていると、全国一位、二位などとランクづけすることがおよそ意味のないことだということを痛感する。

数字などはだいたいを把握できればいいのであって、私たちはそれとは全く別の価値に気づかなければならない。イチョウはやられてもやられても甦る木なのだ。復活再生する姿を語ることこそが巨樹イチョウには最もふさわしい。

被災のイチョウに学ぶ

全国どこの巨樹イチョウも風害、雪害、火災、落雷等なんらかの被害は被っている。他の樹種の巨樹に比べ満身創痍といってもいいほどだ。巨樹といわれるようなもので、まっとうな体を保っているイチョウなどめったにあるものではない。手入れの行き届きすぎた感さえある都会の街路樹のイチョウとは生き抜くうえでの年季の入り方が違う。

復活再生の物語だけでなく、折れた枝など本体から伐り離された木がどのように生かされ甦ったかといった、そんな木のもう一つの生命にも注目したい。久慈長泉寺のイチョウにはこの点でも深く教えられた。各地にもきっと多くの実例があるだろう。東京麻布の善福寺では江戸時代文化の頃、風で折れた枝を拾ってイチョウの念珠をつくって売っていたという(『十方庵遊歴雑記』二編上)。こうしたものを集めてみることも人々の木への信仰や親近感を知る上でだいじではないか。

4　女性・子どもの墓碑がイチョウの下に
――大分県玖珠町平井・熊本県小国町下城

玖珠町の関心は角牟礼城跡の国の史跡指定問題だった

他のイチョウについても書くべきだろうが、堀さんから最初に質問を投げかけられた大分県玖珠（くす）町平井の大神宮のイチョウは、どうしてもこの目で確認しておきたかった。堀さんは『総覧・日本の巨樹イチョウ』にこう書いている。「樹肌はイチョウのそれではなく、全体が醸（かも）し出す雰囲気は妖気をたたえた巨獣のようだった。これほどの迫力を感じさせるイチョウを他に知らない」と。私自身も実際にこの目で見たイチョウの迫力と、木の周りの風景はあまりにも印象的で、これはどうしても文字にして伝えておかなければと強く思った。

佐藤征弥さんのDNA検査では、平井のイチョウはこれまで見てきた東日本1型とは異なり、「関東・九州型」と呼ばれるものだ。その分布は幹周一〇メートル前後級では熊本・大分・宮崎・佐賀などの九州と、千葉・茨城・福島・山梨といった関東およびその周辺に集中する。その理由はわからない。どちらが先かもわからない。

お目当ての平井のイチョウに行こう。九州一の大河川筑後川の中流域に日田（ひた）盆地がある。日田で複数の川が合流するが、その大きな一本が玖珠川だ。この川をさかのぼって玖珠盆地に入ると、まるで別世界に来たかのような不思議さに打たれる。目の前の伐株（きりかぶ）山のせいだろう。

　この地方にはメサと呼ばれるテーブル状台地の山がいくつもあるが、伐株山は名のごとくそのなかでも特に目立つ極端な姿をしている。日本にもこういう奇異な景観を日常的なものとする町もあるのだ。南北朝時代には伐株山の台地の上にある玖珠城をめぐる激しい戦いがあった。私が目指すイチョウは豊（ぶん）後森（ごもり）という駅で下車するが、「森」は伐株山の対岸にある江戸時代の小さな城下町だ。

　私が足を踏み入れた平成一七（二〇〇五）年三月、この町の関心事は市街地のすぐ上方に見える山城「角牟礼（つのむれ）城跡」の国による史跡名勝天然記念物指定のこと一本だった。私が訪れたその日こそ正式な国指定決定の当日だったのだ。何がそんなに価値のある城跡なのか私は全く知らなかったが、実は日本城郭史上非常に大きな意味のある城だという。

　角牟礼城を有名にしたのは戦国時代末期、薩摩の島津氏と豊後大友氏の戦いだ。侵攻した島津軍は、この地特有の地質で切り立った急崖の上にある天然の要害ともいうべき城を落とすことができず、とうとう転じて帰国した。まさに大友氏側にとっての誇るべき難攻不落の城だった。この城に籠もったのは玖珠衆といわれる玖珠郡一帯の土着の国衆たちだった。彼らはそれぞれ平安・鎌倉時代以来の地頭の系譜を引くとされている。

　しかし平成一七（二〇〇五）年の国による史跡名勝天然記念物指定の理由はそこにあったのではない。関東や関西の城郭史研究者はこの城を最初に見たとき、驚いたという。城全体は中世的な土居（どい）や堀を持つ「土」の城だが、森の街を望む城の南面には一〇〇メートル以上にわたって石垣が築かれていた。秀吉時代の城に典型的な穴太(あのう)式の石積みになっていた。土の城郭に先進的な石垣が加わるという、中世から近世城郭への過渡期の形態がそっくりそのまま出現したことの驚きだったという。

その後の発掘によって、従来搦手門(からめてもん)とされていた一帯こそが実は正面の大手門だったのではないかとする説が強くなった。直下の森の城下からもその壮観がはっきり望め、町と城の関係という点でも高く評価された。こうした城の建設は大友氏に代わって城主となった毛利高政(たかまさ)(防長毛利氏とは別系統)と久留嶋(くるしま)氏の時代で、文禄・慶長の頃とされている(『角牟礼城跡　玖珠町文化財調査報告書　第一二集』)。

巨樹イチョウのある台地

城については話題も沸騰し盛んに文字にもなったが、問題の平井のイチョウには関心も低く、文字資料(史料)は現代のものを含めてもゼロに近い。大分県の特別保護樹木にはなっているが、現在「豊の国の名樹(大分県ホームページ)」の「特別保護樹木一覧」に載る記事は一八年前と全く同じだ。「大分県農林水産部　森との共生推進室」が作成したもので、根拠がはっきりせず不確かなことが多い。

この解説は小川通安氏(大正一四〈一九二五〉年生)からの聞き書を文字にしている(小川氏談)。そこで玖珠町教育委員会に頼み、現地の近くに住む小川氏を紹介してもらって一緒に現場に向かった。とにかく文字史料がないから小川氏に頼ることになるが、たまたま現場のすぐ横で農作業をしていた星野よしのり氏(昭和一一〈一九三六〉年生)にも尋ねることができた。すると二人にはいくつか重要なズレもあって、とても短時間で一つの妥当な結論にたどり着けるとは思えなかった。

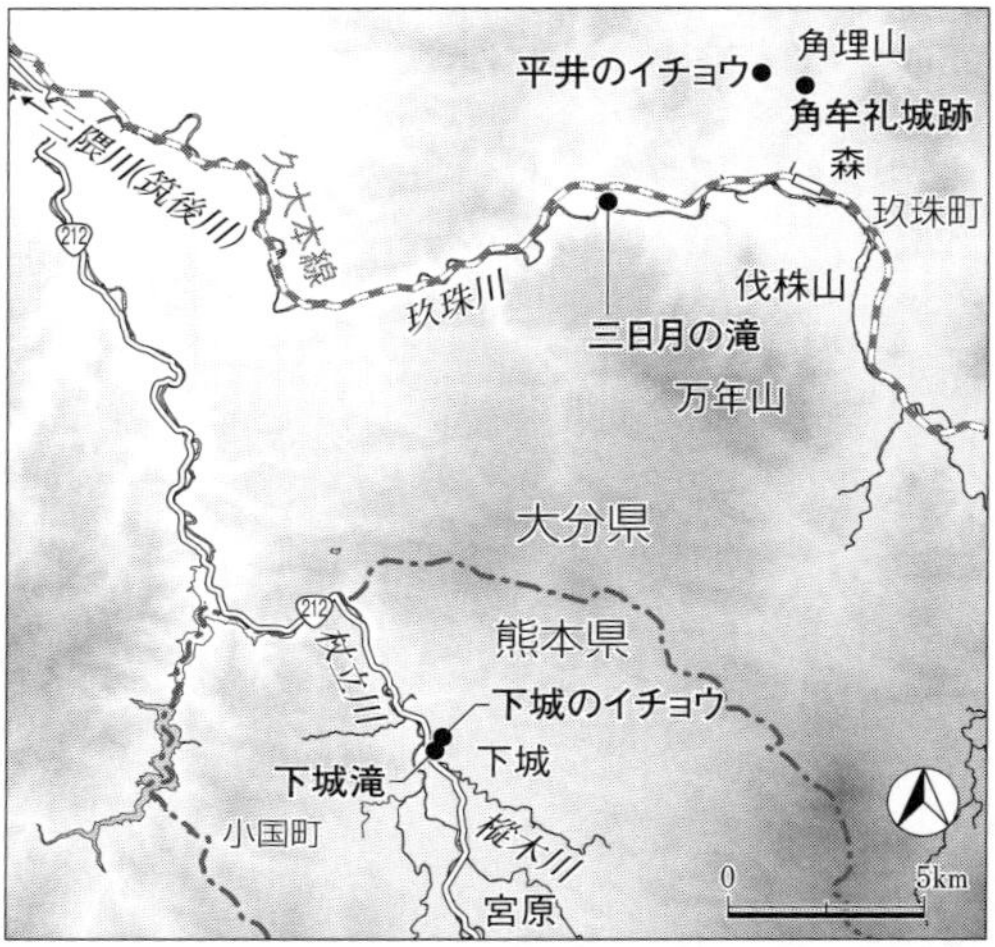

図2-4-1　県境をはさむ玖珠町平井のイチョウと、小国町下城のイチョウの位置関係図。

問題の大イチョウは低い台地の上にあり、地図や航空写真で確かめるとなんと角牟礼城のある角埋(つのむれ)山の麓になる。角埋山はすぐそこに見える（図2－4－1、図2－4－2）。当のイチョウは、今は正面側とされる森の街からすると真裏にある。山頂から西北に下る緩やかな尾根の先端がいつの時代かに切断され、低い台地として独立させられたようにも思えた。

　この一帯の地名を「平井」というのは、角牟礼城に籠もって戦った玖珠衆の一員平井氏の拠点だったからだろう。平井氏は平安・鎌倉時代以来の国衆といわれるが、玖珠川本流に流れ込む小河川の太田川両岸の開発を担ったものと思われる。ただし平井氏を文字史料で確認できるのは室町・戦国時代頃からだという。

　イチョウのある台地全体の呼び名を今の若い人は知らない。しかし古老たちは「イチョウバル（銀杏原）」と呼んでいた。迫田(さこだ)に囲まれ浮いたように存在している台地の前方に神社とイチョウがあり、後方には「平井どんのやかた」があったという。この「やかた」のことは玖珠町文化財調査委員会でも認めているが、調査は行われていない。
台地の上にあがると、すぐ前にがらんどうの社の拝殿がある。本殿は失われて今はない。台地を取り巻く平井五組（下組・中組・石坂・錨田・松信の五部落）で祀り、毎年当番の部落が交代で社の奉仕をする。拝殿のなかに「平井大神宮御由緒」と書かれた札がかかっていて、御祭神は「天照皇大神　お伊勢様」となっている。堀さんが「大神宮のイチョウ」といったのはこの神社がイチョウの所有者だと判断したからだろう。

木札には、今は失われた本殿が落成したのが享保五（一七二〇）年、御神体の右神・左神にはそれぞれ宝暦（一七五一～六四）、文化（一八〇四～一八）などの年号が書かれているから、社自体は江戸時代中頃から次第に整備されていったと思われる。拝殿の落成は大正三（一九一四）年四月二九日となっている。

混乱するイチョウの通称名

神社拝殿から東へ一〇〇メートルほどのところに問題の巨樹イチョウがある（図2－4－3）。その一帯は作業をしていた星野よしのり氏の土地で、戦後の農地改革で手に入れたという。最初から平坦な土地だったわけではなく、四メートルくらいの高低差があったところを開墾して平坦にし、植林もした。ただイチョウのところだけはポッカリと長尾氏所有になっているという。

そういえば大分県のホームページに「所有者　長尾嘉人」「所有者長尾家墓地（現廃墓）の北西隅に

図2-4-2　平井のイチョウの台地から。角埋山を臨む。2005年、著者撮影。

聳立(しょうりつ)する巨樹、雄木」とあった。しかしこれは間違いだとわかった。長尾家の当主嘉泰氏にも確かめたが、むしろそこは墓のある養専寺(ようせんじ)のものだと。これについては後述する。

　大分県のホームページでは「平井天神の大イチョウ」とある。堀さんは「大神宮」としていたし、台地の上の拝殿の内にかかる札にも「平井大神宮御由緒」と書かれていた。「平井大神宮のイチョウ」か「平井天神のイチョウ」か。なぜ違いが出たのか。「天神の大イチョウ」としたのはイチョウの木の下に小さな石祠があり、これを台地周辺にある六つ（七つと言う人もあり）の天神の一つとする小川通安氏の話に拠ったものだろう。周辺の天神の石祠も点検してみたが、いずれも江戸時代中期の年号で古いものではない。たいてい個人の家に隣接している。むしろ台地周辺には「石幢(せきどう)」とか「六地蔵幢」といわれる室町時代中期、末期とされる石造物も見られ、そちらのほうがこの台地の歴史の古さを物語っているように思われた。イチョウの下の祠が果たして「天神」なのかどうかも定かでなく、ここは命名を「平井のイチョウ」くらいですませるのが穏当だろう。

イチョウの下に女性・子どもの墓石が

図2-4-3　堀輝三氏推奨の玖珠町平井のイチョウ。散乱した女性、子どもの墓石。2005年、著者撮影。

お目当てのイチョウの幹周は大分県のホームページは一〇・五メートル（現在一一メートル）環境省巨樹・巨木林一二メートル（一九八八年）、堀一一・五メートル以上とあり、一一～一二メートルとしていいだろう。ここは台地の上で遮るものもなく、激しく風雨や雷にさらされるところだ。平成三（一九九一）年の19号台風と一一（一九九九）年の台風で折れた大きな枝がそのまま木の下に転がっている。

昭和一〇（一九三五）年頃イチョウの周りは原野で、台地の上はクヌギ林だった。毎年野焼きをしていたが、その年は野火がイチョウのなかの空洞に燃え移って一晩中燃えた。消防は手押しポンプで水を引いて消火しようとしたが、台地の上までは届かなかった。しかし空洞のなかの腐ったものを焼くのは消毒みたいなものだという人もあって消火はやめた。結果的にそれが良かったのか、

図2-4-4　平井のイチョウ直下付近、倒れたものが多いなかに立つ女性と子どもの墓。2005年、著者撮影。

その後イチョウは勢いを増した（小川通安氏談）。

それにしても全国のイチョウをくまなく見てきた堀さんがこのイチョウの何に迫力を感じたのだろうか。「全体が醸し出す雰囲気が妖気をたたえ」と言っている。

堀さんが最初に訪れたときに荒れた木肌のイチョウがあり、その周辺には女性や子どもの墓と思われるものがいくつも倒れかかったまま放置されていたことが関係しているように思われる。私がその後現場で確認したときも同じような状態で、イチョウと倒れかかった墓石のセットは極めて印象的だった（図2－4－3）。

ざっとだが、読めるいくつかの文字は「文化二年　花屋馨光信女　玉枝童子」「佐々木貞吉源鎮久妻」「養専寺坊守墓」などとある（図2－4－4）。「坊守」とは浄土真宗の僧の妻を指す。養専寺は現在ここからさらに奥の山間部鳥屋に移っているが、かつてはこの台地のすぐ下の「志津里」にあった。なぜ女性、子ども中心の墓がここにあるのか養専寺住職に電話で伺ってみた。返答は「この墓は養専寺のものとは聞いているが、なぜ女、子どもに限定されているのかはわからない」ということだった。

この大イチョウにはチチはあるにはあるが、ことさら目立った「チチ」は見られなかった。村には、伐って祟ったという言い伝えはあるが、特にチチ信仰を語る伝承は聞かないという（長尾嘉泰氏）。

堀さんからぜひにと強く頼まれ調べてみたものの、文字史料が全くない。調査は難航した。県のホームページには、作成者の友人からの情報がそのまま記され、以後も確認されることなく今に至っている。ホームページは周辺調査の限りでは信頼の置けるものとは思えなかった。これだけの巨樹であっても、所有者も通称もわからないままの木もあるのだ。漠としていたが、救われるのは「巨樹イチョウ―墓地―女性・子ども」がセットになっているという点で、このイチョウが全国的に見ても貴重な例であることが確認できたことだ。残念ながらそれ以上の文字史料には全く出会えなかった。

小国町・下城のイチョウ――滝を持つ城跡と向き合う

玖珠の南に連なるメサ（テーブル状台地）の万年山の西を大きく回り込んだところに熊本県小国町がある。大分・熊本両県が境を接する地域で、特産の小国杉はブランドとしても名高くまさに山林地帯だ。この町の杖立温泉に近い下城にも巨樹イチョウがある。玖珠で一日中一緒に歩くことになった教育委員会の佐藤祐二さんは、暗くなった山道を一時間かけて宿泊地の杖立温泉まで送ってくださった。

調査するまではこの二つのイチョウは近いから一緒に行ってみようくらいの気持ちだった。実際調査してみると二つは地理的に近くイチョウの信仰面でも共通する一方、対照的なことも多かった。二つを並べて書くことで互いの特徴も一段とはっきりさせることができるだろう（図2―4―1）。

図2-4-5　下城のイチョウ。枝張りが見事。観光名所となっている。2005年、著者撮影。

下城では地域を活性化する活動にも熱心で、歴史にも詳しい原山光成さん（昭和一八〈一九四三〉年生）に最初から最後までお世話になった。そのときから二〇年経過した現在、現地には立派な道が走り景観もすっかり変わってしまったようだ。しかしここでは調査時のやや古いイメージをだいじにしながら書いておきたい。

筑後川の最上流、杖立川の支流樅木川（以前は「紅葉川」「切通川」といった）に沿った国道212号の旧道脇のすぐ上に、下城のイチョウはそびえ立っている（図2－4－5）。大きな枝をいっぱいに広げ、地域のどこからでも遠望できるほど目立つ。昭和九（一九三四）年、国の天然紀念物に指定された。幹周は環境庁一〇・〇メートル（二〇〇〇年）、環境省一一・〇五メートル（二〇二三年）、堀調査一〇・八八メートル。雌株。全国的に見ても雌イチョウの幹周一〇メートルクラスのものは多くないが、このイチョウはその中でも上位に属する。

ＤＮＡでは「西日本１×関東・九州型」とされる。「〜×〜」と表現されるものは、異なるＤＮＡタイプが掛け合わされた（交錯という）結果生じた型だ。「西日本１型」も「関東・九州型」もそれぞれ九州には多いのに、その交錯で生じた本タイプは九州ではほとんど見られない。佐藤征弥さんによると、交錯は現地で生じた可能性もあれば、別の場所で交錯したイチョウのギンナンや苗木が持ち込まれた可能性もあるという。近くの玖珠のイチョウが「関東・九州型」であることは、下城のイチョウの由来を考えるヒントになるかもしれない。

図2-4-6　下城イチョウ上手（かみて）の滝。川の対岸に下城跡がある。2005年、著者撮影。

　イチョウの目の前を流れる樅木川の対岸は、中世では下城氏の居城で本丸があったという。道から下を覗き込むとすぐ左一〇〇メートルほどのところに落差二八メートル、幅一〇メートルくらいのしっかりした滝が見え、滝壺もある（図２−４−６）。城といわれるものが滝とセットになっている例など寡聞にして知らない。とにかくこの地方には滝が多い。

　玖珠の角牟礼城本丸が急峻な崖をともなうメサの台地上にあった鉄壁の城であったのに対し、こちらは樅木川・杖立川の合流地点で、深く切れ込んだ三方崖（がけ）というこれまた鉄壁性を感じさせる城だ。ところが角牟礼城と異なり、南から進軍してきた島津軍に攻められ落城した。鉄砲の普及により川を隔てているとはいえ、高地から砲火を浴びて平面的な城は持ちこたえられなかったという（禿迷盧『小国郷史』二一八頁）。

「乳瘤様」と呼ばれたイチョウと直下の五輪塔

対岸の本丸を見おろすような位置に問題のイチョウは立っている。昭和七（一九三二）年刊行の『熊本県老樹名木誌略』によると、大正五（一九一六）年の調査では周囲三丈二尺五寸（九・八五メートル）、里人はこのイチョウを「乳瘤様（ちこぶさま）」と呼び、村有で管理保存は「下城字本村婦人会」が行っているという。産婦がこの木に祈り樹皮を煎じて飲めば乳が出るということで、樹皮はところどころ削り取られた痕があるとも書かれている。

この伝承は現在も引き継がれいろいろな形で文字になっている。しかし現在この木に顕著な「チチ」らしきものはほとんど見られない。チチ信仰のある地域ではたいていチチが真下に向かって真っすぐに垂れているが、ここには主幹に垂れたチチがつく以外、それはない。幹や枝には瘤のような小さなぼこぼこしたものやチチの先端のようなものが目につく。百年前も「乳瘤様」といっている。瘤だけではチチを連想することはむずかしいから、すでにチチは徹底的に削り取られてなくなり、以後こうした形状になったのか。それとも最初から瘤状態だったのか、不思議に感じる。

ここで問題なのは、このイチョウの樹下に立派な中世の五輪塔（ごりんとう）と小さな笠塔婆（かさとうば）があることだ（図2－

図2-4-7　下城イチョウ直下の五輪塔とその右隣の小さな傘のような屋根を載せた傘塔婆。2005年、著者撮影。

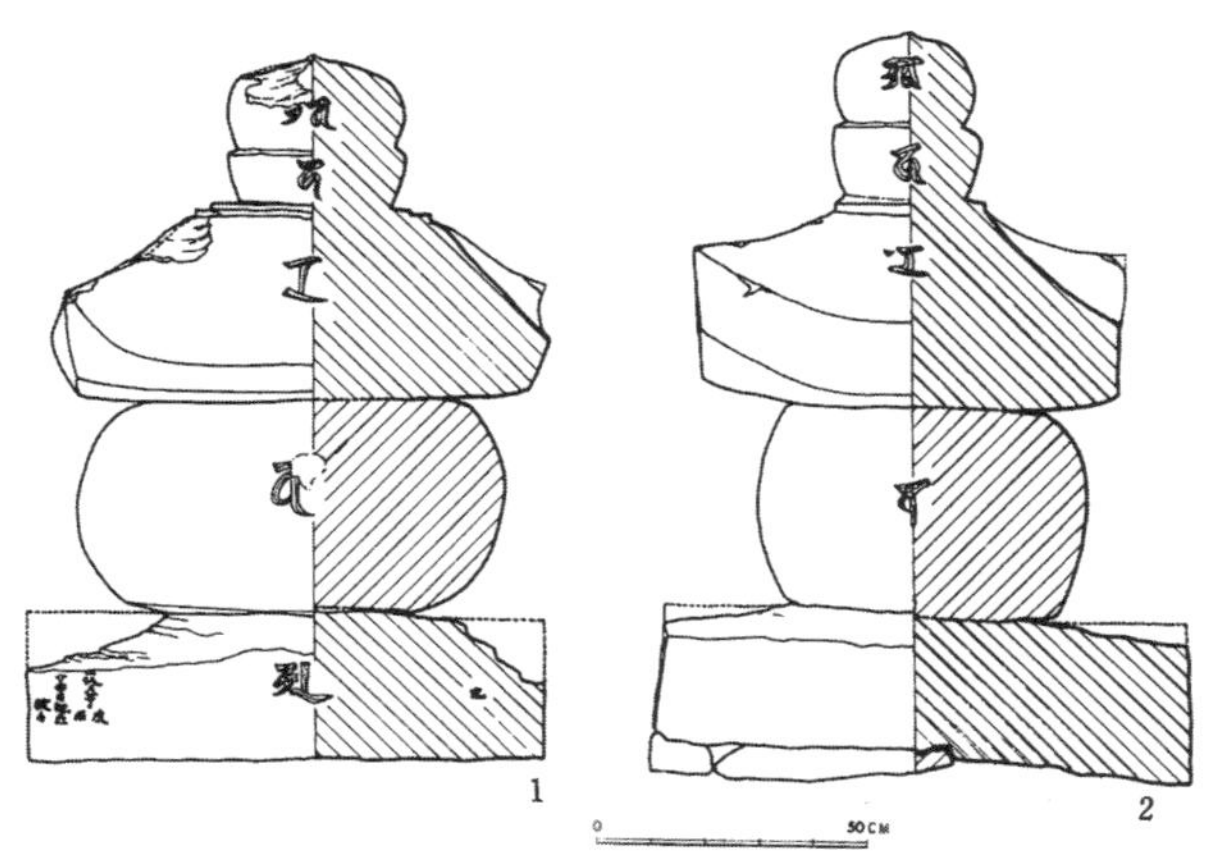

図2-4-8　五輪塔の実測図。左：伝下城上総介経賢墓、右：伝妙栄墓。高さ140センチ（熊本県教育委員会『下城遺跡 1』1979より）。

4－7）。特に五輪塔にはこの地の領主下城上総介経賢の母妙栄の墓標とする伝承がある（図2－4－8右）。それが正しいとすれば、イチョウと女性の墓の結びつきは一挙に中世にまでさかのぼる。玖珠の例よりも二百年以上早いことになる。こうした例は鳥取県鹿野町（現、鳥取市）幸盛寺のイチョウの、直下にある女性の墓の伝承を持つ五輪塔にも見られるが珍しい。

「聖」と「俗」がセットになった領主空間

イチョウの南側は現在グリーンロードという立派な道になっているが、かつては細い道だった。それもなかったころにはその南側とは同じ高さの傾斜地で、下城氏の菩提寺と墓域だったといわれている。地元で護心寺と呼ぶお堂があるが、本尊は不動明王で「下城不動尊」として地域の信仰を集めている。同じ敷地内には「下城上総介経賢」その人の墓とされる五輪塔も残っている（図2－4－8左）。

このように少し小高い一帯には、【巨樹イチョウ―伝・下城経賢母妙栄の五輪塔―旧下城氏菩提寺護心寺（下城不動尊）―墓地―伝・下城経賢五輪塔】が連続的に連なり、全体として対岸の城と向き合う形になっている。この一帯こそは樅木川を挟んで、戦国領主下城氏にとっての「聖」と「俗」、つまり宗教性と政治性がセットになった極めて重要な空間だったことを意味している。

昭和五二（一九七七）、五三の二年にわたり、熊本県教育委員会によって中世城跡「下城」一帯の発掘調査が実施された。この区域を走る国道212号の改良工事にともなうものだった。中世遺構のさらに下層には、先土器時代や縄文時代の遺構も発見され注目を集めた。同時に地上に残っている遺物としての石造物にも調査は及んだ。

イチョウの直下にある下城上総介経賢母妙栄の墓とされる五輪塔も精査された。地輪の最下層の銘文は「禅□□」と読めたが、「禅定門」か「禅定尼」かはわからずじまいだった（熊本県教育委員会『下城遺跡I、熊本県文化財調査報告第37集』）。つまり男女は不明のままだった。

もう一つの下城上総介経賢の五輪塔とされるものは、一番下の「地」の部分には「□正八年庚辰」とあった。干支からすると天正八（一五八〇）年になる。もし経賢だとするとその時期に死んだことになる。私は石碑の専門家ではないからあくまでも印象だが、見たところあまりバランスがよいとはいえず、この五輪の石の組み合わせには少し気がかりになった。

二人は実在の人物だった

通説をそのまま信じていいのか。違和感を抱いた私は立ち止まって考えてみることにした。そもそも「下城上総介経賢」の五輪塔や「経賢母妙栄」五輪塔などと特定の二人に限って固有名詞がしばしば記され、あるいは語られるのは不思議なことだ。なぜかを問う必要がある。

下城上総介経賢母妙栄は、享禄四（一五三一）年、小国郷の中心宮原にある「両神社」に寄進された梵鐘（ぼんしょう）に名が刻まれていて、実在の人物だと確認できる。「大願主氏女法名妙栄」と書かれている。下城氏の主家である「阿蘇大宮司」や、自分の息子の「下城上総介山部経賢」と名前を並べている。「八万の銭貨」をもってこの梵鐘を鋳たとも記されており、「社頭安穏」「天長地久」「国土太平」「当所安全」

「諸人快楽」「子孫繁昌」などを祈り込めている。

子息経賢のほうは同じ梵鐘の鐘銘以外に、護心寺の本尊だったという不動明王の脇侍に、「大永未三(一五二三)年」の紀年銘とともに「当旦那山部朝臣経賢」と書かれている。「山部」は「下城」氏の本姓だから「下城経賢」その人のことだ。

これらから「下城経賢」と「経賢母妙栄」の二人は、文字のうえからも一六世紀前半に活動した実在の人物であることが強められる。二人はともに領主として地域の安寧や諸人の快楽を祈願するという形で、政治的にも宗教的にも地域に名を残す人物だった。この記憶が以後も確実に受け継がれ、五輪塔の固有名詞ともなったと考えられる。しかし実在の人物だからといって、当の五輪塔がそれだとする根拠は弱い。

イチョウ直下の五輪塔はなぜ女性のものとされたか

イチョウ直下の下城経賢母妙栄の墓とされる五輪塔について、その後重要な報告がなされた。再度文字を確認した結果、「禅定尼」はありえないと結論され「禅定門」と判定されたのである(熊本県教育委員会『下城遺跡Ⅱ』)。墓は男性のものということで、経賢母妙栄の墓という伝承に大きな疑問符がついた。

そうなるともう一つの伝・下城上総介経賢五輪塔についても、経賢が天正八(一五八〇)年に亡くなるというのは、その活動年代からしてもかなり慎重にならざるをえない。当地では五輪塔は移動させられて原位置に立っているものが少ないともいわれている(禿迷盧『小国郷史』二一一頁)。墓の主の推定は注意が必要だ。どちらも「伝」を超えるものではない。

問題点をはっきりさせると、イチョウの下の五輪塔が妙栄の墓というのは怪しいことになる。ではなぜイチョウと母妙栄は結びついたのか。私の見立てはこうだ。世間でチチ信仰が盛んになり、さらにはイチョウの下に女性墓という風習も生まれてきた頃、下城のイチョウも大きく生長し乳瘤も顕著になっていた。そこで人々は墓域にあった五輪塔に地域の有名人「母妙栄」の名を吸着させ、木の下に安置し直して女性信仰のシンボルにしたのだと。あるいは五輪塔を移動したというのが言い過ぎなら、もともと誰かの墓樹としてあったイチョウの下の五輪塔に「母妙栄」の名を与えたのだと。

注意しておきたいのは、玖珠とは違い、イチョウがこの地の領主階級の墓、あるいは聖域と結びついていることだ。それだけにイチョウの存在感が地域でも際立つ。伝説も生まれ、今や観光の対象にもなるほどだ。もう一方の玖珠では、墓があっても伝説も生まれず、木の所有者、土地の所有者さえも明確ではない。墓石も散乱し地域からも半ば忘れられているようにも感じる。両者の対照的な歴史と現状はあまりにも顕著であった。

下城イチョウのもう一つの墓樹伝説

下城のイチョウがいつどうして植えられたかについて、小国に伝わるもう一つの口碑伝説がある。小国の中心宮原の名所「鏡ケ池」にまつわるものだ。醍醐天皇の御代(みよ)「某貴婦人」が、豊後に左遷された思い人清原正高(きよはらのまさたか)を追って侍女たちとともに遍歴の旅をする。探しあぐねて肥後国小国の宮原に至り、清澄な泉に女性の命ともいう自分の鏡を投じて再会を祈った。小国の名所「鏡ケ池」の名の由来だ。

貴婦人は旅を続けて下城に至ったが、ここで「乳母」が病気で亡くなる。一行は下城を発(た)って玖珠に向かうが、村人は乳母の墓を築いて銀杏を植え標(しるし)とした。これが下城のイチョウの由来だという。イチョウは乳の出の悪い産婦が祈ると必ず多くの乳汁が得られるという。

貴婦人一行はやっとの思いで玖珠に至るが、すでに清原正高は現地の女性との間に子どもをもうけていることを知った。貴婦人は絶望のあまり、侍女一二人とともに玖珠川にある三日月滝(みかづきのたき)に身を投じた(『熊本県阿蘇郡小国郷土誌』大正一二年刊)。

この伝説は小国では有名でしばしば語られる。しかし不思議なのは貴婦人が追った清原正高は玖珠の武士、つまり「豊後清原氏」の始祖とされる人物だ。貴婦人(後には醍醐天皇の孫で小松院という固有名詞を与えられるが)らが絶望のあまり身投げする滝も玖珠川の三日月滝、婦人らを祀る神社「嵐山滝神(あらしやまたき)社」もその側にある。これはむしろ玖珠で生まれ伝承された話で、小国の話はそれを下敷きにしてつくられたものに違いない。

では何が小国で独自に付け加えられたのか。鏡ケ池の話はいうまでもないが、ここでは下城のイチョウの由来だ。貴婦人は都からわざわざ迂回して遠い肥後の小国に入り、下城で乳母を亡くしている。その乳母を葬った村人がイチョウを植えて弔ったという。いわゆる墓樹としてのイチョウだ。「チチ」を与える「乳母」の死と「墓樹としてイチョウ」の組み合わせ。小国のイチョウ伝説は、特に前者のチチ信仰が普及した時代にこそ生まれたのだろう。それほど古いものとはいえないのだ。

このように肥後国小国下城にもイチョウに関する石造物や興味深い伝説は見られたが、私が求めたイチョウに関する直接的な文字資料には遠かった。イチョウ「史料」はここでも確認できなかった。

5 重要性に気づかれなかったイチョウ ——東京都大田区西六郷・古川薬師安養寺

研究者なら知ってはいるが

灯台下暗しとはまさにこのことだ。東京に住んでいる私が、こんなにも重要なイチョウ史料が同じ東京にあることに全く気づいていなかった。いやきっと私だけではあるまい。多くの研究者もそうだろう。

東京といえば都内最大級といわれる元麻布善福寺のイチョウが有名だ。現在の幹周は一〇・七メートル、イチョウでは国内で最初の国指定天然紀念物となっている。親鸞(しんらん)上人お手植えの伝承を持つ。東京大空襲で焼け、黒焦げになったにもかかわらず復活し、今では元に近い元気な姿を保っている(唐沢孝一『よみがえった黒こげのイチョウ』)。

それに比べて勝るとも劣らず有名なのが大田区西六郷(にしろくごう)にある古川薬師安養寺(ふるかわやくしあんようじ)のイチョウだ。文政一二(一八二九)年に成立した『江戸名所図会』では薬師堂の前に二本の立派なイチョウが並び描かれている(図2-5-1)。前年にできた『新編武蔵風土記稿』には薬師堂前のイチョウの木の由来、効能などが伝説とともに一層詳しく書かれている。

図2-5-1　『江戸名所図会』4　古川薬師部分（国立公文書館蔵）。

　さらにその前、文化五（一八〇八）、六年、幕府の多摩川堤防巡視役人だった大田南畝（なんぽ）（蜀山人（しょくさんじん））の『調布日記』には「大きさ牛をかくすといひけん大木の銀杏二本」のチチのことや、薬師の縁起などが詳しく書き留められている。こうした記述からしても、もちろん歴史研究者も注目はしていた（西岡芳文「歴史のなかのイチョウ」）。

　薬師堂は大正年間の多摩川改修工事により東側に移転を余儀なくされた。イチョウはすでに一本が失われていたが、一本は移植された。しかしすでに相当傷んでいたため多額の費用がかかったという（『東京府史蹟名勝天然記念物調査報告書第二冊』）。現在誰でも見られる二本のイチョウはぐっと小ぶりで、私の実測では太いほうでも幹周五メートルで、特別人の目を引くようなものではない（図2－5－3参照）。だから正直言って研究者も私自身もほとんど気にしていなかった。

問題にしたいのは、現在生えている木や枯れたといわれる木の幹周のことではない。この間、私が全国を回って探しているのはイチョウに関する文字史料だ。その文字史料で極めて珍しく重要なものがこの古川薬師に残っていたのだ。それも『江戸名所図会』や『新編武蔵風土記稿』のような編纂された書物のなかの一記事としてではない。現地で誰でも見られる当時の「もの」が、「文字」として残っていたのだ。すでに『大田区史』にも掲載されている。活字にまでなっているから存在を知らないわけがない。その重要性に気づいていなかったというだけのことだ。いったいどういうことか。

イチョウ・チチ信仰は日本全国に

イチョウの巨樹・巨木といえば、青森県から鹿児島県まで全国至るところにチチの信仰が見られる。「チチ」という言葉は世界的にも使われ専門用語にもなっていると堀さんは言う。その名の通り、枝から「チチ（乳）状の垂れ下がったもの」が見られ、しばしば信仰の対象となった。本書でも青森県北金ヶ沢の垂乳根イチョウ、七戸氏のイチョウ、岩手県久慈長泉寺のイチョウ、熊本県小国下城のイチョウなど、どれも子育てのうえで母乳の出の悪い人が乳の出るように祈る信仰だ。だから圧倒的にイチョウは女性の信仰対象となる。青森から九州まで日本列島を貫く信仰といっていい。

このことは民俗学でも早くから指摘されていて周知のことだ。近年では児島恭子氏が「イチョウ巨樹の乳信仰――歴史研究の資料に関する課題」に全国的なリストまでつくってその成果を結晶させている。

しかし残念なことにこの信仰がいつ頃から見られるのか、といった歴史的なことが解明されてこなかった。イチョウには最初からこの信仰があるというような思い込みがあったのかもしれない。あまりにも日本では普遍的なものだから。ところがこのことに疑問を抱かせるきっかけを私たちは韓国の調査で得ることになった。

朝鮮半島にはチチ信仰がない

イチョウは中国や朝鮮など大陸や半島から入ってきたと考えられるから、そちらにもこの信仰もあって当然と考えてしまう。ところが私たちが韓国で調査した限りでは、この信仰は全く見られなかった。最初からこちらにもそんな問題意識があったわけではないが、いくつものイチョウに接しているうちに、なぜか「チチ」がなく、あっても目につかないことに気づいた（図2－5－2）。

おかしいと思って同じ調査団の一人水原（スウォン）大学の姜憲（カンフン）氏に、巨樹イチョウの前にいた中年の女性に尋ねてもらった。ところが聞かれた女性はキョトンとして、なんのことを聞かれているのかさっぱりわからない様子だった。イチョウと乳などは全く結びつかなかったのだろう。日本で当たり前に見られるチチ信仰などここには見られないのだ。どこに行ってもチチの話を聞くことはなかった。チチそのものも、あっても少なく、ことさら目につくほどのこともないのだから。

別の機会に韓国出身の留学生梁誠允（ヤンソンユン）氏に故国の風習を聞いてもらった。母乳が出ないとき母親はどうするのか、何に祈るのか等。まずもらい乳をするというのが現実的だが、祈る場合は、台所の竈（かまど）神や村

図2-5-2　韓国の巨樹イチョウ。チチはあってもほとんど目を引かない。そこで木肌に着目してみた。乾燥していてあまり湿潤を感じないものが多い。
上：慶尚南道雲谷里のイチョウ。イチョウの周りはきれいな石積みで囲まれ、あたかも広場のようだ。山間部の小さな村。ひこばえが生えぬように、また低いところで生えた枝葉を早い段階で伐り落とし、上へ上へと大きくしていったのだろうか。英文の説明では誰かが木を傷つけると村に不幸が来るとあるが。
下：全羅南道潭陽邑鳳安里のイチョウ。いずれも著者撮影。

の境の守護神チャンスンということだった。それ以外に『増補朝鮮風俗集　全』（『韓国地理風俗誌叢書』一三六）を見ると、母親は清水を汲んで巫のもとに持って行き、神に祈ってもらってその清水を飲むということもあった。日本のようにイチョウの木にチチが出るよう祈るとか、木のチチの部分を削って煎じて飲むというような風習はなかった。

『朝鮮巨樹老樹名木誌』を点検する

しかしこれだけでは不安なので、大正八（一九一九）年朝鮮総督府が出した『朝鮮巨樹老樹名木誌』を点検してみた。3・1独立運動が始まったまさにその翌月刊行というものだ。総督府の技手石戸谷勉が担当したことになっているが、実は朝鮮総督府林業試験所の「雇員」として植林事業に携わっていた浅川巧も深く関わっていたとみられている（高崎宗治『朝鮮の土となった日本人　浅川巧の生涯』）。浅川は朝鮮文化の真の理解者として現在でも韓国で非常に評価の高い人物だ。

当時は朝鮮総督府の山林政策に対する強い反発もあり、調査も簡単ではなかったと思われる。しかし民衆のなかに入って聞き取れたのは、朝鮮語に堪能な浅川の存在が大きかったからだろう。決して通りいっぺんの官僚的調査ではなかったと思われる。

これをもとにイチョウ以外の木も含めて、佐藤さんを中心に日本と朝鮮の巨樹伝承を比較したことがあった（佐藤・阿部・乃村・姜・瀬田「日本と朝鮮半島の巨樹――樹種および巨樹にまつわる伝承の比較」）。イチョウは幹周三メートル以上のものに限ると三三九本あがっている。もちろん実数はそれよりはるかに多いに違いないが、三三九本のなかでチチの信仰に触れているのは二例、子を授かるというもの三例。チチ信仰についていえば日本と比べてあまりにも少ない。

もちろん韓国にもチチ形状のものが全く見られないわけではない。しかしあっても形状自体目立ったものではなく、特別信仰の対象になるような感じはしない。二例については実見していないから断定はできないが、近代以降の日朝関係が形成されていく過程で日本から持ち込まれたか、それ以前からの交流で伝わっていた可能性が高いと私は見ている。

なぜ韓国ではイチョウのチチそのものが少ないのか、あるいは目立たないのか。これは逆になぜチチができるのかとも関係するが、そもそもチチとは何かが生物学的にもよくわかっていないらしい。堀さんは「切断、折損を受けたイチョウが、過剰になった栄養分の貯留、または消費のために、幹、枝に乳を形成すると考えられる」(『写真と資料が語る日本の巨木イチョウ』)と書いている。佐藤さんは、台風被害の差も一因ということを加えている。

直接関係あるのかないのか私には判断できないが、韓国のイチョウと日本のイチョウに「印象的な違い」を感じた。チチの有無以外に木肌、つまり木の表面の乾燥の有無だった。軽々に言えることではないが、素人の直感としては土質と湿度に関係があるのではないか。朝鮮半島の地質は基本的に花崗岩質(かこうがん)で保水力が少ない(関祐二「世界の土vii/朝鮮の土〈一、二〉https://www.foodwatch.jp/soilscience095.096」)。赤松が非常に多いのもその関係だろう。また年間降水量の全国平均も日本の四分の三ほどと少ない。もとより台風被害も日本に比べて少ない。

では中国はどうか。私自身は調査していないから刊行された書籍を通覧すると（曹福亮・沈国舫『中国銀杏志』）、チチはあってもことさら取り上げているような箇所は見あたらなかった。中国のイチョウに造詣の深い日本北方圏域文化研究会の栄花茂氏の集めた写真や話からもそれはうかがえる。ときどきイチョウに赤い布がかけられている画像に出会うことがあるが、いわゆるチチ信仰とは別だろう。中国の文献では圧倒的に「樹齢」への関心が強く「いかに長寿か」が問題にされている。イチョウの長寿としての生命力が信仰の対象となっている。

チチ信仰は日本独自のもの

こうしたことを総合すると、チチ信仰はイチョウが日本に伝来し、日本の風土のなかで木が大きく生長した段階で独自に生まれ、全国的に広まったと推測してもいいのではないか。それがいつ頃なのか、どうやって全国津々浦々に広がったのかを問わねばならない。

チチについては、江戸時代後半になると文字史料も大幅に増える。例えば徳島乳保神社では文化九（一八一二）年（『燈下録』）、東京小石川・光圓寺では文政九（一八二六）年（『御府内備考』）、同じく東京雑司が谷・鬼子母神では文政一二（一八二九）年（『江戸名所図会』）、宮城仙台原町苦竹のは万延元（一八六〇）年（『新撰陸奥風土記』）といった具合だ。しかしそれ以前となるとはっきりしない。どうやってチチ信仰が全国的に広がっていったのかもわからない。こうした研究上もあいまいになっていた問題の解明に、古川薬師安養寺の文字史料は重要な一石を投じることになる。

元禄の「チチ削り取り禁制」碑文

古川薬師安養寺のある古川村は多摩川左岸にあって東海道の六郷の渡しや橋に近く、かつては「六郷領古川村」と呼ばれた。古川村は多摩川の大きな蛇行地点にある。頻繁に起こる洪水に対処するため、大正年間（一九一二〜二六）、河川改修事業が行われ、川に接していた古川薬師も移動を余儀なくされた。東側にある別当安養寺の敷地である現在地に移る。縁起では奈良時代の行基（ぎょうき）の開基ということになって

図2-5-3　現在の薬師堂前のイチョウ。すぐ左に禁制の石碑が立つ。2017年、著者撮影。

いる。

仏像や金石文、古文書などを見る限りでは、安養寺は中世末期の永禄年間（一五五八〜七〇）頃に再興されたようだ。この頃から歴史も次第に明らかになる。江戸時代後期の『新編武蔵風土記稿』には「薬師堂」と問題のイチョウが詳しく書かれているし、『江戸名所図会』には二本のイチョウの前には石碑も描かれている（図2－5－1）。

その石碑は現存しているが、四面すべてに次のような文字が刻まれている（原文を読み下す。図2－5－4）。

図2-5-4　古川薬師安養寺のチチ削り取り禁制碑。2017年、著者撮影。

正面「禁制　此の二本の銀杏乳削り取る事　同じく枝葉猥（みだ）りに折り取る事」
右面「この二本のいちやうのちちけずる事　おなじくゑだはみだりにおりとる事　きんぜいにこれあり候」
左面「この禁制石　薬師如来夢想にてこれを起こし立つる者也」
裏面「時に元禄三庚午年九月八日　六郷領古川村願主安養寺法師栄弁敬白」

正面と右面の内容からすると、当時二本のイチョウの「チチ」を削り取る行為が盛んに行われていたし、枝葉の折り取りも行われていた。こうした行為を今後は禁止するというのが左面の「禁制石」といわれるものの主旨だ。本尊薬師如来が夢に現れ自分の思いを示したのだという。石碑を建てたのは安養寺の住持栄弁、元禄三（一六九〇）年九月八日のこととわかる。彼の夢枕に薬師如来が立ったということなのだろう。

「チチを削る」という行為がなぜ行われていたかは改めていうまでもない。これによって一七世紀末の元禄年間（一六八八～一七〇四）にはすでにチチ信仰が盛んであったことが明らかとなる。

正徳の薬師縁起は「イチョウ・チチ信仰」一色

そのことをさらに証拠だてる史料が二五年後の正徳五（一七一五）年に現れる。「安養寺薬師如来縁起」といわれるもの。縁起の書き出しは和銅三（七一〇）年、行基作の薬師如来を安置したという当寺草創の由来を語っている。しかし重要なのはその後の展開で、『調布日記』や『新編武蔵風土記稿』などにも記されていて有名なものだ。箇条書きにしてみるとこうなる。

① 聖武天皇に王子が誕生し皇后の乳を含んだところ、乳は一度で尽きてしまった。しかし王子は他人の乳は全く受けつけなかったため、諸寺諸山に祈ったが効果はなかった。

② 天皇は行基を召して尋ねたところ、行基は武蔵国荏原（えばら）郡の薬師如来に銀杏を植えれば願いはたちどころに叶（かな）うと奏上した。

③ 天皇は早速船の船首と船尾に銀杏を植え武蔵国に送るべく海上に浮かべた。

④ その夜の皇后の夢に老僧が現れ、瑠璃（るり）の手で乳房を撫（な）ぜた。すると夢が覚めた後は乳が十分出るようになり、王子はたっぷりと乳を含んでその後、命を永らえた。

⑤ 一方、船は薬師仏前の入り江に到着、銀杏は薬師に奉納されて仏前に並び、船のほうはそのまま水中に沈んで消えた。

⑥ 天平五年（七三三）秋、天皇は行基に御堂建立の宣旨を与え、それによって寺は七堂伽藍（がらん）の聖地となった。

皇后・王子と乳→天皇のイチョウ寄進→薬師仏前の二本のイチョウ→御堂建立と七堂伽藍寺というよ

うに、この縁起は乳とイチョウが密接につながりながら展開する構成になっている。「薬師イチョウ・チチ縁起」と名づけてもいいくらい徹底している。

注目するのは、これが禁制石の元禄三（一六九〇）年から二五年後の正徳五（一七一五）年に書かれていることだ。縁起の最後の部分に「古来の縁起が破裂したので今新たに書き写す」という一文がついているが、これが曲者だ。縁起制作の動機としてこうした言い回しがされることは他の場合でもよく見られる。正徳五年に全く新たにつくられたか、そうでなくても以前から存在する簡単なものを大幅に改変してストーリー化した可能性が高い。

縁起を新たに書き写したのは、禁制石を建てた五世住職栄弁を継いだ六世栄音だ。縁起とは別にこうも付け加えている。「近年寺は零落（れいらく）していたが、正徳五年に諸方の協力によって六間四面の御堂を造立することができた。仏前の二本の銀杏は一〇囲（約一五メートル）に及ぶ」と。縁起制作は新たな御堂造立と並行して行われていたに違いない。

その他の史料を検討してみると、五世栄弁の「元禄」から六世栄音の「正徳」にかけて安養寺では盛んに寺院体制の立て直しが図られていた。仏像もつくられている。そうした過程で寺のシンボルとして「イチョウとチチ」が据えられ「薬師イチョウ・チチ縁起」も整えられたということになる。古川薬師安養寺はすべてをイチョウ中心に組み換えることで寺の発展を期待したのである。

薬師の御供米を頂くと乳が滴る

栄音はさらに続けてこんな重要なことを書いている。薬師如来の霊験はあらたかで「婦人のチチの出が悪いときは心を込めて祈り、如来の御供米を頂戴すればたちどころに乳が滴るであろう。また、病もことごとく除くことができる」と。

注目したいのは、このとき栄音が説いているのは直接チチを削るのではなく、薬師から御供米を頂くことで望みが実現できるといっている点だ。二五年前まではみんな直接木を削っていた。ところが薬師の御夢想で「削ることまかりならぬ」となった。禁制が忠実に守られたかどうかはやや怪しい。しかし二五年後の正徳五年では、直接行為に及ぶのではなく心を込めてお祈りし、薬師如来から御供米を頂いて帰って食べるとたちまち乳は出るようになるというふうに変化していた。

児島氏によると、チチ信仰といっても全国的には実際に削って煎じて飲むことや、御札をもらうだけで効験があるというものなどいくつかのパターンがあるという。古川薬師安養寺では直接削り煎じることから別の方法へと段階的な移行が確かめられる。このことは他のケースでも原初的・直接的な「削る」行為から、二次的、間接的な方法へと転換した可能性のあることを示している。

江戸の市民もすでにチチ信仰は知っていたはず

こうして古川薬師のイチョウ・チチ信仰が一七世紀後半から一八世紀初頭にかけては存在したことが

はっきりと確認できた。もちろん信仰の発生はその時点より前だろうから、一七世紀前半、江戸前期まではさかのぼらせることができるだろう。

安養寺は東海道から分岐して一キロほどある「薬師道」の終点だ。東海道との分岐路には延宝二（一六七四）年の道標があったが、現在、安養寺の門前に移されて残っている（図2－5－5）。すでに江戸に信者がいてその有志によって建立されたというから、チチ信仰は江戸の市民にも知られていたことは間違いない。

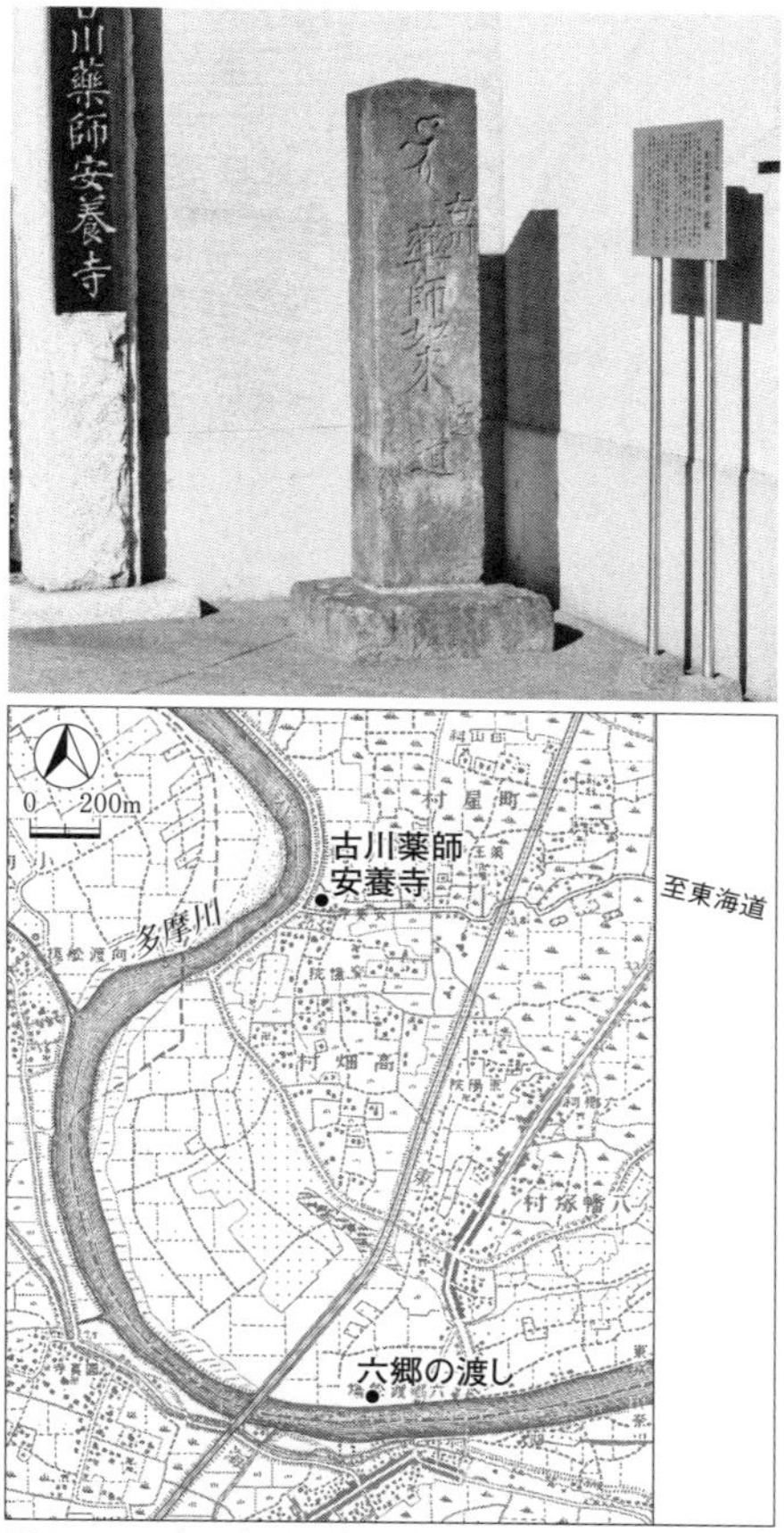

図2-5-5　上：古川薬師道道標。元は旧東海道の分岐点にあった。現在古川薬師安養寺門前に移されている。2017年、著者撮影。下：大正年間の多摩川（六郷）改修前の地図。旧東海道が六郷川（現多摩川）をわたる地点に「六郷渡し」があった。左に直線的に走るのは現在の東海道本線。地理院明治14年測量図２万分１迅速図・仮製図「川崎駅」をもとに作成。

図2-5-6　大正年間の古川薬師のイチョウ。『東京府史蹟名勝天然記念物調査報告書第二冊　天然記念物老樹大木の調査』（大正13〈1924〉年3月）より。この報告書に「（形状）周囲二丈五尺（7・57メートル）高さ三丈（9・69メートル）本幹は朽ちて根より出たる芽に包囲されて、枝葉も少し（保存状態）（中略）往昔二本ありしも後一本となる。大正十一年六郷河改修の為め寺地移転と共に現地に委植し為に多数の費用を要せし樹木なり」とある。
竹垣の左に土手（堤）がある。『江戸名所図会』ではイチョウの左側には「いなり」や「すわ」の社があるから、この写真とは合わない。つまり写真は移転後のものと見てよい。傷みが激しいため移植にも多額の費用がかかったのだろう。

もちろん、だからといって、これでチチ信仰が江戸から地方へと伝播していったなどと速断するのは間違いだ。東海道に沿っているから、ここから他へ伝播していったことは間違いないが、あくまでもそれは一つのルートでしかない。その他どういう者たちがチチ信仰の伝播に深く関わっていたかはさらに別の考察が必要になる。

最後に。現在安養寺のイチョウのDNAは東日本2×西日本1という比較的少ないタイプとされている。藤沢遊行寺のイチョウと同じだ。しかし改めて寺の庫裡横に残る古く傷んだ大きなイチョウ（幹周五・八七メートル、著者測定）を佐藤さんに調べてもらったところ、DNAは東日本1タイプだった。東日本に最もポピュラーなタイプだ。傷んでいて現在の幹周は大きくはないが、こちらのほうが『江戸名所図会』に描かれた二本のうちの一本だと思われる。

大正一三（一九二四）年三月発行の『東京府史蹟名勝天然記念物調査報告書第二冊』に「安養寺の公孫樹」の写真が出ている（図2－5－6）。イチョウの左、竹垣のすぐ横に堤があり、木との位置関係は現在と同じだ。これを『江戸名所図会』のイチョウの位置と照らし合わせてみると移植後のものとわかるが、傷みの激しさが伝わってくる。このイチョウが最初いつ植えられたか。寺が再興されたという永禄年間（一五五八～七〇）の頃より前であることは確かだが、詳しくは不明なまま残った。

6　全国イチョウ資料（史料）に見る大きな傾向

本来なら全国各地についてイチョウ資料（史料）の残り方を見ていく必要もあるのだが、本書では東北、九州、東京の例のみ取り上げることとなった。北海道と沖縄は最初から除いた。なぜか。堀さんがつくったリストでは、北海道のイチョウは太くても幹周六メートルくらいにとどまる。佐藤さんのDNA検査では東北地方に圧倒的に多い東日本1タイプは北海道では非常に少ない。北海道では西日本や北陸地方のものとの共通性が見られた。西日本と北海道の交易が盛んになる近世の北前船（きたまえぶね）時代の影響とも考えられる。

沖縄にもイチョウは見られなかった。堀さんの巨樹リストには名護市に一本入っているが百年くらい前のもの。緯度的には中国の巨樹イチョウのある南部、貴州省と違いはない。琉球王朝時代、中国から持ち込んだ形跡はないということだろう。こうした事情から北海道・沖縄は調査対象から除外した。

気象変動ということも厳密には考慮すべきであったかもしれない。しかしイチョウは温度差にあまり顕著な影響は受けず、生長の度合いにおいて北から南まで広域にわたってほぼ同じように感じた。湿度や地下水という環境上の問題では、雨量の多い暖かい地方だけでなく、降雪地帯も水分的には十分補給されているのではないかと思われる。大雑把ではあるが、本書では各地方の温度差や、歴史的に見た気象変動を考慮に入れていない。

私に与えられたミッションである資料（史料）調査で出会ったのは、地誌、随筆、紀行文、社寺境内図、縁起（絵）、寺社伝、民間伝承、金石文（碑文）、考古遺物等々さまざまであった。しかし絶対的な文字史料を欠いているため縁起伝説に頼りがちで、樹齢推定はたいていそれに引きずられている。その結果多くは史料批判抜きの我田引水的言説が行われることになる。これは堀さんの危惧するところだ。その点が決定的な限界だった。

東京西六郷の古川薬師安養寺だけは金石文として厳然たる当時の文字史料が残っており、それに続いて整備された縁起もあって、二つを比較しながらイチョウの歴史を論じられるという特別感があった。しかしこれとても「チチ信仰」という限られた一面の史料であって、もう少し長い時間でのイチョウと人の多彩な交流史を語ってくれてはいない。

残念ながら私の行動範囲では堀さんの期待した史料の発見は困難といわざるをえなかった。そうしたなかで思いがけず出会ったのが、これから語る美作国菩提寺のイチョウ史料である。

第三章　『美作高円史』の衝撃——古文書が語る「享保五年」の事件

那岐山菩提寺イチョウに臨む前に

岡山県東北部の都市津山のさらに東北、那岐山（標高一二五五メートル）の中腹に菩提寺はある。法然上人幼少期修学の場として、知る人ぞ知る寺だ。鎌倉時代の『法然上人行状絵図』にも登場する。ここには法然が植えたという巨樹のイチョウがあるが、幹周は環境庁調査一三・四八メートル、堀調査一四メートルとされている。

菩提寺イチョウは佐藤さん作成の全国DNA分布では特に目を引く。現存する巨樹の中で最も多い東日本1型は、その名の通り圧倒的に東日本に多く関西以西には極めて少ない。九州大分県に一本あるが、写真で見る限り、さほど太くはない。解説からも江戸時代のものと判断されるから調査の対象から外すと、巨樹としては菩提寺イチョウが本州での西限ということになる。そのこともあって私は早くから注目していた。

現地に行く前には当然準備として東京で入手可能な情報を集めることになる。地理的立地、寺の歴史、伝承、イチョウの現状等々。現在は国指定の天然記念物になっているからかなり多くの解説はあるが、

図3-1　パノラマ那岐連山　奈義町から見る（右奥の山を除き）。右から那岐山（1255m）、左へ滝山（1197 m）、広戸仙（1115 m）。2022年、著者撮影。

どの解説文もそれほど差はない。古いが、大正一一（一九二二）年発行の『岡山県史蹟名勝天然紀念物調査報告』の記載を現代風にわかりやすく書いておこう。

> この木は県下第一位の巨木で円光大師（法然上人）の挿し木によって生育し、現在樹高一五間（二七・三メートル）、幹周（地上五尺）四五尺（一三・六メートル）。樹齢は七七〇年、樹勢は旺盛、雄大な樹形と荘厳な姿には敬虔の念を覚えざるをえない。県道から鬱蒼とした小道を一五町（一・六四キロ）登ると突然、天に聳える巨木が現れるが、山麓からでも望観できる。数間離れた場所に幹周一二尺（三・六メートル）のイチョウがあるが、母樹の長い枝が垂下して圧条（取り木）によって生長したものだという。（中略）
>
> 村所有の記録によると、昔、円光大師が九歳から一五歳までこの峰で修行し苦学していたときに、公孫樹の枝を伐って当寺の十一面観音像に誓い、わが仏法が将来に至っても盛んであり、また自分が京都に上って希望を果たすことができたなら、この

枝を逆さまに挿したとしてもきっと大きく成長してくれているだろう、と言って挿した木が、七七〇年経った今、数十囲（かこい）の大木となっている。これこそ大師の恩徳を語っている。
あるとき、一人の樵（きこり）が分別もなくこの木の枝を伐り採ったところ、悶絶（もんぜつ）して死んでしまった。鬼もまたこの霊木をしっかりと守っているのだ。その後数度の火災に寺は焼けてしまい、わずかに草堂一宇しか残っていない。にもかかわらずこの霊木が依然として生命を保っているのは、まことに大師の恩徳を語って余りある。

国の天然紀念物*指定を期待した県が作成した文だ。具体的な資料名もあがっておらず、これだけではあまり参考にはならないが、しかし概略はつかめる。

＊先に七四頁でも述べたが、「天然紀念物」「天然記念物」の使用の区別についてはこの語の使用当初から混用されていて明確な差がない。本書では厳密には区別せず利用されている会の名、書名、法律名に即して適宜使った。

唯一頼られてきた史料『東作誌』

イチョウだけでなく菩提寺も含めた文献による歴史史料となると、江戸後期文化年間に編まれた『東作誌』という編纂物だ。後世の解説はたいていこれに拠っている。重要な基本資料（史料）だから、中野美智子氏『岡山の古文献』に拠って簡単に解説しておこう。

江戸幕府開設からしばらく美作一国を支配した大名は津山城主森氏だ。織田信長の小姓として討ち死した森蘭丸の弟忠政が初代藩主。森氏の治下の元禄四（一六九一）年、藩主の命により家老長尾隼人が編者となって、儒者江村宗晋に書かせた美作西六郡の地誌が『作陽誌』として完成する。これは西美作だけだから当然東美作六郡も別人に担当させたが、そちらは完成しないまま終わった。

ところが津山森氏は元禄一〇（一六九七）年、突然改易となり、支族は津山を離れて小藩となった。津山には翌年松平氏が入ったが、東美作はその領国から切り離され、幕府直轄の天領になり、次いで小田原大久保氏の所領となった。そのため東美作に関しては『作陽誌』のような公的な地誌はつくられないまま放置された。

百年後、これを惜しんだ津山松平氏の藩士正木兵馬輝雄は文化年間（一八〇四～一八）、東美作六郡の地誌編纂を志した。藩主の命による公的なものではない私的なものではあったが、松平氏も陰から援助した。正木は東美作各村々の役人、古老、寺社を訪ねて古文書、古書、伝説などを集め、事跡や地勢を調査して歩いた。漢文体の『作陽誌』よりも読みやすく世間一般に通じるものをという考えから和漢混交文を採用し、一村ごとの記述形式を取った。

文化一二（一八一五）年に『東作誌』として成立させたが、それ以降も調査を続け補充、訂正を行ったという。しかし完成後も一般に公開されることはなく、そのままになってしまった。幕末になり、散逸を憂えた津山松平藩の家臣が写本をつくり世に伝えようとした。以後、明治、大正期に補訂が加えられて活字化され、『新訂作陽誌　東作誌』（以下『東作誌』）として一般でも読めるようになった。

こうした経緯からもわかるように、現在知られる菩提寺や寺のある高円（こうえん）村の歴史の多くはこの『東作誌』の記事をもとに書かれている。具体的な記述内容についてはおいおい触れていくことになるが、これが現地に赴く前に得た菩提寺イチョウに関する資料（史料）の情報のおおよそである。

『美作高円史』に出会う

菩提寺のある勝田郡奈義町を訪れたのは平成一七（二〇〇五）年三月のこと。教育委員会の寺坂信也さんの紹介で岡本美昭さん（昭和六〈一九三一〉年生）に初めてお会いした。造園業を営む方で、地域の歴史や民俗に詳しく、菩提寺イチョウを案内してくださるという。

岡本さんは山中にある菩提寺にのぼる前に、持参した一冊の本を見せてくださった。『美作高円史（みまさかこうえんし）』という東京では存在も知らなかった本だ。「高円」は旧高円村、菩提寺はこの高円にある（図3－2）。頁をめくったが、改行が少なく細かい字がびっしり詰まっていて、すぐに読んで理解できるようなものではなかった。目次で概略だけ見て、とりあえず内容は後回しにして現場でイチョウを見ることにした。

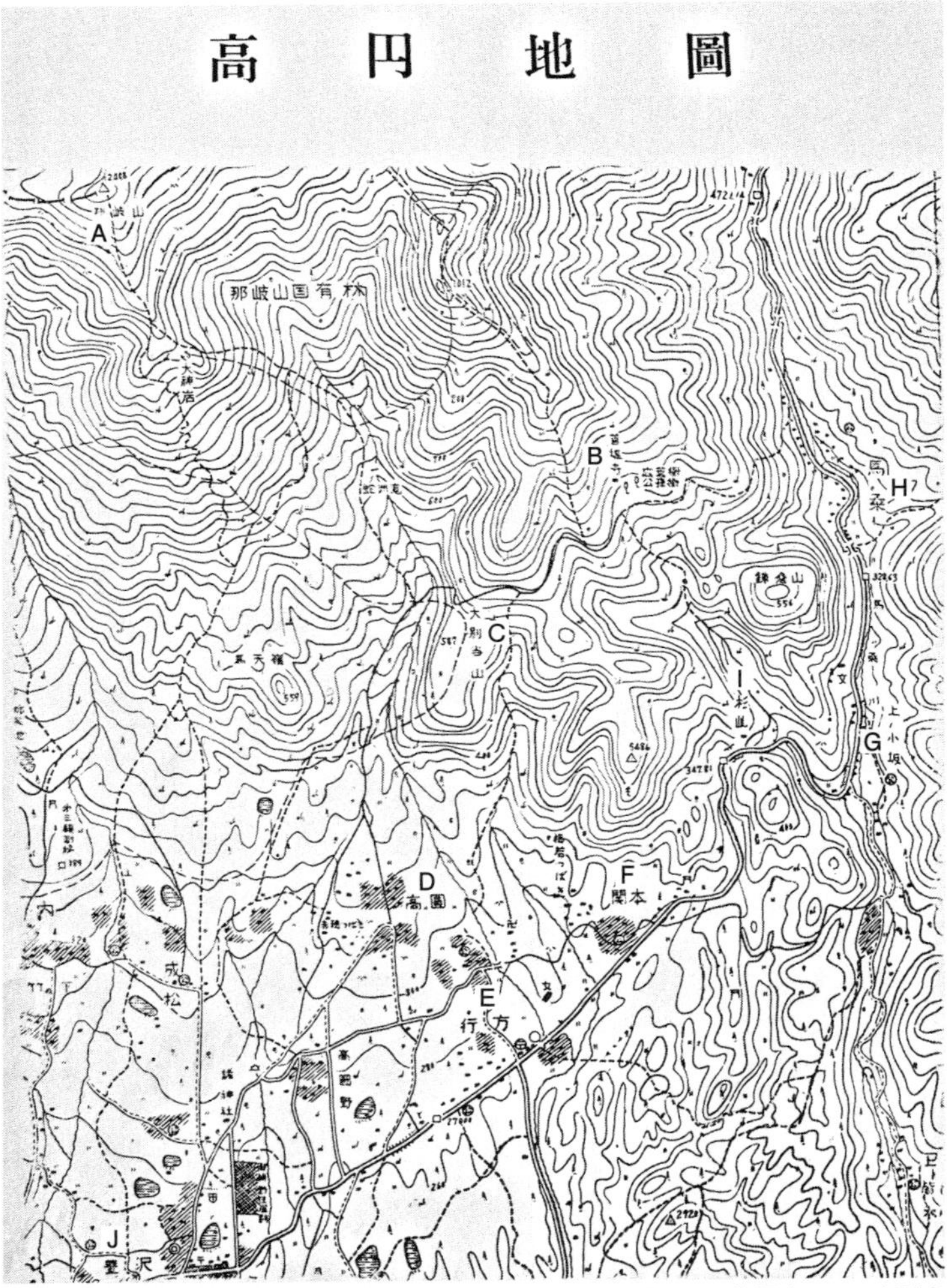

高 円 地 圖

図3-2 『美作高円史』に載せる高円一帯の地図。A：那岐山、B：菩提寺、C：大別当山、D：高円、E：行方、F：関本、G：小坂、H：馬桑、I：杉が乢、J：豊沢。地図中の符号A～Jは地名（江戸時代の旧村名）とその他必要な名称に限った。

幹周約一四メートルとされる巨大なイチョウで、太い大枝が地面に沿うように大きく前方に張り出している。太い鉄製の支えが大枝を受け止めているのが印象的だった。チチの多さ、大きさも際立っていた。

夜、宿舎に戻ってお借りした『美作高円史』に目を通してみた。『東作誌』のような地誌やその他多くの随筆・紀行文とは全く違う、まぎれもない「古文書」の史料がここにあった。それまでに出会ったイチョウ史料がほぼすべて何かの文の一記事として書かれていたのとは違い、イチョウそのものが主役となった古文書だ。イチョウに関して何やら村で重大事件が起きている。たった三通の江戸時代の古文書だが密度はあまりにも濃く、何度も本当かと確かめずにはおれなかった。

文書は享保年間（一七一六～三六）のもの。享保といえば江戸時代中期、一八世紀初・前期だから時代的には特別古いとはいえない。日本のイチョウ史を学べば必ず出てくる、ドイツ人ケンペルによるイチョウの西洋への初めての紹介がその少し前だ。そんな時代に日本国内にこれほど詳細なイチョウの記述がある。しかも登場人物はこの時代では飛び抜けた知名度を誇る。驚きを越してただただ興奮した。

現地ではざっと見て貴重さには気づいたものの、事件に登場する人間関係、支配関係、やりとりの複雑さはその場では解決しがたかった。岡本さんには本をお借りし、帰京してコピーを取り、史料の丁寧な読解を行った。

美作・高円村一帯の江戸中期と三点の文書

先にも書いたように、幕府が開かれて以来美作国は全体として津山森氏の領国だったが、元禄一〇

（一六九七）年森氏は改易、東美作は切り離され、翌一一年、徳川幕府の天領となった。代官所（陣屋）は英田郡倉敷村（現、美作市林野）や吉野郡古町に置かれた。古町は岡山県のなかでも最も東北端にある鳥取県・兵庫県に接するような地だ。因幡往来の宿場町で吉野郡の中心的町場だったのだろう（『岡山県史六、近世一』）。勝北郡高円村など那岐山麓一帯の村がその管理下に入った。

ところが高円村は宝暦五（一七五五）年、領主がまた変わって小田原藩主大久保加賀守の支配下に入り、陣屋は久米郡西川に置かれることとなる。その段階で大久保氏は支配下の村々に対し、新たに寺社堂庵の由緒を書き上げて提出するよう命じた。高円の隣村豊沢村にはそのとき提出した文書の写しが残っている（『豊沢誌』）。

しかし高円村では事情が違っていた。なぜなら高円では天領時代の享保五（一七二〇）年、ある事情で古町代官所詰めの手代（役人）が直接村に出向いて菩提寺に関する詳細な聞き取りを行い、文書を作成して江戸在勤の代官に送っていた。だから新たに調査し文書を作成するまでもなく、信用度のはるかに高いそのときの提出文書の写しを大久保氏の陣屋に提出すればよかった。庄屋以下年寄、組頭、百姓代ら五名は連判でその間の事情を書いて西川陣屋に送った。そのときの写し（控え）がこれから紹介するA、B、C三点の古文書ということになる。

ちなみに天領の代官は旗本のなかでも中下級の者が任命される幕府官僚だ。手代を使って現地支配を行った。手代は主に百姓・町人から登用され、現地採用が多く、非正規の嘱託といってもいい存在だ。代官はこの手代をしっかり監督し、有効に働かせることが求められた（西沢淳男『代官の日常生活』）。

A　享保五年五月　吟味覚書（写し）
B　（享保五年）　添状（復命書）（写し）
C　宝暦五年六月　庄屋ら連判状（写し）

以下、文書名をA、B、Cと名づけておくが、説明は便宜上C→B→Aの順でする。

C文書　宝暦五（一七五五）年六月に高円村五名の連判で、領主大久保氏の西川陣屋にA、Bを添えて書き送った文書の控（写し）。

B文書　享保五（一七二〇）年古町代官で、当時江戸住まいをしていた前嶋小左衛門から現地古町代官所詰めの手代（田中団蔵・高尾三左衛門）に命令が出された。それを受けて二人から江戸の代官のもとへ復命した文書（写し）。直接には江戸勤務の代官配下の手代（井上織右衛門・鈴木才蔵）に宛てている。書き方としては命令をいちいち復唱したうえで、どのように対応し、どんなことがあったかを丁寧に記す。直接の宛先となっている江戸詰めの手代から上司の代官前嶋に伝えられる。次のAが命令に対する正式な回答書であり、Bはその添状ということになる。

A文書　享保（一七二〇）五年五月付の「吟味覚書」（写し）。古町代官所の手代二名が直接菩提寺の現場に赴き村人から聞き取りを行い、問題のイチョウを観察した結果の報告書。代官はこれを踏まえてさらに自ら文章化し、指定された現物を添えて幕府上層部に報告する。年号が入っていることから、これが正式報告の文書である。

江戸在勤の古町代官と現地手代のやりとり――B文書

以下まずB文書によりながら、代官の命令内容と、それに対する現地代官所手代の返答を箇条書きに示す。入念というか執拗というか繰り返しの多い指示で、代官の執念を知るためにはすべて書いたほうがいいだろう。しかしあまりにも重複が多いためここではできるだけ整理し、両者のやりとりを対比させてわかりやすくした。配列も大幅に変え、内容の進行に合わせた順になるよう努めた。

四月二九日付の江戸在勤中の古町代官前嶋小左衛門の命令が、五月八日美作国吉野郡古町代官所詰めの手代（田中団蔵と高尾三左衛門）のもとに届いた。次のような命令内容とそれに対する手代の返事である。命令と返事の間には時間差がある。手代は命令を受けて現地に赴き、調査を完了した後に返事する。したがってこのやりとりもその間に一呼吸が入る。そのことを念頭に置いて読んでいただきたい。

①代官　幕府の方から古町代官の自分（前嶋）に命令が下りた。それによると、美作国「名木能山」（那岐山）にイチョウの大木があって、その木には「摺木（すりき）のごときもの」がなっているという。その枝葉と「摺木のごときもの」を取らせて送るようにとのことだ。この幕府の御

命令の書付を写して送るから受け取り、二人で現地に赴き、御命令の書付通り調査して江戸に報告するように。

手代　早速私たち（田中と高尾）は現地に赴きましたが、「見分吟味」したものを詳しく別紙に書きつけお送りいたします。

②代官「銀杏木」は高円村の上の菩堤寺山にあるのか。名木能山にあるのではないのか。ただし菩堤寺山も名木能山に含まれるということか。

手代　菩堤寺山というのは高円村の範囲内ですが、関本村の東北村外れの上にあります。菩提寺山は名木能山の内です。銀杏木も菩提寺山内にございます。

③代官「銀杏木」のある所は津山からするとどの方角にあたり、距離はどれくらいか。

手代「覚書」に記しておきます。

④代官「銀杏木」は現地の村では「菩提樹」と呼んでいると上層部では御理解しておられるようだが、それでよいかどうか申してくるように。

手代　承知いたしました。村では一切「菩提樹」とは言っておりません。「銀杏木」と呼んでいるとのことです。

⑤代官「銀杏木」の様子や「こぶ」がどうのようにできているかなどは、詳しく「絵図」にして提出せよ。

手代　覚書と細かく絵図にしてお送りします。

⑥代官　「銀杏木」の「こぶ」の数がいくつあるか数えて送ってくるように。
手代　「覚書」と「絵図」に書きました。
⑦代官　今回の話は「御本丸御前御用」（将軍徳川吉宗）であるから入念に現地に臨むようにせよ。
手代　しっかりと承りました。これは「加納遠江守様（御側御用取次）」の御書付によって仰せ渡されてきた御用ですから、御書が届くとすぐに私たちは現地に赴いて委細を入念に吟味し、一つ一つを一書にし、絵図にも詳しく描きましたので早急にお送りします。高尾三左衛門は「絵心」もあるというのでその任に仰せつけられましたので、絵図は念入りに仕立てております。
⑧代官　銀杏の木、摺木の形をした物（こぶ）をいちいち絵図にして記すように。
手代　ご指示ですが、木の裏になっている枝は、絵図には残らず記すことはむずかしいことでございます。摺木の形をした物八四本のうち三五本は記し、残る四九本は記しておりません。長さは書きつけるべきでしょうが、「下絵図」に長さを書き付けてみましたところ見苦しくなってしまいましたので、絵図に記すことについては差し控えました。書きつけたほうがいいということであれば、覚書に申し上げた長さを書きつけてくださいますよう。
⑨代官　「銀杏木」の「こぶ」のついているところは、なるべくならば枝をつけたまま伐って送るように。枝が大きすぎて送るのがむずかしいようならば、「こぶ」だけを根元のところから伐って送るように。

手代　それは承知したのですが、なにぶん大きな枝にばかり「こぶ」ができて垂れ下がりますので、枝と一緒にというわけにはいきません。そこで今回はなるたけ「こぶ」の根元より伐って一つ差し上げます。今回差し上げる「こぶ」は全体のうちでもだいたい「中」くらいに見えます。これより太いのは少なく、細いのはもっと多くあります。

⑩代官　枝つきの「こぶ」を取ることがむずかしい場合は枝の間のこぶのできているところがこんなふうに出ているとしっかり描きつけるように。

手代　絵図に描いて差し上げます。

⑪代官　「銀杏木」周りは何尺で、こぶの大小寸尺、太さなどいちいち絵図に記し送るように。

手代　詳しく書いてお送りします。

⑫代官　(「いちょうのこぶ」は、先年自分が菩提寺に登山したとき、「御用」として伐るよう命じたところ、村側は「採っては罰が当たります、決して手をつけることはできません」ということで実現しなかった。しかし)今回は「公儀御用」であるとはっきり言って伐らせるように。それでも至極迷惑がって渋るようだったら、その旨を書いて急ぎこちらに送れ。とにかく「公儀御用」であるから背くことのないようにとの勘定奉行大久保下野守様のご命令である。このことをしっかり伝えて百姓どものなかで「くじを取らせ」、くじに当たった者に伐らせるようにせよ。

手代　畏(かしこ)まりました。仰せのように百姓どもは迷惑がりました。そこで高円村に太兵衛という大工がおりましてこの者に命じて伐らせました。大木ですから登ることはできないので、はしごを掛けて伐らせました。手伝いの人足を連れていったのですが、皆恐れてイチョウに近づくこともできなかったところ、「沢村与市・高円村庄屋ならびに平左衛門」が動いてくれたお陰で首尾よく伐り取ることができました。この三人と大工の太兵衛は特別精を出して働きました。もちろん伐り口からは血も出ませんでした。総じてなんの異変も起きませんでした。

⑬代官 枝葉の小さいのを一枚送るように。ただし遠国であるから枝つきの葉はとても送る間は保(も)たないだろうから、他に葉二、三枚ずつを上に薄く紙を敷き並べ、また薄板で押さえ、念入りに固く締めくくって全体で二、三〇枚送るように。

手代 枝葉二枚葉ばかりを一くくりにしてお送りいたします。

⑭代官 右の銀杏の木の「こぶ」、枝葉とも箱に入れ、悪くならないように藁を詰めて渋紙で上を包み、入念に作州から大坂まで仕立飛脚（急行便）で送り、大坂の河内屋太郎右衛門方から江戸へは三度飛脚（月三度の定期便）で送るようにせよ。

手代 どちらも仰せの通りにし、河内屋太郎右衛門へも入念に致すように書状をもって伝えします。この手紙と銀杏の枝葉はともに今日大坂河内屋太郎右衛門までは一緒に送りますが、別に急ぎの御用がありますので、この手紙と絵図、覚書、御用状一つは一緒にして大坂からは五日飛脚で送ります。銀杏枝葉一箱はかさ高ですので、仰せ下された通りに三度飛脚で送るつもりで太郎右衛門方へも申し伝えました。これによって枝葉一箱はこの書面より少々後から届きますので、そのようにご承知おきください。

⑮代官　菩提寺の跡に小さな観音堂があったが、今も存在していて堂守はいるのか。観音堂はいつ誰が建立したものか。お堂の縦横の長さも絵図に記せ。本尊は誰の作か、どこの寺が管理しているのか。

手代　お堂も観音もそのままございます。絵図に記し、本尊や堂庵建立のことは別紙覚書に記して差し上げます。それ以外のことも菩提寺のことは現地の村の者が伝え聞いてきたことどもを、直接御用に立たない内容でも、なんといっても遠国のことですから明細を書きつけてお送りします。

⑯代官　別紙覚書、絵図を送ってくる際には、田中・高尾両人の印紙を二、三枚つけて送るように。

手代　そういたします。別紙絵図、覚書ならびにわれわれ二人の印紙三枚類紙を相添えてお送りいたします。

正式報告書「吟味覚書」を読む――A文書

題　作州勝北郡高円村の上　菩提寺山ならびに銀杏木見分　所(ところ)の者に吟味覚書

a　高円村の上にある菩提寺山は名木能山（那岐山）の内に含まれ、銀杏の木のあるところも菩提寺の内です。

b　銀杏の木のある山は同国津山から丑寅（北東）の方角にあたります。津山京橋より高円村の高札場までの道のりは四里三〇町（一九キロ）、高円村札場より銀杏の木までは三一町（三・四キロ）余りです。

c　銀杏の木は一本、「実」（ギンナン）は全くなりません。雄の木です。

d　目通り周は二丈二尺三寸（六・七六メートル）。地面から一の枝（最も下の低い位置にある）までの高さは八尺（二・四二メートル）。それより枝々が「はびこり」（たくさん出ていて）根元からの高さは一〇丈余（三〇メートル）。枝々股（ハタカリ）は東西一五間余（二七メートル）、南北一三間余（二四メートル）、大枝は一三本。

e　摺木の形をした物の数、八四本。

内訳　一三本　長さ四尺五寸（一三六センチ）より二尺（六一センチ）まで。元周二尺五寸（七六センチ）より一尺二寸（三六センチ）まで。

一八本　長さ一尺九寸（五八センチ）より八寸（二四センチ）まで。元周一尺一寸（三三センチ）より八寸（二四センチ）まで。

五三本　長さ七寸（二一センチ）より二寸（六センチ）まで。元周八寸（二四センチ）より五寸（一五センチ）まで。

他に一本　今回進上するもの。これは北西方向に向かう枝の元に西南方向に向かう場所にできたもの。

f　以上の他に　摺木の形をした物がイチョウの枝のつけ際、下の方にできていて、元の幹にくっついていて本体と一つのようになっています。そういうのが四本あります。長さは六尺五寸（一九七センチ）より四尺（一二一センチ）までです。これらは以前からこうなっていて元の幹と一つになっていると「所の者」は言っています。もとよりそうした様子はよく観察できます。摺木は枝木の元のほうにできていて下に向かっています。上や横に向かうものは全くありません。すべて下に向いています。

g　「銀杏之木」は村でも「銀杏木（イチョウ）」といっていて、他の呼び名はありません。「こぶ」は「生れんぎ」と言っています。枝葉ともに一切伐りません。もし伐ったときは「御罰当り　こぶより出血候」というように申し伝えています。そのためにわざわざ「生連木」といっています。

手代のイチョウ実地検分の結果報告は以上で、これ以降には菩提寺についての具体的な報告が続くが、これについては章を改めることにする。

現地に写し（控）として残ったのはこの三通だが、もともと江戸に送られたものには詳細な絵図がついていた。残念ながら今は残っていない。いや正確には発見されていないというべきだろう。

不思議に思うのは、実地検分して絵を描かせた季節は五月、現在でいえば六月後半から七月だ。イチョウの葉っぱは繁茂していて、木の全体像は見えても個別の枝などははなはだ見通しにくい時期だ。そ

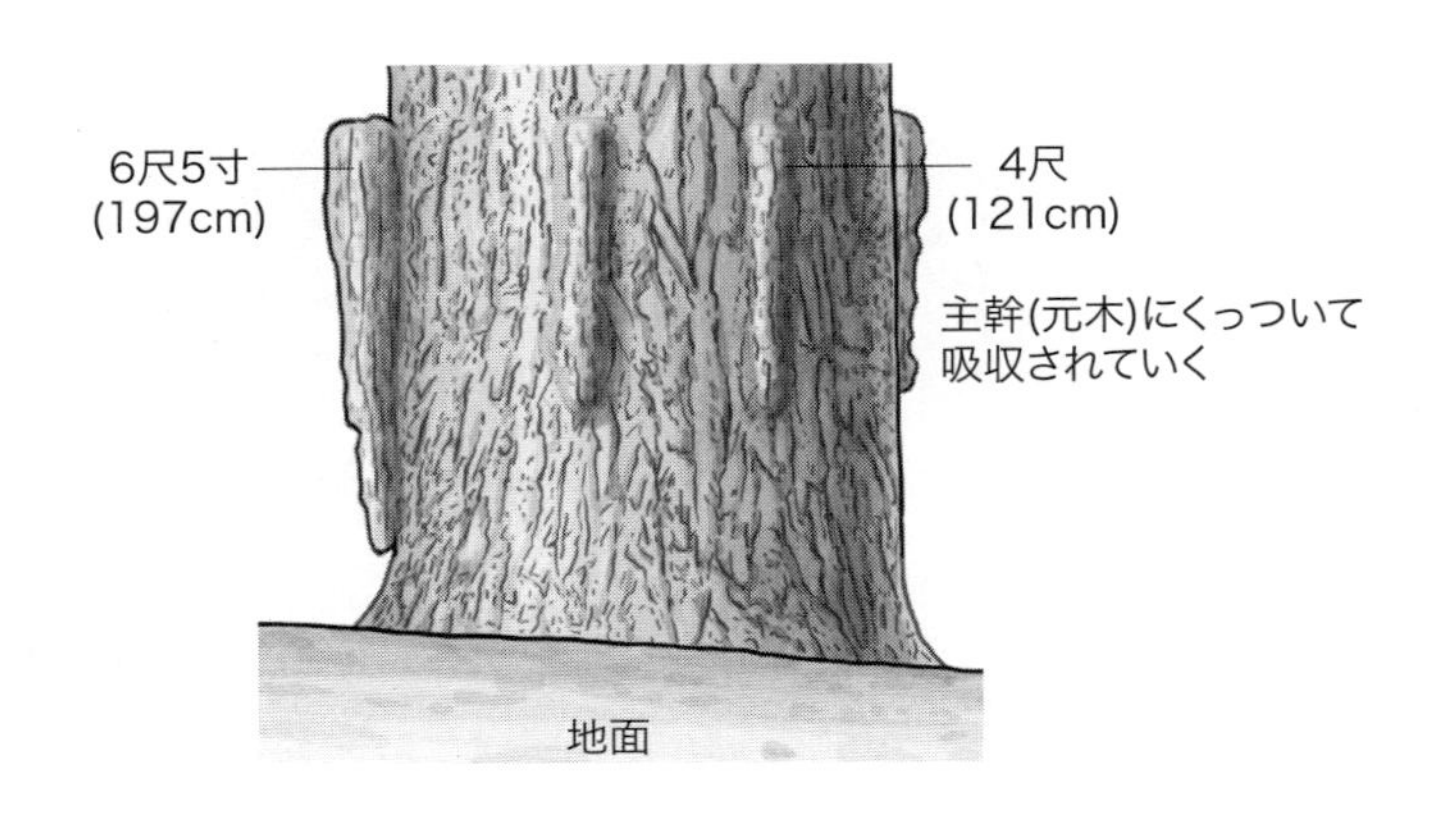

摺木形之物　合計84本の内訳

	(大) 13本	(中) 18本	(小) 53本	その他1本 進上物
長さ	4尺5寸 (136cm) ～ 2尺 (61cm)	1尺9寸 (58cm) ～ 8寸 (24cm)	7寸 (21cm) ～ 2寸 (6cm)	(中)の上くらい
元廻	2尺5寸 (76cm) ～ 1尺2寸 (36cm)	1尺1寸 (33cm) ～ 8寸 (24cm)	8寸 (24cm) ～ 5寸 (15cm)	

図3-3　摺木のつき方と大きさの分類。「享保吟味覚書」をもとにイラスト化した。左のイラストの直径は、目通り周（1.5メートルの高さ）から著者が概算で求めた。枝の方向や太さ、こぶ（摺木）の大小は必ずしも忠実ではない（作成・マカベアキオ）。

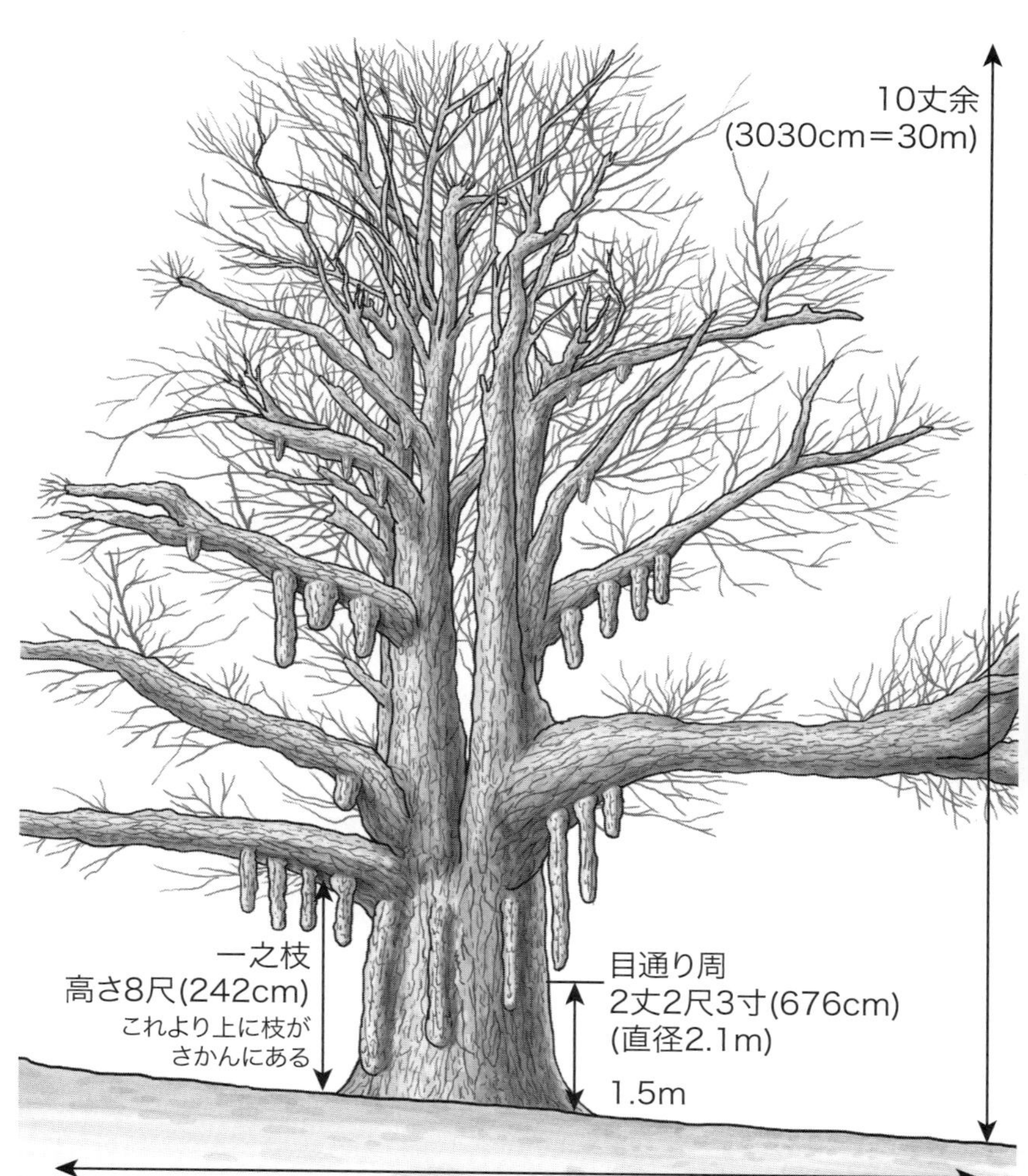
10丈余
(3030cm＝30m)
一之枝
高さ8尺(242cm)
これより上に枝が
さかんにある
目通り周
2丈2尺3寸(676cm)
(直径2.1m)
1.5m
枝々： 東西 15間余(2727cm≒27m)
南北 13間余(2363cm≒24m)
大枝： 13本

んな困難のなかでどう描いたのかはわからないが、明治初期、青森県深浦の七戸氏のイチョウを思い出してみよう。蓑虫山人の描いた絵だ。あのような絵画的なものではなく、より精密に江戸の植物画のような写生的なものだったのだろう。提出する「絵図」の下描きもつくって数字も書き込んでみたようだが、あまりに見苦しくなるということで三五本の摺木のみ描いたと言っている。

これだけの詳細な数字だからいちおうそれをもとに現代的に画像処理してみたくなる。しかしこれだけのデータでは復元はむずかしいようだ。そこでここでは葉っぱを完全に省略した冬の状態をイラストで描いてみた（図3－3）。摺木（こぶ）についても概略図をつくった。いずれもメートル法に換算したが、一尺＝三〇・三センチで計算した。

村人の反応と対応

ここまで詳細に記録できたのは、幕府側のよほどの強い意志と圧力、代官手代の懸命さ、それに対する村人の命がけの協力あってのことだ。以前代官が「こぶ」を伐るように命じたときには、村側は「取っては罰が当たります、手をつけることはできません」と頑強に抵抗して伐らせなかった。しかし今回は「御本丸御前御用」という将軍直々を指す側近加納遠江守の書付もついている（B文書⑦）。「公儀御用」という勘定奉行の命令もあった（B文書⑫）。まさに絶対命令で、どれほど頑張ってみても「くじを取らせて伐れ」の強硬な命令には抵抗のしようもなかった。

いざ伐るとなると、手代が連れてきた人足たちも恐れてイチョウに近づくことすらできなかった（B

文書⑫）。結局「沢村与市・高円村庄屋ならびに平左衛門」の三人が村人を説得、高円村の大工太兵衛が梯子（はしご）をかけて首尾よくこぶを伐り取ることができた。この四人の働きは特別なものがあったと手代は特記している（B文書⑫）。

村人が恐れたような伐り口から血が出たり、罰が当たるというようなことはなかった。手代はこれを「もちろん」の一語をつけて、「総じてなんの異変も起きませんでした」と誇らかに報告している。

幕府の強硬な命を受けた手代と、いやがる村側との間に立ってなんとか実行にもっていったのは「沢村与市・高円村庄屋ならびに平左衛門」の三人だと書かれている。高円村庄屋の名前はわかっていない（七郎左衛門か。『美作鬢鏡（みまさかびんかがみ）』）。「平左衛門」は後にも触れることになるが、高円に居を構える中世以来の菅家一党の総本家有元家の当主で、当地方の「大庄屋」でもあった。ぎりぎりの葛藤のなか、事態を動かしていったのが高円村のトップ二人であったことは、それほど理解しにくいことではない。

しかしもう一人最初にあがっている「沢村与市」が気になる。「沢村」というのは「高円村」のすぐ隣の村、現在奈義町役場があり小・中学校もあるこの地方の中心で、交通の要衝にもなっている町場的な村だ。

『豊沢誌』という村誌がある。東・西沢村が合併してできた「豊沢村」の村の歴史、地理など書かれているが、そのなかに「沢村与市」の名前があがっている。しかし結論的にいえば詳細は全く不明となっている。場所が高円も含めたこの地域の中心であり経済活動も活発な所であるだけに、与市には財力があり、高円の村人にも強い影響力があったとはいえそうだ。詳しくは後でもう一度登場させることになる。

古町代官手代・田中団蔵と高尾三左衛門

現地に赴いていやがる村人を説得し、実施させ、詳細な記録を書き留め、同時に「こぶ」の現物を江戸の代官に送ったのは二人の手代だった。彼らは職務に忠実に命令に従って行動したまでで、主体的に関わったわけではない。命じられた以上のことには応えていないから、自分たち独自の植物的な観察などはしていない。しかし命じられた範囲での実に詳細な報告書を作成したことは、記録者としては評価を与えてもいいと思う。田中団蔵・高尾三左衛門とはどういう人たちであったか。

田中についてはは少しわかる。田中家は現在も美作市古町で酒造業を営む。手代は現地採用が多いということからして、私は古町近辺の古くからの家かと思っていたが、実は違った。田中家では、団蔵は代官・前嶋小左衛門の手代として静岡のほうから移ってきて古町に定着し、現在に至っていると伝えられている（美作市教育委員会　池田氏談）。すでに三〇〇年は経っていることになる（図3－4）。

しかし前嶋小左衛門が駿河か遠江にいた形跡はない。前嶋の前任地は桜田館とあるから（西沢淳男『江戸幕府代官履歴辞典』）、六代将軍家宣の桜田御殿勤務の幕臣として江戸にいた可能性が高い（深井雅海『江戸城――本丸御殿と幕府政治』一六〇頁）。むしろ古町代官の前任者で初代代官だった内山七兵衛永貞こそ注目する必要があるだろう。彼は古町の前は遠江国中泉（現、磐田市）代官であった。古町に来て一〇年ほどで亡くなり、一年後に後任の前嶋が継いでいる。

手代は江戸の転勤族ともいわれている（高橋章則『江戸の転勤族――代官所手代の世界』）。「事務能力を

図3-4　上：田中団蔵の墓。下：代官所（陣屋）のあった因幡往来・大原宿・古町の町並み。2025年、田中宏典氏撮影。

買われた頼りになる優秀な能吏だった手代は、代官転任時に同行する者もあったらしい。内山の在任中の死によって一年空席になるが、その後前嶋が代官を継いだ。前嶋も田中を継続的に手代として採用したものと思われる。団蔵の養父文蔵は江戸に出て関孝和に和算を習い免許も受けているから（「大原町田中家所蔵文書」宝永二年和算法許可）、息子団蔵もある程度算術の嗜みがあったのだろう。

B文書のなかで、前嶋は慎重がうえにも慎重に送れと命じ、大坂経由の飛脚の送り方まで細かく指示している。手代は本来年貢などを江戸に送り出す役目も担う。だからそれを船で回送する大坂の実務的な情報にも詳しいはずだ。こうした実務には長けていたと思われる。その一方では「所の者」に対する聞き取りでも前面に立っていたのではないかと思われる。

もう一人の高尾だが、彼は報告書のなかで「絵心もあって任じられた」と書かれている。絵の心得、嗜みのある人物ということしかわからないが、ここでは一地方の絵の趣味がある手代ということで軽く流すべきではない。もちろん趣味、嗜み的な面もあるだろう。しかしこの時代には、伝統的な絵師の描くものだけではなく、中村惕斎の『訓蒙図彙』、貝原益軒の『大和本草』など植物への関心も始まり、図にも描かれている。一八世紀中頃から盛んになる精密な観察による植物画には比べようもないが、植物のおおよその特徴をつかんだ絵を描くことは、この時代の手代として採用される者の教養や技能として求められていたのではないか。

「こぶ・れんぎ・摺木」――当地方では「チチ」とは呼ばず

「吟味覚書」で力を込めて描いたのが「こぶ」だ。江戸の幕府はあくまでもここを聞きたがったわけで、ほぼ一貫して「こぶ」という言い方で問うている。「こぶ」の絵を描かせ、実物も伐り取って送るようにも命じた。

一方、手代は「こぶ」を「摺り木ごときの物」と言い換えたりしているが、現地高円の側では「こぶ」という言い方はほとんどしていない。一度だけ「こぶから血が出るから」という言い方はあるが、これは江戸の上司から命じられて使用している手代の使い方だ。現地では「擂木(すりぎ)」あるいは「れんぎ」、さらに「生きて命のある」ことを強調する「生連木」で一貫している。道具として使うすりこぎのイメージが強くあったのだろう。

注意しておかねばならないのは、「こぶ」にせよ「摺木」「れんぎ」「生連木」にせよ、江戸の幕府も現地の高円もどちらも「チチ」という言い方は一切していない点だ。

極めて不思議なことだが、菩提寺イチョウには現代に至るまで一貫してチチ信仰が見られない（菩提寺でも縁起等にまれに「垂乳」の言葉が出てくるが、その部分は後の追加文と考えてよい）。すでに見たように全国的にイチョウのチチ信仰が普及しているというのに、ここ菩提寺では巨大な「チチ」がありながらも「チチ」と言わず、「摺木」や「れんぎ」で一貫している。『大日本山林会報』三五八号（大正元〈一九一二〉年刊）にも岡山県勝田郡古吉野(こよしの)村（現、勝央町）の一読者から「俗に言うレンギ」についての質問があった。有名な林学者本多静六が「レンギ（或いは乳房(チチ)と称するものは云々）」と答えている。菩提寺のある高円だけでなく、那岐山周辺一帯の巨樹・巨木イチョウにおいても「れんぎ」で共通して

図3-5　上：大枝でも主幹に近い中心部に大きなれんぎが集まり、次第に癒着し融合していく。中：大枝の中間部くらいには先の鋭い若いれんぎが見られる。下：木の下に積もった落ち葉のなかから見つかった夜泣き封じの貝の殻。いずれも2005年、著者撮影。

いた。

では菩提寺イチョウが子育てに全く関係がなかったかというと、そうともいえない。子どもが夜泣きをして困ったときは、菩提寺イチョウの木の下で貝を拾って帰り、子どものたもとに入れておくと夜泣きが止まる。すると貝を元のところに戻してやるという風習があった（岡本美昭さん）。

実際私も葉っぱを除けて探してみたら小さな縦長の貝が出てきた（図3－5下）。名前はわからなかったが地元では「夜泣き貝」と言っている。カワニナが陸にいるようなものだと岡本さんは言う。いつからこうした言い伝えがあるのかわからないが、子どもの夜泣き封じについての数ある俗信の一つだろう。

さてもう一方の江戸だ。八代将軍吉宗のほうでも一切「チチ」という言葉は使っていない。ほぼ「こぶ」だ。先に見た江戸近郊古川薬師安養寺のイチョウは、かつてはチチがたくさんあり、「チチ信仰」があった。吉宗が登場する直前の元禄・正徳の頃のこと。東海道沿いの六郷辺では十分知られていてチチを伐り取りに来る者が多く、寺では「チチ」の折り取りに困って手を打っていたくらいだ。江戸の信者もお参りに来ていたというのに、吉宗やその周辺にはこうしたお膝元のイチョウ・チチ信仰のことは届いていなかったのだろうか。

将軍徳川吉宗と本草学

享保五（一七二〇）年四月末、吉宗はどうして中国地方にある一山岳寺院菩提寺のイチョウに対する実地の調査命令を出したのか。考えてみればこれも不思議だ。

紀州藩主吉宗が八代将軍に就任したのは享保元（一七一六）年五月一日。以後いわゆる享保の改革を次々断行していくが、なかでも早くから着手したのが薬種国産化政策だった。これは多数の死者を出した元禄～享保の疫病流行に対する社会政策の必要性を痛感したこと、さらに高価な輸入品である朝鮮人参購入のための金銀の流出を防ぐ経済政策の面からといわれている（笠谷和比古「徳川吉宗の享保改革と本草」）。

吉宗は本草学に強く期待した。本草学は中国由来の薬物学であり、薬用植物・動物・鉱物を効能中心に研究する学問だ。将軍就任の翌享保二年には、すでにあった小石川薬園を拡張している。さらに国産の薬種のための薬草や鉱物を発見する必要から、全国の山野に眠る薬草等を探し出す、いわゆる「薬草見分」政策を実施する（大石学「日本近世国家の薬草政策」）。

享保五（一七二〇）年には植村政勝を薬草御用に任じて駒場の薬園預かりとし、五月、日光から「薬草見分」をスタートさせた。植村は紀州藩領でもあった伊勢の郷士で紀州藩の御庭方になり、吉宗が将軍となってからは幕府本丸御庭方となった。実践的な本草家で、「御庭番」として隠密的な任務も担っている。

さらに同年、紀州藩領の伊勢松阪の医者で本草学者の丹羽正伯、続いて同じ伊勢の野呂元丈を江戸に呼び寄せ薬草採取の任にあたらせている、彼らはともに京都の稲生若水のもとで医学、本草学を学んでいた。翌六年には植村・稲生・野呂らの「薬草見分」が本格的に始まり、各地に拡大されていった。「薬草見分」のために幕府領・大名領・寺社領など支配領域を越えて全国民的な協力を求めた。また同年には小石川薬園をさらに一〇倍規模に拡張している。

吉宗治世の享保初期から五年、六年にかけて本草学は急速に政治と結びつき、採薬への関心が一挙に高まる時代になる。その同じ享保五年四月末に菩提寺イチョウに対して吉宗の命令が出ているのだ。「薬草見分」がスタートする時期と重なる。わずかに菩提寺イチョウが早い。これが本草学に期待する吉宗の志向と関係がありそうなことは簡単に推測がつく。そうでなければ美作山中の一本の木に突如あのような命令が下されることなどは考えにくい。

吉宗の狙い――本草学では説明がつかない

では菩提寺イチョウの現地調査と「こぶ」伐り取り命令は、吉宗の本草学的関心ですべてを説明できるだろうか。

報告書の「吟味覚書」で問題にされているのは主に「こぶ」で、それ以外の部位のことは問われていないし、報告もない。また「こぶ」にしても、本草学の観点からならば「こぶ」に何か特別な効用があるか問うていてもよさそうだが、そんな問いは代官を通じても発せられていない。そもそもイチョウが薬として役に立つかどうか、どう使われているかなどは代官を通した幕府の問いにはなかった。「ギンナン」はつくかと問われてはいるが、「雄だからつきません」と答えればそれで済んだ。

日本に多大な影響を与えた中国明代の『本草綱目』にはイチョウの効能が書かれている。しかし問題がある。それ以前の中国の本草書には書かれていたはずの葉や樹皮の利用は消え、『本草綱目』では

「ギンナン」以外には言及がない。『本草綱目』の内容を和歌にした日本の『和歌食物本草』（寛永七〈一六三〇〉年刊）で詠まれているのは「菓子の部」の「ギンナン」のみだ。さらに日本独自の本草書貝原益軒の『大和本草』（宝永六〈一七〇九〉年刊）でも同様に「ギンナン」の効用は説くが、他の部位への言及はない。日本ではイチョウの薬用といえば「ギンナン」にしか関心がなかったといっても過言ではない。

不思議に思うのは、民間信仰としてはすでに「チチ」の名が登場していた。チチ（こぶ）を削って煎じて飲めば乳がたくさん出て子育てにいいという信仰は江戸の近郊にもあった。にもかかわらず、こうした部位としての「こぶ」など本草学で注目された形跡はない。丹羽や野呂は医者でもあったが、民間信仰的なところからは吸い上げていないのだろうか。耳にしていたとしても、検討に値しない俗説として最初から切り捨てたのかもしれない。

とはいえ、確かに小石川薬園を継ぐ東大小石川植物園にはこの頃植えたと思われるイチョウが一本ある。イチョウに対して何がしかの関心があったことは間違いない。ただこの木は雌イチョウで「ギンナン」が採れた。本草学ではこの時点ではまだ「ギンナン」を超えるイチョウへの関心はなかったといえるかもしれない。

菩提寺イチョウはどうも、薬という本草学の観点から注目されたのではないように思われる。とすれば吉宗の意図をどの辺に求めたらいいのだろうか。

ここで今一度、命令の下り方を見直してみよう。将軍（吉宗）―御側御用取次（加納）―勘定奉行（大久保）―古町代官（前嶋）―現地手代（田中・高尾）―高円村の流れだ。この流れのなかには丹羽や野呂など本草学者や植村のような実践的本草家が関わった形跡はない。実際、非常に熱心に関わってやりとりしているのは、当然といえば当然だが、古町代官前嶋だ。現地の手代にこと細かく聞き取らせ、最後は「こぶ」や枝葉の運び方までも実に細かく指示している。執拗と思えるくらいに何度も何度も。

思い返せば、B文書の添状で、「旦那」は以前このイチョウの「こぶ」を村人に要求したが、断られるという苦い経験をしたことが書かれている（B文書⑫）。「旦那」とは古町前代官の内山か現代官の前嶋のことだが、文の流れから現代官前嶋のことと見てよい。彼は吉宗が将軍になる一一年前にはすでに古町代官に就任していた。彼もまた菩提寺イチョウの「こぶ」が欲しかったが、村人の反対にあって果たせなかった。

しかし吉宗の将軍就任後は、吉宗の好奇心や関心のあり方もよく心得ていて敏感に反応したのだろう。前嶋は自分の失敗経験を踏まえて、菩提寺イチョウ情報を幕府上層部に入れていたのではないか。今回は「御本丸御前御用」「公儀御用」という絶対的な命令を手に入れ、異常とも思える熱心さで事にあたった。当然珍しいものの情報を幕府上層部に入れてその歓心を買おうとしたであろうことは想像がつく。

実は前嶋は、これより四年前の正徳六（一七一六）年、古町代官所のあった吉野郡四二カ村から連名で幕府巡見使に訴えられていた。巡見使は諸国監察のため幕府から地方に派遣された役人だ。訴状によると、「近年は凶作続きで物価も高く百姓は困窮している。ところが前嶋代官になって以降、年貢の取り立てが厳しくなり、年貢完納の期限も早められた。河川や井堰改修も公儀負担であったものが百姓負担に変えられてしまった。以前のようにしていただきたい」というものだった（『大原町史通史編　史料編中』）。

下に厳しく上に忠実な前嶋の役人像が見えてくる。菩提寺イチョウの場合と共通している。極めて熱心に運送方法などを指示しているのは、よほど上を強く意識していたとしか思えない。

とにかく、全国各地にある吉宗の好奇心を刺激しそうな面白い情報は、専門的本草家の「薬草見分」といった筋からだけではなく、大名、幕府代官、その他地方に関わる幕府関係者からも積極的に届いていたのではないか。

菩提寺の場合、「見分吟味」の調査は「こぶ」を取ることが最大目的ではあった。同時にイチョウ全体の様子、こぶのつき方なども細かく観察させ、さらに正確な絵を描かせるといった重要な任務もつけ加えている。将軍吉宗の好奇心は、「効くか効かないか、効くとすれば何に効くか」といった本草学的要請とは別に、植物としてのイチョウの奇妙なあり方、多様性そのものに向いているといってもよいだろう。大胆な言い方をすれば、この時代よりもう少し後に盛んになる西洋由来の「博物学」的関心に近いということだ。その意味では代官手代の報告は「こぶ」のつき方という一点に限られてはいるが、さしずめ「自然誌」的記録といってもいいだろう。それほどこの史料は貴重だということを強調しておこう。

「こぶ」の行方は

最後に、問題の伐り取られた枝と「こぶ」の行方はどうなったか。今のところ関連する史料はないが、考えられるのは吉宗のもとに届けられた後、小石川の薬草園に送られたのではないかということだ。薬草園を継いだ東大小石川植物園にある有名なイチョウは、平瀬作五郎が世界で初めてイチョウ精子の活動を発見し確認したそのイチョウだ。平成八（一九九六）年の段階で年輪から樹齢約二八〇年と考えられている（『いまなぜイチョウ?』二〇頁）。つまり一七一六年頃が生命のスタートとみなされるから、菩提寺イチョウの「こぶ」が伐られた享保五（一七二〇）年に非常に近い。年代的にはほぼ合致する。問題は菩提寺イチョウが雄、薬草園イチョウは雌ということだ。いかにこぶや枝を土に挿してクローンとして再生できたとしても、そのまま雄が雌に変わることはむずかしいだろう。

佐藤さんのＤＮＡ検査の結果では、東大小石川植物園のイチョウは「九州・関東型」と出た。菩提寺イチョウは「東日本1型」だからＤＮＡは異なることが明らかになった。菩提寺イチョウとは別のイチョウが小石川薬草園に植えられたことになる。代官手代によって江戸の将軍吉宗のもとに送られた菩提寺イチョウの「こぶ」や枝の行方は今もってわかっていない。

第四章　史料の発見者「寺阪五夫」を追う

見つからない原文書

こうしてわかったことは当然研究の提案者だった堀さんにも報告した。だが平成一八（二〇〇六）年二月思いもしなかった知らせが届いた。堀さんが亡くなったという。膵臓癌（がん）だった。発見されたときにはすでに末期で手の打ちようがなく、体力の続く限りひたすらイチョウの研究に集中して迎えた最期だったという。

さらにその半年後追い打ちをかけるように、堀さんの研究の最もよき理解者で一緒に歩んできた妻志保美さんも亡くなった。スキルス性胃癌だった。家族からは診察をすすめられていたにもかかわらず、夫との共著の完成まではとあえて病に向き合うこともされなかったという。

「銀杏学」を提唱し、この研究の発案者かつ支柱でもあった堀さん夫妻の死はあまりにも大きなショックだった。佐藤さんと私は暗澹（あんたん）たる気持ちで落ち込んだが、嘆いてばかりではおれない。改めて堀さんの遺志を継ぐ決意を固めた。私は堀さんの期待した最初のミッションには応えられそうになかったが、せめてものこと、この稀有（けう）な菩提寺イチョウの史料紹介は歴史研究者として必ず果たすことを心に誓った。
そもそも歴史研究者としては、世界的に見ても極めて珍しい古文書史料だからこそ原本に拠って書くべきだという思いが強くあった。ところが原本にあたろうとしても、所蔵者が皆目わからなかった。『美作高円史』には何から引用したか史料名が明記されているものもあるが、肝心のこの史料については所蔵者の情報は記されていなかった。奈義町教育委員会にも調べてもらったがわからないという。寺阪の協力者であり史料提供者とも書かれている岡本友一を縁戚に持つ岡本美昭さんに伺っても、何も聞いていないのでわからないということだった。

もちろん奈義町の町立図書館も所蔵していない。昭和五五（一九八〇）年発行の『奈義町誌』は、菩提寺イチョウのことはきちんと書いているにもかかわらず、編纂の段階でもこの「享保吟味覚書」史料の存在には気づいていないようだった。寺阪五夫は自身の記した『美作高円史』とは別に、昭和三八（一九六三）年発行の『美作史跡名勝誌』にも享保のイチョウ事件のことを書いている。しかしこれも注目されず見過ごされてしまっていた。

ただしこの言い方は必ずしも正確ではない。実は寺阪以前の昭和七（一九三二）年にこの文書を見て一部を文字にした人がいた。私自身そのことを知ったのは近年のことだ。京都の佛教専門学校（佛教大学の前身）出版部が出した『摩訶衍』という雑誌の一一号に、藤崎信哉という人が享保五（一七二〇）年の「吟味覚書」を使って菩提寺のことを書いている。同誌同号を「宗祖遺跡号」とうたっているから、特集で法然に関連した遺跡を調べた。編集者のほうから津山在住の藤崎氏に調べに行ってくれと頼まれて、現地に出向いて調べたのだろう。

この段階で、すでに享保五年と宝暦の文書の存在は知られていたのだ。しかし雑誌が京都で発行されたあまりに専門的なものであったため、現地高円ではその存在も知られないままになってしまったのだろう。寺阪もこれには気づいていない。私は藤崎信哉がどういう人物か調べようとしたが、浄土宗総本山の知恩院でも佛教大学でもわからなかった。

堀さんご夫妻の死からもう一九年が経ってしまった。史料の紹介は必ずしなければと思いながらも今もって果たせていない。その間もわたしはほそぼそと研究を継続し、史料に登場する人物の子孫と思われる家についても尋ねてもらったが、それもわからないままになっている。

図4-1　寺阪五夫（寺阪元之氏所蔵）

これ以上時間をかけても、原文書発見の可能性はほとんど期待できない。そこで頭を切り替え、『美作高円史』を書いた寺阪五夫とはいったいどういう人物なのか、誰も気づかなかったような史料に着目できたのはなぜか、その史料に向き合う姿勢はどんなものだったか。そこに焦点を当てることとした（図4－1）。

素描　郷土史家・寺阪五夫

寺阪五夫については、著作の『美作郷土資料』の後ろにつけられた三好基之氏の解説が的確で、要点はほぼすべて記されている。三好氏はかつて岡山県史編さん室に勤務し、その後津山市史編さん委員会委員長を務めるなど、美作地方の歴史に最も精通した研究者だ。寺阪との接点もあった。

氏はまずもって、寺阪は岡山県津山市出身の「最もすぐれた郷土史家の一人である」と書き出している。その後は寺阪の著作『美作古城史』のなかの「自序」によりながら、次のようなことを指摘している。箇条書きにしてみる。

・寺阪は明治二四（一八九一）年生まれ、昭和四四（一九六九）年に亡くなった。
・先祖は勝北郡の中世土豪で戦国時代では備前宇喜多氏に属し、宇喜多氏滅亡後は郷里の那岐山西南麓の平野部に土着して農耕に従事した。
・寺阪自身は壮年時代兵庫県で公務に従い、晩年は郷里勝北郡上（かみ）村に近い津山で美作郷土史を書いた。既刊書一八冊、未刊行篇六篇（うち一篇は後に刊行）。
・その方法は優れて客観的である。
・史料採訪に全力を注ぎ、自転車が唯一の移動手段であった。
・カメラなど簡単には使えない時代、史料所蔵者の家に何日も泊まり込んで筆写採取をした。

・真偽の判断は読者に託した。
・採取した史料は誰にでもオープンに提供する姿勢をとった。
・俳句や漢詩を趣味としていた。
・出版事情の悪い時代であり、謄写印刷での自費であった。印刷者の小野善之助は寺阪のよき協力者として鉄筆をふるい原紙を切った。

寺阪の家族を探す

必要なことはこれでほぼ尽きているといってもいいが、寺阪の「歴史観」を知るためにもう少し深入りしてみよう。今「歴史観」といってはみたが、こんな硬い言葉は寺阪にはあまり似つかわしくない。「なぜ歴史をやるのか」とか「歴史に向きあう姿勢、態度」といったくらいのほうがふさわしい。

それを知るために私が採った方法は次の四点にまとめられる。

① 寺阪の郷土史に関する著作物の「(自)序」または「あとがき」から彼の歴史への臨み方、あるいは見方といったものを考える。
② それ以外の著作(漢詩、新詩、短歌、俳句など)で彼の行動の軌跡と心情を探る。
③ 寺阪のご家族への直接的な聞き取り、および家族提供の資料(手紙、日記など)を参考にする。
④ その他、私が独自に調べた寺阪の活動、行動の断片から考える。

特に③には期待するところも大きかった。なぜなら寺阪の書き写した膨大な史料と原稿だからだ。寺阪は津山市東新町で亡くなったが、その後のご家族の行方はよくわからなかった。津山郷土博物館でもつかめていなかった。

数年後、ひょんなことからご子息彰郎氏が岡山県内にご在住と知り、早速手紙を書いた。丁寧な返信があったが、自分はすでに九〇歳を超え、妻も八八歳で、膨大な収集資料のある家のなかは整理がついていない。それに自分は病院通いでなかなか時間もままならない。ご応対はできかねるのでどうか直接の訪問はご遠慮いただきたいという丁重極まりないものだった。

その代わりにといくつかの質問には答えていただき、さらにご家族の住所も教えていただいた。それによって寺阪の長女、彰郎氏の妹美智子氏が当時関西地方で八八歳でもご健在なことも知り、直接お会いして話を伺うこともできた。また彰郎氏のご子息（五夫の孫）の住所も教えていただけた。こうして寺阪の像にも少しずつだがリアリティーが生まれてきた。

寺阪は太平洋戦争の末期、姫路の戦災をきっかけに帰郷し、農耕に従事した後、津山に移って郷土史研究を本格化させたとされている。今日彼の業績を「郷土史」といっているが、なかには「郷土誌」的なものもある。「郷土史」が特に時間を重視する歴史を問題にするのに対し、「郷土誌」は歴史だけでなく、地理・風俗習慣なども加えたもの全般をいう。寺阪には「郷土誌」的なものも含まれてはいるが、本人自身は基本的に「郷土史」と使い、書名もことに戦後のものはほとんど意識的に「史」をつけているからここではそれで統一する。

最初の郷土史は他県で書いた——立花村助役としての勇ましい言葉

寺阪の郷土史の著作は、実は自分の故郷美作が最初ではなかった。現在は尼崎市に編入されている兵庫県川辺郡立花村で書いた『立花志稿』（昭和一五〈一九四〇〉年一一月刊）が最初だ。そのとき彼は立花村助役（図4-2）。助役といえば村長を補佐し、職員を監督しつつ村政の組み立てと執行にあたり、時には村長代理も果たさねばならない重責を負った役職だ。満四九歳になり、そんな多忙なはずの彼がなぜ「寺阪五夫」の名で『立花志稿』を書いたか。またその内容はどういうものだったのか。これを検討することはその時代の寺阪のみならず、その後の寺阪の歴史への向き合い方を知るうえでも絶対欠かせない。

図4-2　寺阪五夫が助役として勤務した立花村役場（『立花志稿』より）。

まず『立花志稿』の寺阪の自序の冒頭部分を見てみよう（原文引用）。

> 敬神崇祖が国体観念の根元であり、八紘一宇が皇道精神の極致であることは言ふまでもない。輝かしき皇紀二千六

> 百年にあたり、悠久なる其の史実を回想するとき、畏くも神勅を報じて、皇謨を樹立せられてより、挙国一体万邦無比の国是を守りきたつた祖先の偉業に対し、深き感激を催すものである。今や我国は聖戦正に四年、光輝ある皇国の歴史を基調とし、将に東亜の盟主として、世界に雄飛すべく、国家百年の大計樹立に邁進しつゝある。我帝国不退転の大決意を貫徹すべきの秋、一致団結の国民精神を陶冶鍛錬の要切実にして、其の方策又蓋し多岐であらうことは勿論である。八紘一宇の大精神を如実に具現し、国是の最高目標完遂を期するには、須く国体観念の明徴を基点とすべきであり、国体観念の明徴は、これを皇国歴史の研究に俟つべきである。皇国歴史の研究は所謂郷土の史実を明確にすることから始まるべきであろふ。

「八紘一宇」「皇道精神」「皇紀二千六百年」「神勅」「皇謨」「挙国一致」「聖戦」「皇国」「東亜の盟主」「国民精神」「国体観念の明徴」「皇国歴史」と、昭和一五（一九四〇）年当時の日本国全体を覆っていた精神と政治的スローガンを言い表す勇ましい言葉のオンパレードだ。当時圧倒的主流であった天皇中心主義の皇国史観的な言葉が並ぶ。

最後の一行に至って「郷土」が現れ、「郷土の史実」を明らかにすることが「皇国歴史」の第一歩という位置づけだ。「郷土の史実」と「皇国歴史」を直結させているが、これは当時の郷土史（誌）では普通のことだし、なんら珍しいものではない。寺阪もまず序文ではこうした精神を堂々と開陳している。

確かに寺阪は戦後、故郷美作に帰ってからの述懐で「曾ての理想は、冷酷なる敗戦の現実とともに全くの空想と化し去った」(『美作宮座資料』自序)と書いているから、強い「皇道精神」「祖国愛」を持って先の序文を書いていたのは不思議でもなんでもない。

続いて目次を見ると「第一篇　総説及び部落」以下「神社―寺院―河川及水利―古跡及古墳墓―彰忠篇古文書」と続く。これだけを見ると別に特徴的なところはなく、この時期の郷土誌一般と変わりはない。

「資料の保全」という言葉

さらに目次に続く本文の具体的な内容を読むと、「序文」前半にある勇ましい言葉にふさわしいものはほとんどなく、忠君愛国を感じさせるものは最後の一カ所、「彰忠篇」だけだ。これは日露戦争以後の村出身の戦死者・傷痍(しょうい)軍人の名前を村役場の名簿によって列記するという当時の郷土誌にお決まりのもの。その他はどれも地域の古文書・由緒書・寺社の縁起等で占められ、およそ「皇国歴史」に直結するものはなく、当時謳歌(おうか)した皇国史観に基づく内容とはなっていない。むしろ現在では原史料が失われてしまい貴重な史料となっているものも採録されているなど、現代にも通じるほどの文献中心の立場が顕著だ。

実はこうした本文の内容は、序文後段を読むと納得がいく。まず自分の故郷美作に対する郷土愛に触れた後、こんなことを書いている。わかりやすく現代文にするとこうなる。

自分はたまたま昭和一三（一九三八）年の秋立花村に奉職することになったが、つらつらこの村の現状を考えてみるに、位置は大阪と神戸の中間にあって新興尼崎市と境を接し、近年は産業の飛躍的発展により地理的関係からも村勢の膨張は著しい。もはや往時の面影を残さなくなるのは避けがたい運命にある。祖先が幾代幾星霜農事を営んできたこの愛すべき田園の風趣も見ることができなくなるであろう。それとともに誇るべき郷土の史実は自然に消え、古を考える資料も虚しくなってしまうに違いない。もうすでに村の一部でそのことははっきりと表れている。今こうした資料の保全を図らなければ、必ずやこの後いつまでも悔いを残すことになるであろう。

ここにおいて自分は考えるところがあり、皇紀二千六百年を迎える機会に、多忙な公務の合間に資料の収集にあたった。そして後世村状を語る資料となり、また聊かなりとも村勢発展の現実的な力ともなるよう、さらに郷土史実が明らかになることによって、それが皇国精神発揚の一助となり、郷土愛の観念を養うもととなってくれることを願う。

これを見てもわかるように、寺阪が『立花志稿』を書くにあたって強く意図したことは、大きく変貌し失われていく地域社会の歴史を語る「資料の保全」ということだった。最後のところでは郷土の史実を明らかにすることで「皇国精神発揚の一助となり、郷土愛の観念を養うもととなってくれる」ことを願うと言ってはいるが、内容としては直接皇国精神発揚になるようなものは感じられない。他地方でしばしば見られるような郷土を誇るお国自慢的なものもない。地味で堅実な地域の資料提供になっている。

生まれ育った村の郷土誌

ここで目を転じよう。寺阪は赴任地立花村の郷土史を書きながら、自分の生まれ育った「美作勝北郡勝上村」の郷土誌をすぐにでも書きたい衝動を抑えることができなかった（図4－3）。他県の兵庫県立花村に住まいながら、故郷『勝上邑誌』に取り組み、翌昭和一六（一九四一）年春には序文を書いて一七年一二月には「編輯兼発行者寺阪五夫」の名で「非売品」として知人に配布している。「勝上村（邑）」とか「上村」とかいう名は、「勝北郡勝加茂村」の西北部を占める大字の土地での呼び方だ。正しくは「勝加茂西上」という（『勝上邑誌』）。寺阪にとっては「勝加茂村」も故郷ではあるが、さらにその中核が「勝上村（上村）」ということになる。

この『勝上邑誌』序文こそは寺阪の歴史や郷土に向き合う姿勢を端的に表していて非常に重要だ。先の『立花志稿』の序文と比較することでそれはより鮮明になる。戦後の寺阪の数々の著作もここに原点があるといっても過言ではない。次に『立花志稿』と対照させるためにも、あえて全文を原文通り書き写してみよう（読みやすくするため筆者が適宜句読点を打ち、語句を（　）で補い、改行も行った）。

郷土史の研究と言ふことは、他所目から見れば全く馬鹿げたものであり、時にはその挙措が精神異状（常）者のやふにも見られる等苦笑を禁じ得なひこともあるが、趣味としての研究には他人に語り尽せぬ味の深さがある。又郷土史と言ふても、範囲の広ひもの、又は著名な事物を対象とした

図4-3　寺阪五夫の郷里上村（勝上村、現、津山市）の旧村社朝吉神社。著者撮影。

ものは、古来それ〳〵研究を重ねられて居るので、敢てこれを云為するの要は無ひのであるが、所謂田舎百千の間に点在する一木一石の伝説、或は藪祠草堂にのこる口碑、又は未だ世に出ざる筐底の断簡零墨等に、見通し難ひ史的価値を認められるのである。

　自分は少年時代から家蔵の古文書を披ゐて見たり、又は先考や村里の古老達から、徒然の夜話に部落にのこる幾多の口碑伝説等を聞く度に、様々な幻想に浸る等、不知不識の間に郷土史の研究と言ふ趣味を覚へるに至ったのであるが、古文書の難解に加へて、日常の家事に忙殺されて、漫然郷土史に趣味を持つと言ふ程度に過去つたのである。爾来星霜三十年、其間故園を去つて他郷の天を仰ぎ、萍々転々の間、折りに触れ物に接し、趣味としての研究を忘れ兼て居つたのである。

偶々皇紀二千六百年の佳辰を迎へ、時に職を立花村助役に奉ずるの立場上、村の記念事業として立花志稿の発刊を完成することを得たことによつて、更に予ての宿望である故山の史実に就て、出来るだけの研究を纏めたひことを念願とし、家蔵の古文献を基礎とし、幸にして郷土の先輩流郷薫氏所蔵の古文書中より幾多の資料を提供せられたる等の機会を得たので、茲に禿筆を呵して本稿を草するに至つたのである。

素より浅学不識、唯単に趣味としての研究であり、その完璧は期して居らぬのであるが、起稿の方針としては、可成古文献其儘を年次的に列挙して村勢の消長を叙し、併せて神祠仏堂地名等に関する資料研究、或はこれに伴なふ口碑伝説等を取入る等、後世懐古の資料たらしめると共に、将来に於ける事物の変遷、又は史実の湮滅等に備ふることを趣旨としたのである。従つて其内容に於ては現代的に見て無価値であり、何の為の記述かと疑はしむるものもあるのであるが、敢て徒労となるを厭はず、所謂趣味に生きる個性の発露其まゝに此稿を草したのである。毀誉褒貶はこれを念とせず、将来郷土研究の参考となり、一夕談笑の具に供し得るならば、趣味に生き趣味に終る余の幸甚とするところである。

皇紀二千六百一年　昭和十六年之春

於西摂川辺郡　立花村東富松　寺阪柏水

「趣味」に生き「趣味」に終わる

文中何度も繰り返されるのは「趣味」という言葉だ。「趣味としての研究には他人に語り尽くせぬ味の深さがある」と書き始め、自分は「郷土史の研究と言ふ趣味を覚へるに至った」と自らの経験を語る。さらにどんな地方でどんな仕事をしていても「折りに触れ物に接して趣味としての研究を忘れかねて」いたと続ける。しかしそれはあくまでも「ただ単に趣味としての研究であり」と念を押し、「趣味に生きる個性の発露其ままに」、自分の人生は「趣味に生き趣味に終るであろう」と締めくくっている。

徹底的に「趣味」という言葉で通した『勝上邑誌』の序文は、『立花志稿』の序文前半の国家の意志をそのまま借りてきたかのような言葉群とはあまりにも対照的だ。勇ましい言葉は一つもない。これがおよそ昭和一六（一九四一）年から一七年という太平洋戦争突入前後の日本全土を覆い尽くした皇国精神一色のなかで書かれた言葉かと驚くばかりの率直さ、素直さだ。いい方を変えれば、伸びやかな個人の言葉そのものといえよう。腹が据わっているというのか、見ようによっては居直っているという感じさえしてしまう徹底ぶりだ。

もちろん「趣味」としての歴史が郷土史（郷土誌）として正面から取り上げられることは何も寺阪に限ったことではない。すでに大正年間から、中央のアカデミックな学者たちも歴史における趣味研究の価値を評価し、「趣味としての歴史」の普及活動を進めていた（若井敏明「皇国史観と郷土史研究」）。

しかしそれは国家中心の歴史観が強くなる昭和の前半には大きく後退する。日中戦争が始まっている戦時下ではなおさらだ。そんな時代に、ここまで伸びやかに「趣味」を表に出すのは、それこそ寺阪の言うように「精神異常者」とも見られかねない。それを考えると驚異的ともいえることだ。

「郷土史研究」の「趣味」は少年時代に培われたと言っている。家蔵の古文書を読んだり、暇な夜には亡くなった父や村の古老たちから、部落に残るたくさんの世間の噂話や伝説を聞かされ趣味となったと。

寺阪の長女美智子氏によると、その後は津山の古本屋に勤め、ここでも古文書や文献に親しんでいたらしい。「独学」だったという。寺阪の学歴については何もわかっていない。自分のことをしばしば「浅学菲才」「浅学不識」「不知不識」と書き、「学問上の基礎を持たず」（『美作古城史』）として「有閑博識の学者」と対比するなど（『勝加茂村史』）、アカデミックな歴史学者に対してやや謙る意識が感じられなくもない。

しかし逆に強い自負もあった。自分が掬い上げようとするところのものは、すでに研究の重ねられている「範囲の広い郷土史」や「著名な事物」ではない。あちこちいろいろなところに点在する「一木一石」の伝説や口碑、あるいは箱の底に眠っている文書の切れ端や文字で、そういったものには未知の史的価値が認められるという（『勝上邑誌』）。

「一木一石」は寺阪の好む言葉だったのだろう、後の著書にも「一樹一石といえどもこれを史的に観察すれば、一つの興味の焦点となるものである」（『美作日蓮宗史』）とも言っている。

もう一つ『勝上邑誌』序で寺阪が心掛けたことがある。「後世懐古の資料たらしめると共に、将来に於ける事物の変遷、又は史実の湮滅等に備ふる」ということであった。そのためには、できるだけ古文献口碑伝説等をそのまま「資料」として入れることであった。

「個性の発露」で歴史を調べる

『勝上邑誌』の序は大きくは三つのことをはっきりと書いている。「個性の発露としての趣味」「一木一石への着眼」、それに「後世のための資料をそのまま残す」。そのどこにも皇国精神に満ちた大上段からのスローガン的言葉は見られない。「個性の発露」という言葉そのままに、人の目を気にせず自由に書いている。先の『立花志稿』序文前段と比べてみればその差は歴然としている。ほんとうに同じ人が書いたのかとさえ思ってしまう。『立花志稿』を書いた直後だからこそなおのこと驚くのだが、ここにこそ、寺阪の歴史に臨む態度、姿勢の原点が見られるだろう。

ではもう一方の『立花志稿』自序の前半部分の大上段からの物言いは何であったか。いうまでもなく皇紀二千六百年の記念事業を強く意識した村の助役、つまり「公人」としての立場を背負ったものだった。本の奥付が「編輯者寺阪五夫」「発行者立花村役場」と分けていることからも明白だ。公人色をまず冒頭に出す。もちろん先にも言ったように、寺阪個人にも強い皇国精神はあったけれど。

自序後半はどうか。そこには『勝上邑誌』との共通性も認められる。もちろん「趣味」などという個人的な言葉は一切使われていない。さすがに寺阪もこれは控えている。ここではもっと村として差し迫ったことをズバリと書いている。

産業の飛躍的発展は阪神間のさまざまな姿を大きく変え、都市尼崎に隣接する立花村もその影響を被っていた。すでに侵食は始まっていて、いずれ村が消えていくことは目に見えている。このままでは先人の努力を語る「資料」は失われてしまい、村の歴史もわからなくなる。こうした差し迫った危機感が自序後半部分からは伝わってくる。紀元二千六百年紀念とはいえ、『立花志稿』編纂のほんとうの狙いはここにあったのだ（辻川敦「尼崎における地域史の編纂──『尼崎市史』以前の市村史誌」）。『勝上邑誌』と『立花志稿』は書き出しに極端な違いはあっても、通底するものは村の歴史が見えなくなり忘れ去られてしまうことへの危機感であり、それに備える「資料の保全」の意志を明確にすることであった。

警察署長から村の助役へ

そもそも寺阪はどういう事情からなんの関係もなかった立花村の助役になり、その「郷土史」を書くことになったのか。それを知るためには寺阪がそれまでどんな道を歩んできたのかをつかまなければならない。そこで尼崎市立歴史博物館に協力方をお願いした。

尼崎市は戦後の一九七〇年代に「郷土史（誌）」や「地方史」とは異なる「地域史」という考え方を提唱して、歴史学界に新風を吹き込んだ先進的自治体だ。それを担ったのが当時の「地域研究史料館」、現在は「市立歴史博物館」のなかにあってさらに充実した機関として資料を公開し、広く民間の質問にも答えている。

教えてもらったのは昭和一三（一九三八）年発行の『大衆人事録』。兵庫県「寺阪五夫」の項に「警

部補　生野警察署長」とあった。「大正八年本県巡査拝命　同一一年任警部補　伊丹警察署次席を経て昭和一一年八月現職に就く」とあり、続けて宗教、趣味、家庭の構成などが書かれている。寺阪の「兵庫県での公務」は警察官だったのだ。生野署の前は川西署、その前は淡路島の由良署、その前は柏原署。そこまではなんとかたどれた（『柏水詩鈔』、寺阪美智子氏聞き書）。

兵庫県で巡査になったのは大正八（一九一九）年、満年齢にすれば二八歳のときだったことになる。当時の学校制度で、仮に尋常小学校、高等小学校合わせて八年、もし中等学校五年を入れたとしても、兵庫県で巡査になったのはまことに遅い。その間何をしていたかは、津山で古本屋の丁稚奉公をしていたという長女美智子氏の証言があるだけだ。

寺阪には『柏水詩鈔』という漢詩、新詩、短歌、俳句を集めた作品集がある。そのなかに大正四（一九一五）年秋二四歳で「出郷」して神戸に出たことが詠まれている。一時は北信州にもいたようだ。二八歳の大正八年に兵庫県で警察官に採用されている。前年には第一次世界大戦や続くシベリア出兵をきっかけに米価は高騰し米騒動が起こっている。翌八年には物価はさらに高くなる。寺阪の財布のなかも厳しくなって、いよいよ定職につかねばという事情もあったのだろう。そんな心情を漢詩に詠んでいる（『柏水詩鈔』）。

『立花志稿』では昭和一三（一九三八）年一〇月に立花村助役になったと書いているから、朝来郡生野署長着任から二年ほどで警察官を辞め、立花村に移ったということになる。生野は今でこそ警察署もないが、江戸時代には有名な生野銀山があり、幕府の直轄地として代官所もある重要な町だった。近代以降も鉱山を三菱が引き継ぎ、錫など重要鉱物の産出も多くけっこう賑わった町である。

ちなみに寺阪の長女美智子氏は、生野から異動して尼崎市内の警察署長もやった後、立花村に移ったと語っている。たしかに『柏水詩鈔』では「尼崎に於いて兵庫県警部退官（昭和一三、一〇、二〇）」とあるから、そちらが正しいようだ。翌二一日には「偶然志を易へ星章を抛つ」と詠んでいるから、この前日まで警察官として勤めたのだろう。「逐うなかれ往年佰阡の夢　森羅万象悉く新装」と警察官の制服を脱いだ感慨を込めつつ、心機一転の気持ちを詠んでいる。

助役としての寺阪の奮闘

警察署長から村の助役になる。そんなことは当時さほど珍しいことではなかったかもしれないが、詳細はわからない。むしろ私は寺阪が助役時代どういうことをやっていたのか、それもいつまで在職したのかなどもう一歩詳しく知りたくて、再び歴史博物館にお願いした。応じてくださったのは最近まで館長を務め、地域史研究を牽引してきた辻川敦氏。

非常にラッキーなことに、尼崎市では新たに「特定歴史的公文書利用」の制度が始まっていた。それによって旧立花村役場の文書も開示され閲覧可能になったということで、私はその閲覧第一号として寺阪五夫の助役時代の活動をおおよそ確認することができた。

寺阪は昭和一三（一九三八）年一〇月二一日、村長三松武次郎により採用されて着任している。以後村議会には議員以外の参与として村長と同席し、村の予算の作成、説明や執行に関わった。県知事からの諮問に対しても、村長に代わって返答書類を送ったりしている。一五年には隣の尼崎市との合併問題が村にとっては大きな課題になっていたのだろう。寺阪は川崎市や千葉市を視察して議員の質問に答えている。

昭和一五（一九四〇）年六月に村長三松に何かが起きて「村長欠員」となったときは「村会議長　立花村村長代理　助役寺阪五夫」の名で選挙を指揮して次の村長を決めさせている。さら一年後、松谷庄蔵村長が辞任したときにも、円滑に次期村長を決めるための手筈を整えた。そして八月一二日市場梅蔵が新村長に就任するや、その二カ月後には自ら退職を申し出て助役を辞した。

寺阪の辞職が村議会で承認されて半月後、昭和一六（一九四一）年一二月一〇日には立花村の尼崎市への編入手続きが正式に始まる。時あたかも日本軍の真珠湾攻撃、米英への宣戦布告に日本中は沸いていた。翌一七年二月一七日立花村の尼崎市への編入が決まり「村」は消えた。寺阪はそうした合併問題の大詰めの時期に完全に公的立場から身を引いた。

やや詳しく助役就任後を書いたが、忙しい公務のなかで昭和一五（一九四〇）年夏には『立花志稿』を完成させ、一一月に刊行している。助役着任から二年も経たないうちにこれだけの資料を集め、一冊に仕上げてしまった。隣村の大庄村でも少し遅れて村誌が刊行されたが、その場合は国民学校の校長・教員など複数の人間で調査会を設け共同作業で臨んでいる。立花村では寺阪が一人でやりきったということは、よほどの史料収集能力、読解力、執筆力、編集力がなければ果たせることではない。

一連の経過を見ていると、寺阪は村長三松武次郎という人物に強く依頼されて警察官を辞め村の助役になったようにも思える。三松は自分の在職中に紀元二千六百年紀念事業として村誌を作ることを背負わされていたのだろう。その任には大勢のメンバーではなく、優秀な個人に任せたい、そういう人物として白羽の矢を立てたのが寺阪だったのではないか。それは三松が寺阪の「歴史好きの趣味」をよく知っており、その能力に期待していたからとも思える。

在野の研究者に学ぶ

実は寺阪は生野警察署長の前のどこかの段階で伊丹署次席を経験している。寺阪には伊丹時代があった。伊丹は立花村のすぐ北に位置する酒造業で有名な町だ。『立花志稿』の自序最後に「本誌編纂にあたり伊丹図書館長小林杖吉（じょうきち）氏及本村主事柴田菊治氏の援助に対し深く感謝の意を表すものなり」と書いている。柴田は村役場の役人で、村議会にも参与として寺阪と二人で出席する信頼した部下だ。ここではもう一人の小林が重要になる。

小林杖吉は大正から太平洋戦争終戦後すぐの頃、伊丹の郷土研究を牽引した人物だ（川内淳史「素描・伊丹の地域史研究――小林杖吉による私立伊丹図書館の開設を起点に」）。自分の蔵書を中心に明治四五（一九一二）年私立図書館を開設し、蔵書冊数は昭和七（一九三二）年で兵庫県下公私立七四館中、二位だったという。館内での公開、館外への帯出どちらも完全無料で、公立図書館でも閲覧料を取るのが普通だった時代、珍しい存在だった。巡回文庫も開設して伊丹町周辺住民の利用にも供した。「自主自律」をうたって図書館を学習の場として開放し、全国の図書館関係者からも高い評価を受けていたという。

しかし資金繰りに困り、昭和一一（一九三六）年休館、一八（一九四三）年には閉館となった。

そのかわり、休館になった年から『郷土研究伊丹公論』というタブロイド版の新聞を発行し、自由な立場から郷土研究を進めていくことを表明している。戦時統制が厳しくなるに従い時局迎合的記事に変わっていったが、小林は間違いなく伊丹の郷土史（地域史）研究の基礎を築いた人物だった。

寺阪が立花村助役に就任した昭和一三（一九三八）年にはすでに図書館は休館になっていたが、新聞『郷土研究伊丹公論』は発行されていた。制約された状態ではあったが、寺阪の意図するところを小林は理解し、図書の貸し出しなど積極的に協力したのだろう。あるいは伊丹警察署次席の時代から小林とは面識があったのかもしれない。もともと独学だった寺阪は、小林のような在野の郷土研究の先人たちにも多く学びながら、いっそう歴史への関心を強めていったのではないかと思われる。

史料の「保伝」を任務とする

昭和一六（一九四一）年秋、立花村助役を辞した寺阪はしばらくして姫路に居を移したらしい。姫路は姫新線で内陸の津山に直結し、故郷勝上村（勝加茂村）との往復もしやすく、また情報も得やすい土地だった。太平洋戦争終戦直前の姫路空襲によって美作に戻ったと書いている（『東新町史』）。

美作に戻ってはみたものの、故郷の勝上村に住むことは叶わなかった。そのことをこう書いている。


太平洋戦争終戦の日から現世は一転した。社会のあらゆる階層に大変革をもたらした。自分も其

図4-4　寺阪五夫の故郷上村（勝上村）から見た那岐連山。奥から左へ、那岐山、滝山、広戸仙、手前の山裾が山形仙、その先が津山盆地へとつづく。著者撮影。

の渦中にあった。過去の理想は空想と化した。世相は吾人の郷土生活を容れなかった。郷を愛して郷に住まず、漂泊の余生を異郷に托するに至った。（『勝加茂村史』自序）

別のところでは「農地開放（ママ）の余沫を真正面に受けて他郷に流寓し」（『美作古城史』第一輯自序）ともいっているから、村の旧家で地主でもあった寺阪は農地改革によって多くの所有農地を失うことになり、久米郡倭文村油木上での農耕生活を余儀なくされた。しかし正月や彼岸には故郷勝上村に戻り墓参をしている。

大那岐を仰ぎつバスの客となり　一樹一石なつかしみゆく
なつかしき樹の影父母の碑に立ちて　吾身我家の末想ひ見る

（『柏水詩鈔』）

寺阪の詩文には那岐の山を詠むことが非常に多い。その山系の西麓近くにあった故郷勝上村についてはすでに戦時中『勝上邑誌』を出していたが、昭和二六（一九五二）年七月それをさらに充実させ『勝加茂村史』として刊行している。油木上という他郷に住みながらも、なお故郷の「郷土史」編纂への思いは強固だった。その「自序」は多くは前著を踏襲しているが、一層整理して付け加えられ強調された文がある（原文引用）。

殊（こと）に自分の郷土史研究の本旨が資料の保伝に重点を置いて居る立場上、全巻の内容に於て、其事態の記述に自説を主とせず、資料たる文献そのままを記録して読者の判断に任せると言ふ方針を以て終始して居る。要は資料の内容を其まま後世に保伝し、温故知新後年編史の資料たり得べく考慮しておるのである。

立花村が尼崎市に吸収される直前に抱いていた気持ちはさらに強く前面に出て、「資料（史料）の保伝」こそが自分の「本旨」とするところだと断言している。一方では「趣味に生き趣味に終る」という極めて個人的な言い方をしながら、他方では確かに後世への橋渡しという社会的使命をもはっきりと意識し出していたのだ。

「著者」ではなく「編者」を貫く

三好基之氏が解説のなかで「あい矛盾する内容をもった史料・記録をも、それはそれなりに記し止めて、真偽の判断は読者の後考に託した」「研究者や郷土史家にしばしば見られる、史料の独占や隠蔽といった忌まわしい態度は少しも見られなかった。史料を集め、史実を知り、それを刊行して世間の読者に提供するということが、氏の楽しみのすべてであったのである。これほど悠々自適に、郷土史を楽しんだ人は稀であろう」と評したが、その寺阪理解はまことに正鵠を射ている。

これを受けて改めて寺阪の著作といわれるものを並べてみると、「寺阪五夫著」とはなっていない。ほとんどが「寺阪五夫編」だ。「著」と使うのは稀で、ほぼ一貫して意識的に「編（篇）」を使っている。本書が利用した『美作高円史』も「編者　寺阪五夫」だ。死後合冊にして刊行されたものの標題が「寺阪五夫著」となっているのは、本人の意を汲めば「編」に直すのがいいだろう。

三好氏が指摘した、自分で集めた史料を独占せず発表前であっても快く人に提供したというのは、たしかに寺阪の謙虚な人柄を示すものだろう。しかし同時に、私にはかつて伊丹図書館で世話になった小林杖吉のことが念頭にあったように思えてならない。私設図書館を開設し、無料で公開し、郷土の研究に打ち込んだ小林の郷土に対する向きあい方は寺阪にも大きな影響を与えていたに違いないからだ。

寺阪を支えた鉄筆のひと　小野善之助

もう一点触れておきたいのは、三好氏も強調している寺阪の自費出版を印刷の面で支えた「印刷者小野善之助」のことだ。寺阪の出版物はほとんどが謄写版、いわるゆるガリ版刷りだ。これを一手に引き受けた小野の寺阪への協力は通りいっぺんなものではない。ひたすら鉄筆で文字を切る小野を三好氏は感動の気持ちを込めて書いているが、実際素人として鉄筆を持った経験のある私にしても、いかにプロとはいえこの量と質は想像を絶する。

寺阪と小野二人の関係が具体的にどんなものであったかもう少し知りたくて、私は寺阪の長男彰郎氏にお尋ねした。寺阪にはこまめにつけている日記もあるらしかった。問い合わせに対して、彰郎氏は日記のなかから参考となる箇所を探し出され、写経のような文字で一字一字丁寧に書き写して送ってくださった。

筆耕された出版物は二一冊、「編者」「発行者」がどちらも寺阪五夫の場合は自費出版で実費販売、日記には紙代金を小野にいくら支払うなど詳細に書かれている。お金はどうやら寺阪の恩給が中心で、あとは家族からの援助ということもあった（長女美智子氏談）。

小野の寺阪家訪問、その逆の寺阪による小野家訪問は頻繁で、仕事の話だけだったとは思えない。一月元旦には必ずといってもいいくらいどちらかが他方を訪問して挨拶を交わしている。家族との交流も深かったようで、寺阪の次男精二氏が四一歳で亡くなったときも、追悼録『武蔵野の露』の巻頭文は、鉄筆を握った小野が自ら書いた。

このように謄写印刷による出版が圧倒的に多かった寺阪の刊行物のなかで、『美作高円史』はどうだったか。これは珍しく活字印刷だ。地方においてはまだまだ印刷事情が厳しかった昭和三〇（一九五五）年代初めの頃の活字印刷だ。奥付を見ると「編者　寺阪五夫」に対して「発行者　岡本友一」となっている。岡本美昭氏のご親戚だ。「はしがき」は高円部落長でもあった岡本自身が書いている。

岡本の企画を支持した「美作高円史刊行賛助者」も出資して完成した。広く旧豊並（とよなみ）村関係者や現奈義町関係者（当地方の行政単位については二五八頁、図8－1）、あるいは他所に住まう者計三一人が名を連

ASAHI SENSHO

「知」の力

朝日選書

ASAHI
SENSHO

朝日選書

ねているところを見ると、この『美作高円史』が「高円」一部落の歴史以上のものとして大きな期待を寄せられていたことがわかる。書名に「美作」がついているのは当地方の村史には高円以外どこにもない。「高円村」は江戸時代の旧村名だが、そうせず、「高円」としているのも特別だ。「高円」の当地方での歴史的な重要性を示すものだろう。活版印刷であることといい、大勢の出資者がいたことといい、『美作高円史』は寺阪の出版物のなかでも異色なものだったのだ。

揺るがぬ信念の原点は「趣味の歴史」

最後にもう一度菩提寺イチョウに戻ろう。私は寺阪がどうしてこのような興味深い史料に目を留め、詳しく書き留めておくことができたのか、そのことが知りたかった。思い至った結論は、戦前の皇国史観から戦後の民主主義思想への一八〇度の価値の転換という時代の大波に、どちらにも翻弄され呑み込まれてしまうことなく、「趣味」という原点を守り抜いたという、この一点にあると思う。

どんな時代にあっても「趣味」と言い切る心の正直さ、自由さ。「一木一石」にも目を留めることのできる「趣味」によって菩提寺イチョウは掬い上げられた。個別の村史以外にも、宮座（みやざ）、古城、禁教、日蓮宗、騒擾（そうじょう）、刑政、霊異奇蹟、史跡名勝といったように一見脈絡なく散漫とも見える関心の多様さが寺阪の特徴だろう。この関心の自由さ、柔軟さこそが稀有な史料の発見を可能にした要因だった。

第五章 「一四、一五世紀」のイチョウ——東アジアを視野に入れて

イチョウの樹齢推定はかくもむずかしい

享保五（一七二〇）年といえばたかだか江戸時代のことではないかと軽く考えてはならないだろう。その時点で目通り幹周二丈二尺三寸という、この時代としては類例のない精度の高い数字があがっているからだ。明治以降では尺間法によって示されるのが通例だが、江戸時代では多くは「囲」「抱」「尋」「腕」といった身体に即した数え方が多い。これらは個人の体格によっても変わってくる。現代からすれば大雑把ともいえる測り方だが、菩提寺（岡山県奈義町）の場合幕府もそれでは納得しなかったのだろう。いちおうここではその精密な測り方を信頼したうえでメートル法に換算すると、菩提寺イチョウは当時幹周六・七六（四捨五入して六・八）メートルということになる。

「木の伝記」と銘打つ以上、菩提寺イチョウがいつ大地に根づき出したかはどうしても知りたいところだ。一七二〇年を起点として木の生命をどこまでさかのぼらせることができるのか。現代からの樹齢はいくつか。これこそ堀さんから課せられたミッションでもあった。

しかしいかに幹周が精密だとしても、測定方法が現代のものと同じかどうかわからない。だから幹周

の数字のみから樹齢を正確に読むことは極めてむずかしい。一本一本の立地条件の差や個体の生長スピードの違いによっても大きく変わってくる。

堀さんは実験によってそのことを確かめている。六年間という短期間だが、研究施設内の五四本の若いイチョウの一年ごとの生長過程を観察し記録した。生長の早いものから遅いものまで、それぞれの年生長率には五〜二センチの幅があるという。同じときに植えたものでも個体間でこれほど大きな差が出る。実験では特に水脈の多少による差が明確に出た。結局のところ、幹周と樹齢との間には有意な相関関係を見出すことはできなかったという（『写真と資料が語る日本の巨木イチョウ』二九二頁以降）。

戦前にも同じような観察をして記録した人がいた。著名な造園研究家折下吉延（おりしもよしのぶ）で、明治神宮外苑のイチョウの、植栽からの三二年間にわたる「並木イテフ生長度調」を表にしている（田阪美徳「幸福なる兄弟樹」）。苗圃（びょうほ）で銀杏（ギンナン）を播（ま）くことに始まり、実生から生長した苗木をひとまず外苑に移植する。さらにそのなかから選んだものを並木として植栽。ギンナンから数えて計四七年間の数字を出しているが、年平均生長率四・一〜二・一センチの差が出ている。そこでも各個体の生長度の差は非常に大きい。

こうした作業は重要なデータだが、五〇年に満たない若木だ。巨樹になると事情ははるかに複雑になる。数百年の間には落雷や火災・強風・台風による幹や枝の損壊や欠損など木への大きな負荷もかかってくる。そのため生長は鈍化し停滞する。長く生きていればそうした危険に遭遇する機会も多くなる。

逆に主幹の根元から生え出たひこばえが主幹に合体して太くなったものや、上から下りてきた乳根（チチ）が主幹と融合し、実質の生長以上に幹周が大きくなることも多々見られる（佐藤征弥「ＤＮＡからみたイチョウの日本への伝来・伝播」)。これが案外多い。

伐採されて生命を終えた木の伐採年を測定するには、年輪年代法や酸素同体位比年輪年代法など科学的な方法がすでに採用されている。一方まだ生きている「立木の樹齢」を知ろうとすれば、直接幹に生長錐(すい)という道具を差し込んで年輪の数を数える方法がある。ただし生長錐は長くないから木の中心に届かない場合は、一応計算によって推定の数字を出すことになっている。

しかしイチョウの場合、幹周六メートルを超える頃になるとさまざまな条件によって本体に融合や欠損が起こり、木そのものの形が崩れてでこぼこになることが多くなる。直幹のまま生長するものはぐっと減り、内部には洞ができたりして幹の中心もとらえにくくなる。年輪も同心円的にはならないから測定自体が極めてむずかしい。イチョウの樹齢決定が厄介なのはこのような困難さがあるためでもある。

日本列島の各地域の気象の違いがイチョウの生長にどのような影響を与えているかという点も未解決の問題だ。青森をはじめとする東北地方と九州・四国では気温差にして年平均七、八度は違う。降水量も夏に多い九州・四国に対して、降雪の多い東北では冬も夏もあまり変わらない。しかも両地方では年間全体の雨量で一〇〇〇ミリくらいの差は出る。最近の歴史研究では各時代の気象現象にも考慮する必要性が強調されている。こうした地域環境の差、時代環境の差がイチョウの年輪や幹周、ひいては樹齢にどのように関係してくるのかは、まだ不明なことが多すぎて将来の課題として残さざるをえない。

そうしたむずかしい問題があるとしても、堀さんと佐藤さんが作った全国巨樹巨木イチョウマップと図表からいえることは、東北地方と九州・四国地方を比較した場合、巨樹・巨木の分布量や太さのうえでの顕著な差は見られないということだ。以下ではイチョウに関しては、列島全体で生長のあり方にはほとんど地域差がないということで話を進めたい。

大きな幅で見るしかない

行きつくところはシンプルな方法だ。佐藤さんは具体的に植栽の時代のわかるものの例をあげて、そこから樹齢との関係を推定している（「DNAからみたイチョウの日本への伝来・伝播」）。

東京都港区にある芝東照宮のイチョウは寛永一八（一六四一）年に三代将軍徳川家光が東照宮再建に際して植えたものと伝えられている。寛政六（一七九四）年で幹周一丈七尺六寸（五・三三メートル）、明治一六（一八八三）年で六・三〇メートル（「神樹碑」）、平成二一（二〇〇九）年の時点六・七〇メートルからすると、植樹から約一五〇年で五・三メートル、約二四〇年で六メートル、三七〇年で六・七メートルとなる。（植えるまでの生長の期間は無視する）

青森県つがる市木造千代町のイチョウは幹周七・一五メートル。貞享元（一六八四）年津軽四代藩主信政のお手植えとされていて（『木造町史』）、三二五年で約七メートルとなる。

福岡県飯塚市内野の旧宿場町のイチョウは慶長一七（一六一二）年、黒田長政が町立てさせたときの植樹と伝えられるが、約四〇〇年で幹周七メートルである。

結局佐藤さんは幹周六〜七メートルになるには二五〇〜四〇〇年くらいを目安とするのがよいと提唱している。ゆったりとした幅を持たせるしかないという。そもそも測定の数値も細かくとりすぎることには慎重だ。

平成二二（二〇一〇）年に倒壊した鎌倉・鶴岡八幡宮のイチョウの場合六・七メートル（環境庁確認一九八八年）、倒壊前の平成二（一九九〇）年神奈川県「樹木総合診断調査報告書」では、神木にしては珍しく生長錐による調査が許され、内部の空洞を確認したうえで樹齢五〇〇年前後と推定している。

倒壊後、樹木の専門的研究者が厳密に科学的調査もしたようだが、神社の神木ということもあって未公開、未公表となっている。しかしその後一部公開されたイチョウの伐り口の年輪を丹念に観察した足立久男氏によると、やはり樹齢は五〇〇年くらいという計算結果が出ている（「倒壊した鎌倉・鶴岡八幡宮の大イチョウ」）。幹周が六・七メートル（足立氏は六・八メートル）にしては樹齢が長い。これなどは生長がかなり遅い例となるだろう。要するに同じ幹周六メートル台といっても樹齢二五〇年から五〇〇年までまことに大きな幅がある。

菩提寺イチョウの樹齢は

こうした幅のあるなかで、享保五（一七二〇）年で幹周六・八メートルという菩提寺イチョウの樹齢を考えると、その時点でどのくらいまでさかのぼらせることができるか。幹周六〜七メートルに入るから、二五〇年〜五〇〇年とすると、年代では一二二〇年〜一四七〇年の幅となる。一三世紀前半から一五世紀後半、つまり鎌倉時代前期から室町時代中期までが入ることになる。しかしこれではあまりにも大雑把すぎる。

実は菩提寺イチョウには享保五（一七二〇）年の六・八メートルだけでなく、後にも詳しく触れるように明治四三（一九一〇）年の測定で一一・二メートルという数字があがっている。本多静六の『大日本老樹名木誌』の一一・二メートルもこれを踏まえているのだろう。さらに平成一二（二〇〇〇）年の環境庁の確認では一三・四八メートル（一三・五メートルとする）。

右の数字を眺めれば、

一七二〇年～一九一〇年まで　一九〇年間に六・八メートル→一一・二メートル
（＋四・四メートル）

一九一〇年～二〇〇〇年まで　九〇年間に一一・二メートル→一三・五メートル
（＋二・三メートル）

合わせると、

一七二〇年～二〇〇〇年までの二八〇年間に六・八メートル→一三・五メートル
（＋六・七メートル）

となる。つまり二八〇年の間に六・七メートルの生長をみたことになる。

不思議なのは一九一〇年からの九〇年間で二・三メートルも伸びていることだ。生長期にある木なら普通だが、このくらいの巨樹になると生長は鈍化し八〇年、九〇年でこれほどの増加を示すことは極めて珍しい。むしろ不自然な感じがする。

念のためこの原稿を書き上げ提出する直前、最終的に巨樹・巨木林データベース（環境省管理）で確かめてみて驚いた。なんと「二〇二四年一一月九日」の「確認」によって一三・四八メートルは一二・一〇メートルに引き下げられていたのだ。少しあわてたが、不思議だった最近百年間の生長スピードが改められたことで、無理や不自然さは解消されている。

この最新データで、上と同じように数字を出してみると、

一七二〇年から一九一〇年までの一九〇年間に六・八メートル→一一・二メートル（＋四・四メートル）

一九一〇年から二〇二四年までの一一四年間に一一・二メートル→一二・一メートル（＋〇・九メートル）

合わせると、

一七二〇年から二〇二四年までの三〇四年間に六・八メートル→一二・一メートル（＋五・三メートル）

二八〇年間に六・七メートルの伸びであったものが、三〇四年間に五・三メートルの伸びに修正されていたのである。測定というものがいかに不確実で危ないかということを如実に示してくれているだろう。ただ不思議だった最近百年の生長スピードがゆっくりの方向へ大きく改められたことで、無理や不自然さは解消された。

いちおうこれにもとづいて一九〇年四・四メートルの生長スピードをそのまま直線的に比例させ、一七二〇年時点の幹周六・八メートルに何年かかるかを見ると、二九四年という計算になる（実際には直

線的に生長するわけではない）。佐藤さんが設定した六〜七メートル生長するには四〇〇〜二五〇年（私はそれを広げて五〇〇〜二五〇年）かかるという幅の中ではかなり生長の早い部類に入る。一七二〇年より二九四年前は一四二六（応永三三）年となる。応仁の乱勃発の四〇年ほど前になる。足利義満の子、義持が実権を握っていた時代となる。

以上はあくまでも単純計算上のことであって、こんなに直線的な生長をとげるということはない。これでは少し限定しすぎる感もある。もう少し幅を持たせて一四〇〇年から一四五〇年くらい、つまり一五世紀前半に木の生命としてのスタートがあるとするのが無難ではないか。樹齢は六〇〇年強というところだ。絞り込みとしてはまことに歯がゆいが、現段階では無理に狭く限定することもない。厳密な樹齢決定はより高度な自然科学的方法が開発されるときまで待つことにしよう。

「立木」から見たイチョウの一四、一五世紀

第一章でも書いたが、堀さんはだいたい一三世紀後半から一四世紀前半にイチョウは日本に入ったと予想していた。一三世紀のものは絵画史料だが、イチョウの葉らしいというだけでとても実物の木を知っていて描いたとは思えない。また一四世紀初めに刊行された書籍の間にはさんであったイチョウの葉も、当時のものかどうかは判定できない。

これもすでに書いたが一三二三（日本の年号で元亨三）年、中国慶元（寧波）を出発して日本に向かう中国船が韓国新安沖で沈没した。引き揚げられた膨大な陶磁器、銅銭等のなかに「ギンナン」一粒が発

見された。たった一粒だからはっきりしたことはいえないが、他にも「ハシバミ種子二つ」「マンシュウグルミの割れた実のかけら二つ」「板栗種一つ」「梅核一つ」「桃種核二つ」等十三種の漢方薬の原料が同時に出ている（篠原徹「新安沈没船出土の香辛料などの植物遺体」）。関周一氏は、これらは慶元の市場で売られていたものを日本の市場向けに搭載したと考えている（『中世の唐物と伝来技術』）。たまたま乗組員がおやつとして持っていた物というのではなく、売買のために意図的に日本に持ち込もうとした物ということになる。

文字としては、南北朝時代の教科書とも言われる『異制庭訓往来』にも「銀杏」があるが、これもギンナンのことだ。堀さんが依拠した一三世紀後半から一四世紀にかけての根拠となるものはいずれも「実（実は種）」としてのギンナンだった。ギンナンがあれば立木があっても不思議はないから、イチョウがすでに日本国内に持ち込まれていたことは間違いない。しかしいかんせん史料が少なすぎ、あったとしてもギンナンへの関心にとどまる。まだ普及というまでには程遠く、庭木など立木への興味関心も強くはなかった。

立木のイチョウの確実な文字史料は、永徳元（一三八一）年、足利義満の造作中の花御所のために、摂関家近衛家のイチョウが召し上げられ移し替えられた記録だ。イチョウが人の目を引くには少なくとも三〇年から五〇年程度は経っているだろうから、一四世紀半ばには確実に摂関家の庭に植えられていたといえる。最高級貴族摂関家であることが特に重要だ。南北朝時代中頃には間違いなく日本の権力中枢部にイチョウの立木はあったことになる。

この発見の後、私は全国をかなり歩いたが、幹周トップクラスの巨樹イチョウでも文献的には大きな壁があった。青森県北金ヶ沢・深浦周辺や岩手県久慈で見たように、巨樹イチョウ周辺の石碑・伝承・記録等の資料は「状況証拠」にとどまり、決定的といえる文字史料には出会えなかった。未だに明確な史料は花御所邸のものしかない。

そこで思い切って視点を変え、イチョウに特徴的な「葉っぱ」の絵画史料にも注目してみよう。まぎれもない葉が絵に描かれるとなると、当然樹木がある証明にはなる。

能に「自然居士（じねんこじ）」という有名な曲がある。自然居士は人買いに連れていかれた子どもを救おうとして人買いの無理難題をこなし切り、ついに子どもの救出に成功する。そのとき自然居士がつける「喝食（かっしき）」の面がある。喝食とは比叡山の「稚児（ちご）」などと同じ禅宗の僧を世話する子どものことで、大人の自然居士がなぜかその「喝食」の面をつけて登場する。この面にはいつの頃からか額にイチョウの髪型がついている（図5－1上）。

歴史研究者の川嶋将生氏は、足利将軍義教（よしのり）の時代、禅宗世界の「喝食」の衣類が華美になったため、しきりに禁止令が出されることに注目した。それが義政時代にははっきりと喝食の「額髪」に対しての禁止令となって表れる。この規制の対象となった「額髪」を川嶋氏は後の例から「イチョウの葉型」だと推測する。一五世紀中頃だ。もはやギンナンへの興味ではなく、イチョウの「葉」そのものが興味関心の対象になり禅宗世界で流行していた。さらに一六世紀後半の戦国時代末期ともなると、有名な「高雄観楓図屏風（たかおかんぷうずびょうぶ）」の喝食に見られるように、額髪のイチョウは禁止されるどころか堂々と描かれるようになっている（図5－1下）。

「額髪」のイチョウというものに注目したが、義政時代の一四五〇年代には禅宗の世界では禁止令が出るほど流行していた。当然立木のイチョウは禁令が出る数十年前、一四世紀から一五世紀への転換期には各所に植えられていたことになる。

木の本体そのものの史料ではなく一族の姓から考えてみることもできる。「鴨脚（イチョウ）」という姓の出現だ。京都の神社のなかでも最も伝統ある大社の一つ下鴨社（鴨御祖社）で、「祝」という重要な職を世襲した社家が「鴨脚」を名乗っている。「いちやう」と称しているから（『鴨脚家文書』五六号）、「鴨脚」は間違いなく「イチョウ」と読んだ。「鴨脚」の字はすでに中国で早くから使われている。葉が

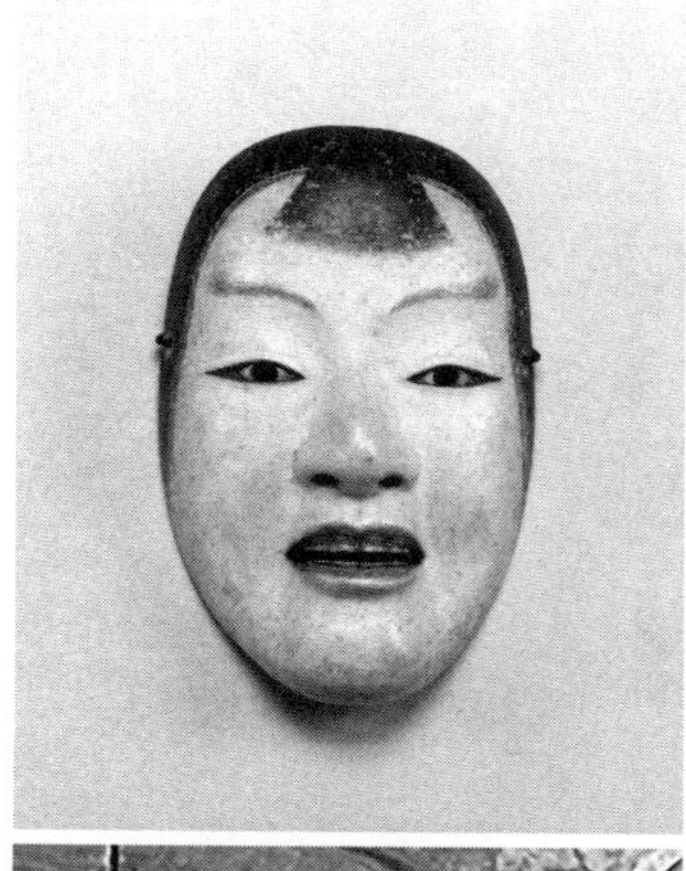

図5-1　イチョウの額髪をつける「喝食」。上：能「自然居士」で使われる喝食面。前髪のイチョウの大きさで大喝食、中喝食、小喝食がある（室町時代、タテ20.6センチ、東京国立博物館蔵、https://colbase.nich.go.jp）。下：「高雄観楓図屏風」に描かれる喝食。手に持つ中啓という扇にも注目したい（室町～安土桃山時代、東京国立博物館蔵、https://colbase.nich.go.jp）。

鴨の足の水かきの形と似ているところからの言葉だ。
この一族はもともと「鴨県主」を称した。それが「鴨」にわざわざ「脚」をつけて中国風に「イチョウ」（中国では「ヤーチャオ」）と読み、家の姓として名乗り始めた。いったいいつの頃から名乗り出したのか。

古記録・古文書で確認されるのは戦国時代、一六世紀中頃の天文・永禄（一五三二～一五七〇）頃だ（『言継卿記』天文二〇〈一五五一〉年正月七日条、『鴨脚家文書』）。鴨脚家の邸内にもひときわ目立つ立派なイチョウの木があったのだろう。単に植えられているという程度ではわざわざ家名にすることもない。『下学集』（元和刊本）という百科事典的国語辞書がある。成立は文安元（一四四四）年とされている。そこに「銀杏　イチヤウ　ギンキヤウ　異名鴨脚　葉の形鴨脚のごとし」とある。もはや辞書にも登場するほどにイチョウの立木は各所において見られた。それほど時代の流行の先を行く人気の木だったのだ。ギンナンだけではない。葉も含めて木全体が人々の強い関心の対象となっている。

鴨脚家のイチョウも一六世紀中頃には他に比べても際立つシンボリックな高さと太さでなければならないだろう。そうなるには最低でも一〇〇～一五〇年は必要だ。遅くとも一四〇〇年頃にはその生命をスタートさせていたと考えなければならない。義満の時代ということになる。

「喝食の額髪」にせよ「家名としての鴨脚」にせよ、史料はいずれも早くても室町初期くらいまでにしか届かない。明確に一四世紀の南北朝時代に入るものは、花御所への移植史料以外、まだ確認できていない。今のところ、おおよそ西暦一四〇〇年くらいが史料的に追えるラインということになる。堀さんが室町時代中期までに国内に急速に広まり、各地にイチョウが生えるようになったと推論したのはまことに穏当な見解だった。

日本・東アジア三国の交流とイチョウ――一四、一五世紀

イチョウはヨーロッパに入る一七世紀末より以前、その分布は中国・朝鮮・日本の東アジア三カ国にほぼ限られていたと見てよい。佐藤さんの研究からすると、この三国のイチョウのDNA関係は共通するものが多い。もちろん中国にしか見つかっていないもの、朝鮮（調査は韓国のみ）だけにしか見られないもの、日本だけにしか見つかっていないものもある（佐藤征弥「DNAからみたイチョウの日本への伝来・伝播」）。こうした現状のもとでは、三国のイチョウ交流の道筋はDNAからも大雑把なことしかいえず、正確な流れを導き出すことは極めてむずかしい。

そもそもこの三カ国にとって一四、一五世紀とはどのような時代だったのだか。日本を中心に特に三者の交流のあり方に限って見ておこう。

元寇（げんこう）があったにもかかわらず、その後の一三世紀末から一四世紀前半にかけては一時を除き日元貿易は活発で、元の政権もこれを公認していた。博多を拠点に日本人商人や中国人商人が貿易船を仕立てた。鎌倉幕府はこうした船の一部に「寺社造営料唐船（じしゃぞうえいりょうとうせん）」の看板を許可し、航行の保護と引き換えに建長寺、東福寺、関東大仏、住吉社等の寺社造営の費用を捻出させた（村井章介『日本中世の異文化接触』）。これに便乗して渡海する禅僧もこの時期急増し、一種の渡海ブームでもあった。

一四世紀前半、日本国内では元弘三（一三三三）年鎌倉幕府が滅び、九州を統治していた鎮西探題も滅亡する。新たにできた後醍醐天皇の建武政権は短期に終わり、以後は全国的な南北朝の内乱に突入する。九州地方では征西宮（懐良親王）を中心とする南朝方が強く、京都の足利氏の幕府による秩序の安定はなかなか望めなかった。

さらに重要なのは、東シナ海に一定の安定をもたらしていた中国・元が、一四世紀に入るや次々内乱を抱え、政権が弱体化していったことだ。当然元の影響を強く被っていた高麗（朝鮮）内部でも動揺が起こり、政治は混乱する。東シナ海や日本海を舞台に交易活動を展開していた者たちの間にあった海域の秩序も極めて不安定となる。

こうした状況下に登場し活発に活動するのが倭寇だ。倭寇についてはわからないことも多いが、二つの顔があったらしい。一方では交易を旨としながら、交渉がうまくいかないと別の暴力的な顔を見せる。それは日本国内の内乱とも密接に関わっていたようだ。内乱による戦闘では食糧と人間が大量に必要だが、国内では不足した。それを補おうとして盛んに略奪という暴力的行為にも及んだ。さらには元寇で元軍の一部となって来襲した高麗に対する反発から、報復行為に及ぶ政治的な暴力もあったという。

倭寇の激しさに手を焼いていた中国・元は、一三六八年もともと反乱軍の一員だった朱元璋によって滅ぼされ、明が建国する。高麗も一三九二年倭寇撃退に功のあった李成桂が高麗王から王位を奪い、李朝の建国となる。同じ一三九二年、日本では南北朝内乱を勝ち抜いた足利義満が南北両朝を合体させ、政治の一元化に成功した。

一四世紀はこのように日本・中国・朝鮮の東アジア三カ国がお互い密接に関係し合いながら、崩壊から新しい国家建設へと至る激動の時代だった。そこにはそれぞれの倭寇への対処の仕方が深く関わっていた。

明は成立の当初から、国内に向けては外との自由な交流を一切禁止する厳格な「海禁政策」を取った。一方、外の国に対しては朝貢政策を取って、朝貢させる代わりに莫大な返礼品を下賜(かし)した。冊封(さくほう)体制という。日本との関係ではまず倭寇の禁止を要求し、それを実現できる力のある者のみを国王として外交の有資格者と認めた。足利義満は名を求めるよりもこの実益を取って朝貢し、日明の勘合貿易を行った。

朝鮮の対日外交は違った。一三九二年李成桂によって朝鮮が建国されると、日本に対して倭寇禁圧を要求。足利義満はこれを受けて倭寇対策を強化する。日朝貿易が日明関係と異なるのは、朝鮮は朝貢してくるものには広く貿易の門戸を開いたことだ。室町幕府は実質的に朝鮮に対して朝貢という形は取らないが、その他の守護大名、国人、商人などさまざまな階層のものが朝貢貿易の形を取って実利を得た。宗(そう)氏、大内氏、少弐(しょうに)氏、大友氏いずれもそうだ。朝鮮は倭寇が二つの顔を持っていて、正式な貿易を認めることで暴力的な倭寇の活動を防ぐことができることを苦い経験から学んでいた。

このように一四世紀から一五世紀にかけては、中国・朝鮮・日本三カ国がそれぞれに動揺、解体、国家形成を経て新たな外交・貿易関係をつくりあげていく時代だった。イチョウはまさにこうした大きな変わり目にある激動の世紀に三カ国の間を活発に動いていたことになる。ただしイチョウは貿易品の贈答、下賜の対象となって表の舞台に登場するものではなかった。いわば地下のルートでしきりに動いていたように思われる。

佐藤さんはＤＮＡ分析研究からイチョウの日本への流入については、単一のルートではなく複数のルートの可能性を主張している。それは間違いないだろう。ただやはり時間的段階がありそうだ。日元貿易の盛んな鎌倉時代には、主体的に動けた鎌倉、京都と、日中の海商が集う九州博多の三つの地点はイチョウ流入の最先端地であっただろう。国内におけるイチョウのスタート地点であった可能性は高い。

しかし激動の南北朝時代になれば、交易的なものや暴力的なものなど多様な窓口が生まれ、朝鮮からのものも入ってきただろう。したがってＤＮＡのタイプも多彩になる。今のところその時間的段階と空間の相互関係を解き明かす手立ては見つかっていないが。

一六世紀以降の朝鮮のイチョウの思想性

中国・朝鮮・日本の東アジア間でイチョウへの関心が高まりつつあったが、なかでも目覚ましいのが朝鮮だ。イチョウは朝鮮で他の木とは違う特別な木として政治、文化のなかで高い位置を占めるようになる。日本への導入との違いを明確にするためにも見ておこう。

ソウルの王宮のすぐ隣に成均館（ソンギュンガン）大学校がある。一三九八年開学というから、高麗王朝を倒した李成桂が国号を「朝鮮」と定めた一三九二年の六年後のこと。現在その成均館の正面扉に「イチョウ」のマークがついている（図５－２）。日本でいえば東大・阪大がイチョウをシンボルマークとしているが、成均館のイチョウはそれよりはるかに古い。

李氏が統治した朝鮮は、高麗時代の中心思想であった仏教から儒学（朱子学）へと統治理念を大きく変える。一三九八年には、朱子学を学ぶ官学の最高教育機関としての成均館を漢城（ソウル）に開学させた。朝鮮では朱子学を学ぶ教育機関は極めて重要で、日本の比ではない。同時代の日本では儒学（朱子学）を学ぶ場は基本的には禅宗寺院だった。朱子学は僧の教養で、武士が朱子学を学ぶ場の成立、普及はだいぶ遅れる。

朝鮮では事情が全く異なった。朝鮮王朝で中央・地方の官吏として出世するには中国に倣った「科挙」の試験に合格しなければならなかった。「儒学（朱子学）」が政治・倫理思想の中心柱に据えられたから、それを学ぶ教育機関は国家の人材を養うものとして政治的にも重要な位置づけがされた。成均館がその儒学教育の最高機関で、朝鮮各地から俊英が集まった。地方にはそれに準ずる「郷校」があり、時代が下れば私的な「書院」という民間の教育機関もできる。

図5-2　成均館大学校の正面扉のイチョウのマーク。成均館大学（校）は成均館を前身とする。1398年は高麗時代の首都開城（ケソン）にあった成均館を李氏朝鮮の首都漢城（ソウル）に移して儒学教育の中心とした年。著者撮影。

成均館の学問所である杏壇（明倫堂）の前に二本の巨木イチョウが生えている。中国では孔子が学問を講じた場が「杏壇」と呼ばれ、周りに杏の木が植わっていたといわれるが、朝鮮では成均館

図5-3　朝鮮で学問の聖樹とされたイチョウ。上：成均館の明倫堂前のイチョウ。明倫堂は成均館の儒学生たちが学問を学ぶ講堂。その前庭には柵に囲まれた2本のイチョウがあり、天然記念物に指定されている。1519年（1518年という説もある）に植えられたというが、壬申倭乱（文禄慶長の役）で焼け、1602年成均館再建のとき、植え直されたと推定されている（姜判権氏の御教示による）。著者撮影。
下：羅州（ナジュ）郷校西斎の後ろのイチョウ。文科を学ぶ東斎に対し西斎は理科を学ぶ場。その後ろにも2本のイチョウがあった。成均館が大学だとすると、羅州郷校は地方の専門大学と考えればよいとの説明を受けた。著者撮影。

の「杏壇」は杏に代えて「銀杏（イチョウ）」が植えられた。一五一九年のこととされている。イチョウを学問のシンボル、聖樹と位置づけた。地方の郷校、書院でもこれに倣ってイチョウが植えられた（図5－3）。これが現在韓国各地で巨樹巨木として生長している。さらに地方の有力者でもある両班（ヤンバン）の屋敷にもイチョウが植えられ、立派な木として生長し今に至っている。

成均館にイチョウが植えられたのは一五一九年ということになっているから一六世紀初めだ。先に見た一四、一五世紀より一世紀は遅れる。このときが大きな画期になったことは疑いないが、朝鮮でこのとき突然イチョウが植えられ、一斉に尊重され始めたとは考えにくい。根拠はあげにくいが素地はあっただろう。それが一六世紀になって儒教教育が整えられるに従い、王朝の政治思想を表す象徴の木、いわゆるシンボルツリーとなったのだろう。

日本でイチョウはなぜ好んで植えられたのか

では日本ではどうか。京都の周辺だけ見ても、植えられたのは禁裏、公家、将軍家、神社、寺院とまことに多様だ。朝鮮におけるような特定の思想性、宗教性は感じられない。

ではなぜイチョウは求められたのか。何が人々をひきつけたのか。佐藤さんは、イチョウの巨樹巨木が現在どういう「場」に残っているかを検討し、①神社・寺院、②庭園、③館、④交通路（街路・川端）などに分けている。こうした場から、植えられた時期にそれぞれが求められた理由を考えている。

歴史研究者の西岡芳文氏はもう少し違った観点から三点をあげている。

aギンナン　bランドマーク　c扇

aは食料、bは景観の目印で、ともに私も異論はない。問題はcだ。「扇」というのは突拍子もない思いつきのようだが、実は日本の中世で「扇」は宗教的な意味を持ち、不浄なものを遮断する役割を負っていたという。不浄なものを見るときは「扇」の骨の間から見る風習があったというのが根拠だ（網野善彦『異形の王権』）。

扇に形の似た植物として「棕櫚（シュロ）」の葉がある。棕櫚は中世の頃盛んに寺社の神仏の前に植えられた（瀬田勝哉『木の語る中世』）。西岡氏は棕櫚が扇と同じ役割を果たしていたと考える。ところがイチョウが登場すると、葉が扇に似ていることから棕櫚に代わって「扇」の役割を期待され、好んで植えられたのだという。

私の紹介した棕櫚に目を留めていただいたのはありがたいが、私自身は西岡説に賛成できない。棕櫚とイチョウには決定的な違いがあるからだ。季節性と葉の色。イチョウは秋の後半から鮮やかに黄葉して冬には落葉するが、棕櫚には葉の色の変化はないし、目立った落葉もない。棕櫚は五、六月に花をつけるが、特別遠くからでも目を引くというほどではない。

さらに棕櫚は日本国内では温暖な南国地方に自生するが、寒い北では育たない。一方イチョウは九州から青森地方までほぼまんべんなく広がっている。このように両者には際立った違いが複数ある。棕櫚の役割をイチョウが代わって果たしたと考えるのは無理だ。

しかし「棕櫚」から「イチョウ」への転換という発想を取り除けば、西岡氏がもともと着眼した「扇」

という点は非常に重要な指摘だ。

イチョウの葉と扇は形状としても近い。先にふれた川嶋将生氏は「喝食の額髪のイチョウの葉の形」は「末広がり」の形からの可能性があると推定している。氏は直接扇のことには触れていないが、「末広（がり）」はもともと扇のなかでも室町頃から流行り出したものをいう。「中啓」ともいった。それまでのものと違って竹の骨の両面から紙を貼るため分厚くなり、閉じても先端が反るように開いているものを指す。それが次第に「紙張り扇」全体を「末広」と呼称するようにもなっていったという（中村清兄『日本の扇』『扇と扇絵』、図5－4）。

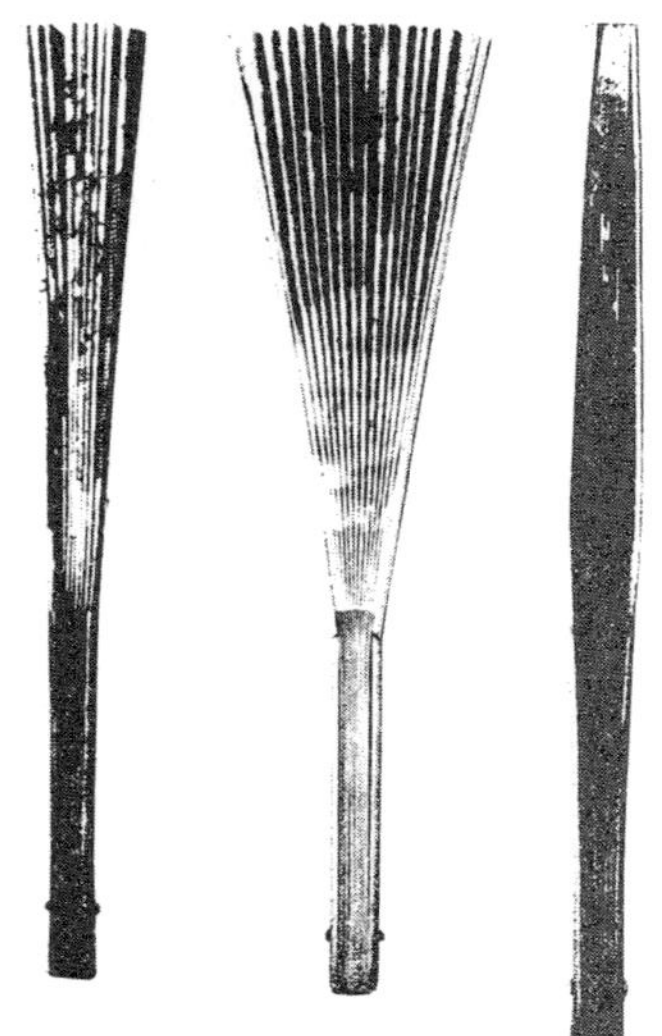

図5-4　中央が中啓（末広）。右は鎮折（しずめおり）、左は雪洞（ぼんぼり）（中村清兄『日本の扇』より）。

そもそも「末広がり」という言葉や考え方を日本人は好む。未来に向かって発展し繁栄が続くイメージだ。室町頃から盛んになりだしたらしい。扇が儀式、祭礼、芸能などに使用され、贈答品や下賜品として好まれたのも、縁起のよさ、めでたさと関係しているのだろう。この扇、特に末広を連想させるイチョウへの興味関心はいたって自然な流れだったといえる。

しかしイチョウが一四、一五世紀の南北朝・室町以降に急速に広がっていったのは、「末広がり」の扇との類似性をいうだけでは足りない。なんといっても中国・朝鮮・日本三カ国間の活発な交流時代の「時代風潮」に影響されているという点を考える必要がある。「唐物（からもの）」への憧憬だ。唐物とは中国に限らず朝鮮からのものも含めて異国の舶来物を指す。

唐物研究は近年ますます盛んになっている。唐物への憧憬はいうまでもなく平安時代からあるが、上中級の公家社会に限られていた。鎌倉時代にはそれに武家が加わるが、やはり鎌倉の北条得宗家とその一族や有力御家人・御内人（みうちびと）のレベルにとどまる。

ところが一四世紀後半以降一五世紀の室町時代にかけては、倭寇も含めて三カ国の交流のあり方が多様なものとなり、唐物を欲する地域、階層も大きく拡大する。足利将軍の「唐物志向」も一層顕著になり、「同朋衆（どうぼうしゅう）」など専門の目利き集団も現れる。下賜、贈答の慣習化のなかで唐物は一層重要な役割を持つようになる。まさに享受する社会層の拡大による新たな唐物ブームともいえる時代が到来している。

イチョウは交易や下賜などの対象品目のなかには登場しない。だからイチョウを「唐物」というには違和感があっても当然だ。しかしこれまで日本になかった異国由来の鮮明なこの植物への興味関心の強さは、「唐物憧憬」と呼んでもいいのではないか。イチョウは秋から初冬、一本の単木としての目立ち方がまるで違う。季節感を強烈に感じさせる。この時期に関しては存在感が圧倒的だ。

絵画、陶磁器、織物、書物、書籍、香料、薬など室内空間の「唐物」を熱心に求める時代、戸外空間の屋敷地や神仏のましますす敷地に、際立って異国的な植物を植えたいとする欲求や意欲が湧くのはむしろ自然なことだろう。これを私はあえて「植物の唐物」と呼んでみたい。

イチョウは陸の目印である「ランドマーク」には違いないが、「唐物植物」のランドマークであることこそが、地域空間に際立つ存在感をもたらしたのではないか。ステータスの誇示でもある。室町に高まる日本人好みの「末広がり」の意識を満足させ、かつまた根強い舶来物への憧憬という「唐物」意識を充足させる、この両方が相まって一四〜一五世紀、特に室町時代にはイチョウが全国各地に広がっていったと私は見ている。

第六章　菩提寺とイチョウに何が起きていたのか——中世から再び近世へ

菩提寺も外の政治的世界と無縁ではありえない。イチョウが大地に根づき始める前後の一四、一五世紀、高円と菩提寺はどのような時と場に置かれていたのか、その歴史的環境を少し眺めておこう（図6−1）。

菩提寺周辺の中世——菅家一党と有元氏

この地には特徴的な武士団があった。「菅家一族」「菅家党」と呼ばれている。菅原道真の後裔が平安時代後期以降土着し、次第に武士化して一族は那岐山麓一帯に勢力を張ったとされている（『美作高円史』）。『太平記』巻第八によると、元弘三（一三三三）年後醍醐天皇が隠岐を脱出して伯耆の船上山に入るや、馳せ参じた諸国軍勢のなかに「美作国菅家一族」がいた。「菅家一族」「菅家党」の宗家ともいうべき有元氏もこの頃『太平記』に名前を現す。鎌倉幕府に反旗を翻した河内の楠木正成、播磨の赤松円心らの蜂起に、赤松軍に従って「美作の住人菅家の一族三〇〇余騎」も入京した。そのなかに有元佐弘ら有元三兄弟がいて、四条猪熊の戦いで戦死を遂げている。鎌倉幕府滅亡後成立した建武政権が内部の対立から崩壊した後は、やはり赤松氏と同一歩調を取り、足利尊氏方に属して戦った。

高円の東北側には那岐山の前山ともいうべき半独立の大別当山がある（図6－2）。ここには中世城郭があったことが確かめられているが、有元氏はその城主だったといわれている（『日本歴史地名大系三四岡山県の地名』、『東作誌』）。菩提寺はそのさらに後ろ一キロにあるが、近くに菩提寺城が設けられていた時期もある。

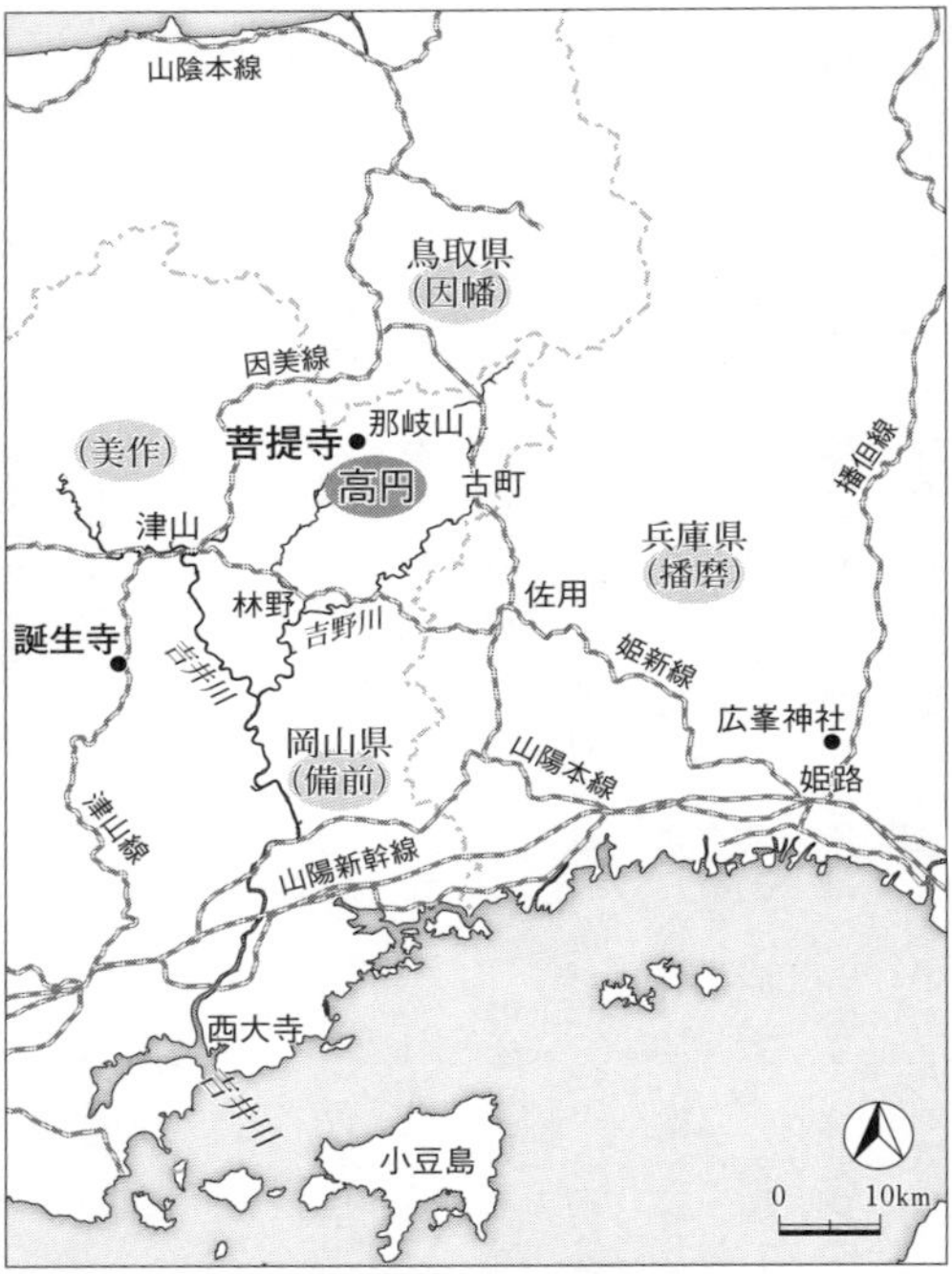

図6-1　那岐山、菩提寺、高円の位置関係図。

図6-2　右側前方の大別当山に城跡、手前あたりに有元家の屋敷があった。2022年、著者撮影。

菅家一党は有元氏をはじめとして那岐山一帯にいくつかの砦的城郭を持っていたようだ。赤松氏に敵対する新田義貞方の江田行義が攻め込んだとき（延元元・建武三〈一三三六〉年）や、山陰伯耆から山名氏が攻め込んだとき（康安元・正平一六〈一三六一〉年）には菅家党は抵抗しきれず軍門に下っている。そうした敗北の歴史のなかでも生き残った。

明徳の乱（明徳二・元中八〈一三九一〉年）でも山名氏に敵対する赤松方として登場する（『明徳記』）。乱後、山名氏が美作から撤退し、赤松氏が播磨・美作両守護になったときも同様だ。もともと両国は政治・軍事的につながるだけでなく、宗教的、文化的交流も多く、伝説や信仰、芸能の面でも共通するものが非常に多い。

室町時代に赤松氏が嘉吉の乱で失脚して再び山名氏が入国してきたときも、菅家一党は生き残った。なぜたび重なる戦乱のなかでも執拗に生き残れたのか。美作地方東部の那岐山系一帯の武家集団は「菅家党」という緩い党結合を保ちながら、生き残りのためにはそれぞれ独自の政治的行動を取っていたらしい（『岡山県史　四　中世I』、『岡山県中世城館跡総合調査報告書　第三冊　美作編』）。一方入部してきた他国の勢力も、現地支配を全うするには菅家党らにある程度の自主性も認めなければならなかったのだろう。

菅家党は生き残りのためには京都の幕府と直接結びつくこともあった。宗家と思われる有元民部丞は室町幕府奉公衆「五番衆　作州」と出てくる。一族とされる広戸氏も同様に室町幕府奉公衆に入り込んでいる（渡邊大門「美作地域における奉公衆の研究」）。中国地方の内陸部にあるが、京都とは山陽道ではなく美作・播磨・摂津などを通る内陸の道でつながっていて、これが案外太いルートとしてあった。

菅家一党の各家は諸説あるが、一党の中心が高円に本拠を持つ有元氏であったことは諸説ほぼ一致している。有元宗家は、江戸初期、藩主森氏が初めて美作に入国したときすでに名前のあがる九人の「大庄屋(おおじょうや)」の一人だった(美作の歴史を知る会・ふるさと歴史見学会『美作の大庄屋故地をたずねる』)。大庄屋とは中世では国人など小領主として地域に勢力を持ち続けた豪族だ。江戸時代には帰農したが、新たに入部した大名森氏は彼らの協力を得て津山の築城や城下町づくりをしたといわれている。個々の村を越えた、より広い範囲に藩の命令を伝達する役割を負っていた。

菅家宗家有元家の屋敷はつい最近まで大別当城を背にした、高円のうちでも一般の村民よりかなり高所にあった。高円はもとより、さらに南方を広く見渡せる位置だ。屋敷の前には通称門田とも呼ばれた田もあった(岡本美昭さん談)。地理上から見ても、いかにもこの地域のシンボル的存在であったことを感じさせる。

いつからこの地に屋敷を構えたのかは不明だが、同家に伝わる記録では、明暦元(一六五五)年の屋敷焼失に対して藩主森氏は即座に援助を決め屋敷再建がなったという(『美作高円史』)。屋敷内には当地方で有名な庭園もあった。水を直接那岐山から引いてきていた。将軍代替わりに幕府の巡検使が回ってきた際には、たびたびこの屋敷が正使の宿泊本陣として使われたという記録もある(『美作高円史』)。

中世以来有元氏がこの地に屋敷を持ったとすると、平時は屋敷での土地経営、戦時は右後方の大別当山の城に籠もるという役割の使い分けもあったのだろう。屋敷の横には今も高菅天満宮(高円の菅家を祀ることからの命名か)が祀られている。

図6-3　杉が乢には２体の地蔵、菩提寺の石碑が立つ。「因幡道」上の小さな峠の東西では歴史的にも地勢的にも大きな違いがあった。著者撮影。

ただし気になる中世戦国時代の史料がある。天文一四（一五四五）年の「播磨広峯社」御師家の文書に各地の檀那の名簿のようなものがある（「肥塚家文書五八号」『姫路市史 第九巻 資料編中世2』）。高円のすぐ隣の「関本」の文字の後ろに「有元備前守殿」と他に有元姓の殿原が三名書かれている。「殿」のつく殿原はこの名簿にたくさんいるが、それにさらに「守」のついた人物は他にいない。有元宗家の有力者が関本にいた可能性がある。

関本は名からして美作と因幡をつなぐ「因幡道」上の番所があったとされるところだ。現在国道はトンネルで東の小坂に抜けるが、元は関本から「杉が乢」と呼ばれる小さな峠を越えて小坂に抜けていた。この杉が乢から分かれて菩提寺に上る道があり（図6－3）、これが元は菩提寺の「正面道」とされていた

（『美作高円史』）。私が最初に菩提寺に行った二〇年前にはここから登った。もし中世有元宗家がこの麓に屋敷を構えていたとしたら、まさに菩提寺への登り口を抑えていたことになる。

以上のことからしても、有元宗家は歴史的にも菩提寺やイチョウにも強い関わりを持つ家だったと見ていいだろう。改めて享保五（一七二〇）年の事件を思い出してみよう。将軍、幕府よりイチョウの「こぶ」伐採を命じられたとき、祟りに怯（おび）える村人に対し伐ることを承認した三人の人物がいた。沢村与市、高円村庄屋、そして平左衛門なる人物だ。この「平左衛門」こそ大庄屋有元宗家の当主が継承する名前だった。菩提寺イチョウは菅家党の宗家有元氏の歴史とも深く関わりながら生きてきた木だということが理解できるだろう。

菩提寺の歴史を語る二つの史料を比較する

菩提寺の歴史については、古代・中世についてはもとより、事件の起きた一八世紀初めの享保頃まではごくわずかなことしかわからない。よく引用される『東作誌』には、寺の「略縁起」あるいは「寺記」に拠りつつ寺の由来、歴史と安置する本尊などが書かれている。「行基（ぎょうき）菩薩が草創し、行基が自ら彫った十一面観音を本尊とする」というふうに。また明治以降流布する縁起には役行者（えんのぎょうじゃ）（役小角（えんのおづぬ））を開基とするものもある。役小角も行基もどちらも七〜八世紀の人物だが、これについては後で考察する。とにかく菩提寺の草創は行基と役行者（役小角）が交錯しながら観音像とセットになって出てくる。

それに対して享保五（一七二〇）年の「吟味覚書」（以下「享保吟味覚書」と記す）では、イチョウの記述に続いてこう書かれている。どんな些細なことでも書き留めておくようにとの幕府の命令に応えたものだ。代官所手代の質問に対して村側が答えている。

問（手代）菩提寺は今から何年前に建立されたのか。

答（村人）開基、施主、宗旨どれもわかりません。本尊は観音だと申し伝えております。作者も大きさもわかりません。衰退してしまっていた頃にそれがどうなったのかはわかりません。

「享保吟味覚書」がいかに主観を交えず事実を書いている文書かは先の分析でわかっている。この問答で特筆しておきたいのは、記述態度の客観性だ。村側がわからないと答えたことはそのままわからない、不明な点は不明とする。手代も村人もどちらもお互い正直だ。当時の幕府下役人の聞き取りの姿勢が浮かび上がる。書かれたことには信頼性が出てくるのではないか。

『東作誌』も正木輝雄が現地を歩き、誠実に聞き取ったことを丁寧に書き留めた。土地に残る文献なども調査している。その態度は大いに評価すべきだが、二つを比べた場合歴史史料としてはどちらを採るべきか。幕府じきじきの調査のもとでの現に今生きている人たちの発言と、調査者本人がどれほど誠実であったとしても一〇〇年近く後の話の比較。これは明らかだろう。「わからないことはわからない」と書く段階から、徐々に固有名詞を登場させ、話が物語性を帯びる段階への変化がある。寺記・縁起はそれ自体重要だが、ここでは史実という面から、菩提寺の歴史を「享保吟味覚書」を主に、『東作誌』

は従にして見ていくことにする。

「享保吟味覚書」からは見えない歴史
寂室元光がいたかも

南北朝期から戦国時代にかけての一四～一六世紀あたりは、「享保吟味覚書」でも触れられていない。どのようにして菩提寺が衰退していったのか一切わからないとも書いている。一説には本尊や寺はすべて焼けてしまったが、「イチョウの木一本だけ焼けずに残った」と伝わっているとも。そこでここでは「享保吟味覚書」以外の史料を探し、断片的であっても少しは浮かんでくる歴史を記しておこう。

南北朝時代、寂室元光（じゃくしつげんこう）が一時期ここにいた可能性がある。元光は鎌倉末期中国・元に渡った留学僧の一人だ。嘉暦元（一三二六）年元から帰国後、備前・美作を中心に中国地方を遍歴した後、康安元（一三六一）年以降、最終的には近江佐々木氏の懇請を受けて愛知川（えちがわ）の上流に永源寺（えいげんじ）を開いた。常に権力から一定の距離を置いた高潔な人物と評されている（玉村竹二『五山禅僧伝記集成』）。

永和三（一三七七）年刊行の『永源寂室和尚語録（寂室録）』には、滞在した備前・美作の五つの寺名があがっている。その一つに「菩提」がある（『岡山県史　第五巻　中世Ⅱ』）。ただこれだけではいつ、どれくらい滞在したのか何もわからない。元光の出身地は美作国真庭（まにわ）郡高田（現、真庭市勝山）で、上京するときには那岐山を見ながらその南方を通る。美作出身者として早くから那岐山山中にある名刹菩提寺のことは意識のうちにあっただろう。近江永源寺に入る康安元（一三六〇）年以前のどこかで菩提寺に寓居したと思われる。山名氏の美作侵入の前後だろうか。

入元僧でもあったからイチョウ植樹との関係も考えたいところだが、私のイチョウ年齢の推測からすると時期は少しずれる。また彼が滞在した他の場所にイチョウの巨樹が残っていたり、植えられたという伝承も聞かない。元光の手による植樹とするには無理があるように思われる。

南北朝時代から室町時代の美作国は、赤松氏→新田義貞配下の江田氏→赤松氏→（南朝一統）山名氏→明徳の乱による山名氏失脚→赤松氏→嘉吉の乱による赤松氏失脚→山名氏→赤松氏→浦上氏→尼子（あまご）氏→毛利氏（以下略）というように目まぐるしく支配者が変わる。

そうしたなかでも菩提寺は寺阪五夫によると「□□院春□」と彫られた「応永九（一四〇二）年五月」の石碑があるという（『美作史跡名勝誌』一一四頁）。南北朝の動乱、明徳の乱を経ても菩提寺は生き残っていたことになる。

那岐山麓一帯の熊野信仰・広峯信仰

応仁の乱頃になると、文明一六（一四八四）年以前に菩提寺は熊野那智大社の檀（旦）那になっている。一檀那というだけでなく先達（せんだつ）にもなっていた。先達は那智大社参詣を希望する檀那を現地まで引率し案内していく役割で、熊野との関係が深い（『熊野那智大社文書二』）。修験（しゅげん）の場合が多く、菩提寺も那智参詣を繰り返す経験豊かな修験系の寺だったのだろう。享禄四（一五三一）年にも同様のことが確認できる（『同三』）から、美作における熊野信仰の一つの拠点だったと考えられる。

広峯社の御師の活動も活発だった。播磨を中心に摂津・丹波・但馬・因幡・美作・備前へと西に北に信仰圏を拡大している。広峯社は御師自らが現地に出向いて直接檀那を勧誘した。先にも触れたが那岐山麓豊田庄の村々の御師（おし）の宿所と檀那名等が記された名簿が残っている（『姫路市史』九、史料編中世二）。そのなかに「菩提寺の谷坊」（文明一四〈一四八二〉年）、「菩提寺の新坊」（天文八〈一五三九〉年）、「菩提寺たけもと坊」（天文一四〈一五四五〉年）などが姿を現している。

広峯社の檀那は時代が進むにつれてより広範囲かつ多数になっている。そうしたなかでは菩提寺の坊（子院）も一檀那にすぎず、熊野那智大社の先達として檀那を束ねるほどの大きな存在とはなっていない。尼子氏の侵入によって菩提寺が全焼したとされる天文二（一五三三）年以降には、山を下りて平地に移っているような例も見られる。この焼失は菩提寺の復興を阻害するほどの大きな影響を及ぼしたのかもしれない。

このように中世では、菩提寺は概して熊野や広峯など他地方からの布教を受け入れ交流する寺院だったようだ。しかしそれ以上のことはわからない。

怪異事件と修験者

享保五（一七二〇）年を起点にすると、その一〇〇年ほど前のことだ。中・近世の境目にあたる戦国末期のこととして「享保吟味覚書」にはこんなことが書かれている。快蔵という真言宗の山伏が庵を構え祈禱（きとう）を行っていた。娘が一人いたが、その娘が天狗につかまれ消えてしまった。それ以来快蔵も因幡に立ち退いていなくなったと伝わる、と珍しく怪異的事件を書き留めている。続けて「先年はこのような怪しい事件もあったが、最近はかわったこともありませんと土地の者は申しています」と書いている。まことにあっさりとしたものだ。しかし実はこの事件は美作地方ではかなり話題にもなっていたようだ。『東作誌』には怪談ふうの話としてより詳しく具体的に書かれている。

時は天正年間（一五七三〜九二）、快（会）蔵の出身は美作一ノ宮村の矢野氏。話は物語風になっているが、快蔵が山伏（修験）であること、その験力が周辺の村人を恐れさせる力を持っていたこと、しかしさらに強力な験力を持つ者（天狗）が現れ、快蔵は敗れて因幡に退去したという組み立てだ。話の骨格は「享保吟味覚書」と共通している。娘は引き裂かれて捨てられ、片袖だけがイチョウの枝にかかっていたという。イチョウの残酷な登場の仕方が目を引く。

戦国時代末期、菩提寺辺には修験者が住まいし、近隣住民にも影響力を持つ存在であったことは事実だったと思われる。この地をめぐり修験同士の勢力争いもあったようだが、菩提寺が伝統的に帯びる修験的性格はここでも貫かれている。

享保五年直前の二〇年間に何が起きていたか

怪異事件以後は変わったこともありませんと「享保吟味覚書」は書いた。では享保五（一七二〇）年の直前二〇年はどう書かれているか。次にひとまず年代順に表にしてみる。

不思議なくらい享保五年の二〇年くらい前からが詳しい。それ以前とは全く記述内容が違う。幕府関係者が現地に赴いて直接厳密に聞き取っているし、答えるほうもみな自分が経験した時代のことだ。知

享保5（1720）年直前20年の菩提寺

1701　元禄14	津山町禅宗香演寺玄海和尚、長五間横二間の庵一カ所建立。正観音安置。 庵守に家来八兵衛。 観音参詣者がときどき散銭。
1710　宝永7	「作州東三十三番観音巡礼札所」始まる。 観音二十六番札所になる。 初めて御詠歌が姿を現す。
1713　正徳3	江戸の伝通院内の裡諾（いだく）和尚が誕生寺の帰途、菩提寺の見分に来る。 沢村与市宅に止宿。 与市は菩提寺の取り立てを頼んだが、裡諾和尚は江戸に戻った後死去したため、話は立ち消えになり実現せず。
1715　正徳5	八兵衛の庵、強風に破損。 沢村与市、新たに石据え（柱の下に石を据える建て方）と掘っ建ての庵を各一カ所建てる。 以後沢村与市、高円村平左衛門などが寺の庇護者となる。 この年、庵とは別に与市が「堂」（茅葺き石据え、長二間横二間）一カ所を建立、以後修復も行う。 ここに正（聖）観音を安置し、古町真言健師深龍大和尚と津山香演寺玄海和尚を招いて入仏供養。今現在あるのはこれ。
1720　享保5	幕府の検分。 菩提寺イチョウに関する「享保吟味覚書」。

る限りのことを丁寧に答え、ごまかしているとは思えない。少なくともこの間のことは年代記風に具体的に記憶、記録されていて、疑う余地はほぼない。

この時期はちょうど元禄一〇（一六九七）年、津山城主森氏が改易されて幕府天領に変わった直後にあたっている。新しい支配体制が生まれ、幕府の代官や配下による現地への関心が強まり、改めて寺社などにも注目が集まっていたということは考えられる。

しかしそうした支配関係の変化とは性格の異なる別の動きが、菩提寺や在地に起きていたことをこそこの年表から読み取らなければならない。どういうことか。表から三つの問題を引き出し、K、L、Mとしてそれぞれに考察を行ってみよう。

K　菩提寺境内と仏像に起きた変化と庇護者の動き
L　浄土宗本山側からの視線――誕生寺とその先へ
M　「作州東三十三番観音巡礼」の開始――「作州東」とは何か

この時期、菩提寺とイチョウにいったい何が起きていたのか、これら三点に向き合ってみよう。

K　菩提寺境内と仏像に起きた変化と庇護者の動き

元禄一四（一七〇一）年　津山町禅宗香演寺玄海和尚が長五間横二間の庵一つを建立し、正（聖）観音を安置した。香演寺は「香寅寺」が正しい。曹洞宗で千光寺末、幕末に廃寺となっている（『東作誌』『岡山県の地名』）。なぜ津山の禅宗寺院が突然ここに登場するのかはわからないが、間違いなく存在した寺院だ。その玄海和尚が菩提寺に庵を建立している。「庵」とあるから寺としては簡易的。庵守に家来八兵衛を置いた。同時に正（聖）観音を安置している。参詣者もいて賽銭も出していたが、これは後に回す。

それから一四年後の正徳五（一七一五）年、八兵衛の「庵」が風により破損した。安置されていた観音も傷んだため沢村与市がこれを修復した。この年、「庵」とは別に与市が「堂」（茅葺き石据え　長二間横二間）一つを建立、ここに正（聖）観音を安置し直し、代官所のある古町の真言健師深龍大和尚と藩主松平氏の城下津山の香寅寺玄海和尚を招いて入仏供養を行った。深龍大和尚は古町仏頂山光明庵（現、円明寺境内）を建立した河内国生駒宝山寺の僧で、先の代官内山七兵衛が帰依していた。正徳段階の代官は前嶋小左衛門である（『大原町史』通史編）。史実としても矛盾はない。

享保五（一七二〇）年に代官所手代が百姓から聞き取りしたところ、「本尊は観音だと申し伝えております。誰の作か。大きさもわかりません。衰退してしまっていた頃にそれがどうなったのかもわかりません」と答えている。だから今回安置し直された「行基作」といわれる正観音はその不明になったものではなく、元禄一四（一七〇一）年に新たに香寅寺玄海和尚が寄贈し安置したものを指す。

重要なのは正徳五（一七一五）年には「庵」一つから、「庵」一つと「堂」へと寺が発展したことだ。「庵」はふつう粗末な小屋風のものを指す。以前は生活する居住空間としての「庵」の一部を借りて仏像を安置していたのだろう。そこに新たに「堂」が造られた。仏像を安置する専用の宗教空間が設けられたことになる。小さくても独立した仏の空間が生まれたことは大きな変化といえるだろう。

こうしたことがあったとはいえ、菩提寺には檀家というものがない。経済的には安定せず収入源といえば参詣者の賽銭くらいだ。これ以後、沢村与市、高円村平左衛門など在地の有力者が「やしない候」、つまり檀家ではないが「信徒」としてめんどうを見ていくことで寺は保たれることとなった。言葉を換えればバックアップが生まれたのだ。このことはとりもなおさず彼らの寺における発言権が強くなるということでもあった。

L① 浄土宗本山側からの視線——誕生寺とその先へ

正徳三(一七一三)年、江戸伝通院(でんづういん)の裡諾(いだく)和尚という人物が、法然上人の生誕地美作誕生寺に行った帰途「見分」のため菩提寺に立ち寄った。その際、沢村の与市宅に止宿。与市は和尚に菩提寺の「取り立て」を頼んだが、和尚が江戸帰還後間もなく亡くなったことで、この話は立ち消えになり実現しなかったと書いてある。ではこの「取り立て」とは何か。

そもそも菩提寺と高円の村人との間には、江戸幕府が創った寺檀制度上の寺と檀家の関係がない。菩提寺はいわゆる檀那寺ではなかった。だから村人との関係でいえば、寺請制度の外にある寺といってもよい。しかし江戸幕府のもう一つの寺院政策である本末体制下では、何宗で、本寺・末寺の関係をはっきりさせなければならなかった。ではこの頃菩提寺は何宗で、どこを本寺としていたのか。

図6-4　誕生寺山門(上)と御影堂(下)。山門は正徳6(1716)年、御影堂は元禄8(1695)年に再建される。いずれも2009年、著者撮影。

後の記録では「もともと本寺のない独立した一本山だった（『菩提寺古今録』）」といういい方もある。しかし徳川幕府が本寺・末寺関係を厳しく命じた寛文六（一六六六）年からは、真言宗京都嵯峨御所（大覚寺門跡）の直末ということになっている。寛永一六（一六三九）年という説もある（『菩提寺古今録』）。

要するに今問題にしている元禄・宝永・正徳・享保の頃、菩提寺はまだ浄土宗寺院ではなかった。大覚寺を本山とする真言宗末寺と位置づけされていた可能性がある。

そんな折、江戸小石川の浄土宗寺院「伝通院」内の一和尚が美作国久米郡にある誕生寺を訪れる。その帰り、草深い那岐山中腹にある菩提寺に「見分」のため立寄った。沢村の与市は裡諾和尚を自分の家に止宿させたのを機に、浄土宗への「菩提寺の取り立て」つまり転宗を依頼した。

しかしこのときは、江戸に戻った裡諾和尚が早く亡くなったことから実現しなかった。この一見小さな出来事も一歩踏み込んでみると重要な問題にぶつかる。

そもそも、なぜ伝通院内の一和尚がこの時期、美作国久米郡にある誕生寺にやってきたのか。誕生寺はよく知られているように法然の生誕地だ。元々ここには父漆間（うるま）時国（ときくに）の屋敷があったといわれている。熊谷直実がその跡地に寺を建て誕生寺としたという説もあるが、実は鎌倉時代後期の成立であったらしい（水野恭一郎「美作誕生寺についての若干の考察」）。いずれにしても鎌倉時代には存在していた。

その後南北朝時代から室町、戦国時代には史料もほとんどなく、かなり荒廃していたらしい。戦国時代末期から徳川江戸時代初期にかけては在地領主原田氏が大檀越（だんおつ）として手厚い外護（げご）を行った。関ケ原の戦い以降は、新たに津山に入った大名森氏の庇護を受け、寺領五〇石の寄進を受けている。その後も森氏の外護や家臣の助成などはあったが、大きな発展の動きは見られない。

誕生寺の歴史に大きな転機が訪れたのは元禄の頃だ。元禄六（一六九三）年江戸で誕生寺の法然上人御影（みえい）が御開帳（ごかいちょう）になった（『武江年表』）。京都でも開帳。この出開帳（でがいちょう）に集められた奉加金（ほうがきん）の一部によって二年後の元禄八（一六九五）年には誕生寺の御影堂（みえいどう）が再建されている（『誕生寺古記録集成』）。

当地方の大名森氏が改易になった元禄一〇（一六九七）年、法然上人は東山天皇から「円光大師」の諡号（しごう）を贈られた。幕府の主導によっている。さらに二年後の元禄一二（一六九九）年に誕生寺は幕府から寺領五〇石を寄進され幕府御朱印地となった。そして裡諾和尚訪問直後の正徳六（一七一六）年には山門の建造がなっている（図6－4）。このように誕生寺は元禄から正徳にかけて急速に寺の整備再建が進み、大きく発展していく様子がうかがえる。江戸における注目度もはるかに高まっていた。

もともと徳川幕府は、家康の出身三河松平の菩提寺大樹寺（だいじゅじ）が浄土宗であったことからも、幕府成立後、浄土宗に対しては特別厚く保護した。江戸では増上寺（ぞうじょうじ）を徳川氏の菩提寺として大本山とし、総録所を置いて宗務の最高機関とした。京都ではさらにその上位の象徴的存在として知恩院を総本山として保護。五代将軍綱吉はいっそう肩入れしている。

誕生寺の整備再建の動きは、元禄一〇（一六九七）年の津山藩主森氏の改易、一一年の松平氏の津山入城以前から始まっている。円光大師諡号よりもさらに少し前だ。その頃から大坂でも法然上人の「大坂講」が盛んになり出している（山本博子『法然上人二十五霊場への誘い』）。そうした中心都市部の関心の強さに支えられながら、美作誕生寺は発展を遂げつつあった。江戸伝通院から一和尚がなにごとかで

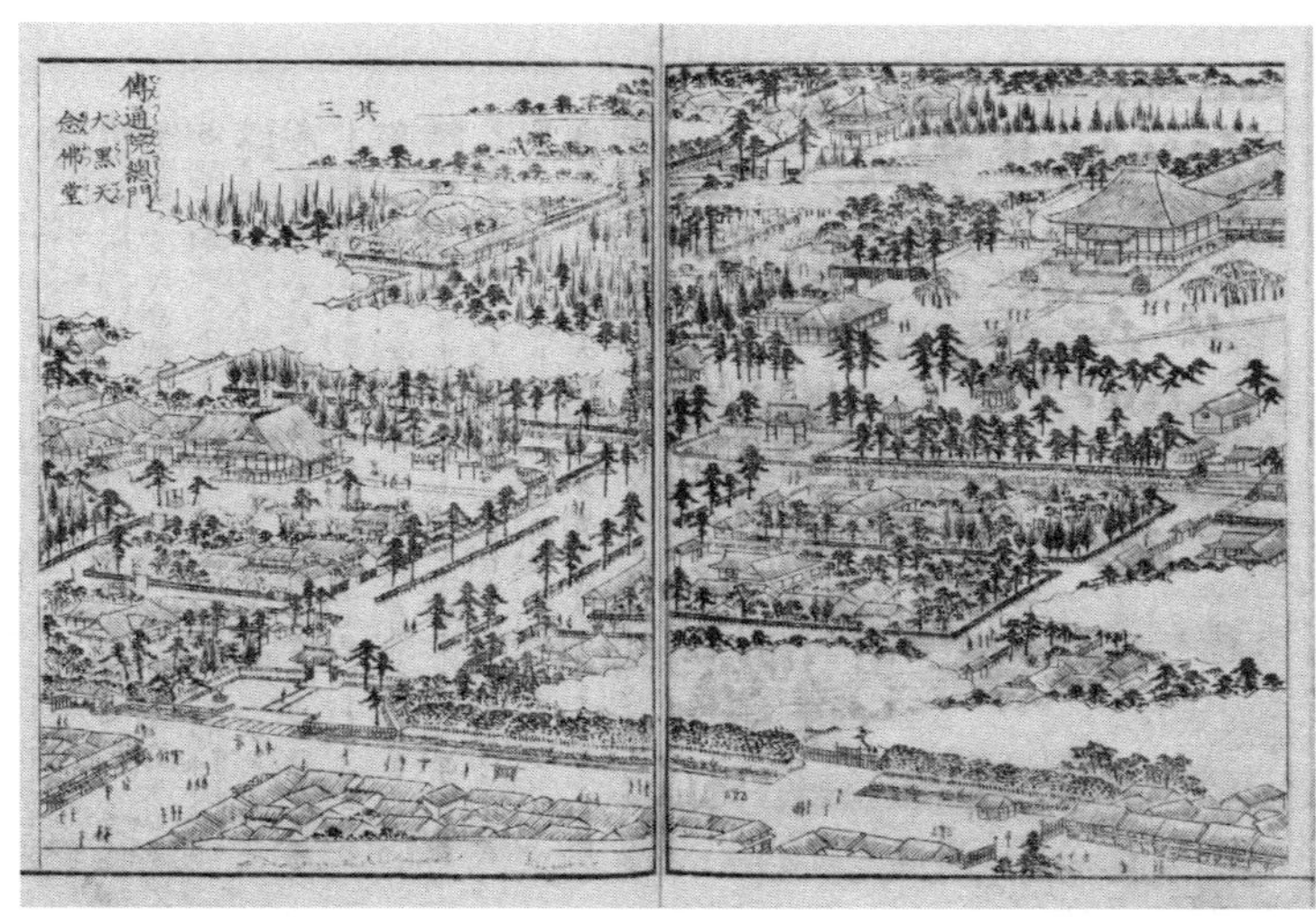

図6-5 『江戸名所図会』13「伝通院」(国立公文書館蔵)。広大な伽藍であったが、第２次世界大戦で焼失。再建されたが大幅に縮小されている。小石川台地の先端部にあり、地理的にも重要な場所といえる。

やって来たのはまさにそういう時期である。

L② 江戸小石川伝通院の登場から何を読み取るか

小石川にある伝通院は今でこそそれほど重要な寺とは見られていないが、江戸時代は「並」の浄土宗寺院ではなかった。徳川家康の母於大(おだい)の方(かた)の法名が「伝通院」であり、寺としての伝通院はその墓所にもなっていた。二代将軍秀忠の娘千姫以下の女性の墓も並んでいる。徳川家の強力な保護もあり浄土宗のなかでも特別な寺院として隆盛を誇っていた(図6－5)。

浄土宗の学問所でもある関東十八檀林の最高位に位置づけられ、伝通院の住職はすぐに大本山増上寺の住持になることもあった。さらに上位の京都にある総本山知恩院の住持に就任することもたびたびだった。それほど格の高い寺であった（『浄土宗辞典』）。浄土宗のなかでもトップクラスの寺院といえよう。その寺院の一和尚が、美作誕生寺やさらに山深い菩提寺にわざわざやって来ているのだ。

「裡諸和尚」を調べてみると、伝通院歴代住職のなかにその名は見あたらない。では当時「和尚」といえば伝通院内でどういう人物を指すか。伝通院の歴史をよく知る同寺の小笠原正和氏によると、伝通院山内に複数あった学寮のトップか、塔頭（たっちゅう）の住職クラスを指すという。彼らは直接大本山増上寺住職の意を受けて使僧として各地に赴くこともあったらしい。ここでもその可能性はある。つまり増上寺住職の命を受けて誕生寺と菩提寺に赴いた可能性だ。

いずれにしても伝通院の一和尚が誕生寺のみならず、さらに一歩進めて那岐山菩提寺にまで足を運んでいる。これは現地の復興だけではなく、浄土宗の中央においても何かただならぬ事態が進行していたことを推測させる。それはどういうことか。

L③　宝永八（一七一一）年は法然上人五百年遠忌

浄土宗では五〇年ごとに法然上人遠忌（おんき）法要が行われる。『新纂浄土宗大辞典』の年表を見る限り、戦国・江戸初期の混沌とした時代でもそれなりに行われていたようだ。しかし宝永八（一七一一）年の五百年遠忌は浄土宗の歴史においても特別な大遠忌であった（『知恩院史』）。

これより前、元禄一〇（一六九七）年に東山天皇から法然上人に対して「円光大師」という諡号（しごう）が贈

図6-6　増上寺三解脱門。元和8（1622）年再建。増上寺で江戸初期の面影を残す唯一の伽藍。2025年現在修復中。2024年、朝日新聞社撮影。

図6-7　知恩院三門。元和7（1621）年建立。威圧するような風格がある　2025年、高橋大樹氏撮影。

られている。浄土宗にとっては大変大きな出来事である。その経緯や当日の儀礼、集まった多くの群衆の様子などが絵巻三巻に描かれた（特別展図録『法然と極楽浄土』「贈円光大師号絵詞」）。この慶事は五代将軍綱吉の意向により、柳沢吉保らと増上寺住職の交渉によって決まった（図6－6）。それを天皇に伝え、天皇から円光大師号が与えられている。あくまでも幕府主導の勅許だった。

二回目の諡号は一四年後の宝永八（一七一一）年で、法然上人五百年遠忌に中御門天皇から「東漸大師」号が追加の形で贈られている。これ以降は五〇年ごとの遠忌で時の天皇から新たな「大師」号が贈られ、それは平成二三（二〇一一）年の現代に至るまで続けられている。法然のように現代までに八つの諡号をもらっている例は他の高僧には全く見られない。なぜこうした異例ともいえる天皇による諡号授与が浄土宗だけに存在するのかは謎だが、その解明は私の手には負えない。少なくとも現代にも続く遠忌ごとの天皇による諡号授与の慣例がこの五百年遠忌に始まったことだけは確かだ。

五百年遠忌は勅会として行われた。幕府の厚い支援を受けながらも天皇の命として行われたのである。江戸初期に定められた宮門跡（親王が門主となる）である知恩院宮がトップを務めた（図6－7）。法会の具体的な内容は『知恩院史』に詳しい。知恩院ではそのときの遠忌法要のやり方が「古式法要」と呼ばれる伝統となって現代にまで受け継がれている（「浄土宗総本山知恩院ホームページ　八百年大遠忌－大遠忌の歴史」）。経文に節をつけて唱える声明中心のものだという。ここにも五百年遠忌の画期的な特徴が示されている。

五百年大遠忌は徳川氏権力のもとでの浄土宗門内の秩序とアイデンティティーを固める大イベントで

あった。他の諸宗派に対してはもちろんのこと、浄土宗派内部でも、この遠忌を執り行った総本山知恩院のシンボル的位置と、幕府との関係を取り仕切った実質上の中枢増上寺の地位は揺るぎないものとして天下に示された。この体制は江戸初期以来すでに確立していたが、浄土宗には他に西山四派という別の派もある。こうした派をも圧倒し、知恩院・増上寺体制は格段に強くなったのである。

　宗祖法然の事績の見直しはこうした動きのなかで進められた。確認作業は上下を問わず始まっていた。美作誕生寺が急速に発展していくのは宗祖の生誕地であったからだし、菩提寺もその流れのなかにあった。法然のスタートとなった美作久米南条の生誕地と、長く研鑽を積むことになる比叡山との間をつなぐ少年期という重要な準備期間の場所だった。そうした場所と時間としての菩提寺への注目も始まっていたことになる。

　浄土宗中央での大遠忌の熱気の余熱が残る遠忌終了の二年後、伝通院の一和尚の菩提寺訪問が実現した。沢村の与市は裡諸和尚を泊め饗したのだろう。当然江戸や京都の浄土宗大本山・総本山の動向、幕府、天皇の関心を耳にする一方、自分たちの側からは菩提寺の浄土宗転宗の希望を伝えた。期待を託された裡諸和尚は江戸に戻って実行に移そうとしたのだろうが、間もなくして亡くなり、現地の要望はこのとき実現しないまま立ち消えになる。

　しかし現地では、沢村与市は菩提寺のなかに仏の聖なる空間、「堂」が必要であることを痛感したに違いない。二年後の正徳五（一七一五）年、先に見たように、これまでの「庵」に加えてより宗教的な「堂」を建て観音像を安置し直した。さらに菅家一党の宗家だった高円居住の大庄屋平左衛門（有元氏）

とともに、堂や庵を守る者が経済的に困ったときには「養う」存在、つまり檀家としてではなく、一信徒として援助する姿勢を明確にした。彼ら村落上層は時代の趨勢を的確につかむことができたのである。

改めて沢村与市や有元平左衛門が享保事件でイチョウの「こぶ」を伐らせる最終的判断をした事実を思い出してみよう。渋る百姓を説得し命令に従うことを決断したのは彼らだった。押し寄せる村の外からの政治的な圧力や宗教的空気と、狭い社会に生きる村人の保守的な意識との間にあってのぎりぎりの決断であった。

M① 「作州東三十三番観音巡礼」の開始――「作州東」とは何か

大遠忌が実施された宝永八（一七一一）年の一年前、宝永七年は「菩提寺イチョウの歴史」にとってはより記念すべき年だった。「享保吟味覚書」によると、この年「作州東三十三番観音順（巡）礼札所」が始まり、菩提寺は二十六番札所となっている。そこには観音霊場巡礼札所につきものの「（御）詠歌」が記されていた。

菩提寺の山路わけきて法（のり）の師の植しいてふのきとくをぞ見る
（植えしイチョウの奇特をぞ見る）

菩提寺の縁起や歴史を説くとき、常に引かれる有名な「法の師の植えしイチョウ」の御詠歌である。

「法の師」とは、もちろん教えを説いた法然上人その人のことだ。

近世になると、中世以来盛んだった西国三十三箇所観音霊場にならって全国各地にも独自の観音霊場巡礼札所がつくられた。「地方霊場」「写し（移し）霊場」と呼ばれ、本場の霊場を巡ったのと同じ御利益があるとされた。新城常三『新稿社寺参詣の社会経済史的研究』はそうしたものの事例を全国的に網羅し分析しているが、美作国ははっきりしない。岡山県立博物館に問い合わせてみたが、わからないとのことだった。

ところが「享保吟味覚書」には、美作国でも「作州東三十三番観音順（巡）礼札所」が宝永七（一七一〇）年に始まったと書かれている。『東作誌』に載る「菩提寺略縁起」には、「菩提寺は邦内の順礼が納経するところで二十六番にあたり、信心の男女がしきりに足を運んでいる」と書かれている。二十六番は「享保吟味覚書」と共通する番号だが、それ以上のことはわからない。

そこでもう少し丹念に『東作誌』をさらっていくと、英田（あいだ）郡林野保倉敷村・安養寺は「当国三十三所観音霊場第四番」とあり、続けて「西国巡拝三十三所を国中に定めたのは元禄一二（一六九九）年三月で、津山坪井町三郎右衛門という者が発起した」とも書かれている。美作国の西国巡礼は元禄一二年に開始されたことになる。「享保吟味覚書」には「作州東三十三番観音順（巡）礼札所」は宝永七（一七一〇）年に始まったとあるから、どうも二つは違うものと考えたくなる。

不思議に思ってさらに『東作誌』をめくると、「当国三十三所観音巡拝」「当国三十三所移（写）し第何番霊場」といういい方と、「国坂東何番札所」といういい方の二タイプがあることがわかる。

この疑問を解決する決定的なことが『白玉拾（しらたましゅう）』という史料に書かれていた（口絵参照）。正木輝雄が『東作誌』を執筆するにあたり、那岐山一帯の豊田庄および梶並（かじなみ）庄については皆木保実（みなぎやすざね）という人物が協力し、道案内した。その皆木が自分でも書いた記録が『白玉拾』という記録だ。現在津山郷土博物館が原本を所蔵している。

菩提寺のことは「国坂東二十六番」と書かれている。一九世紀初め頃は「国坂東」という言い方が定着していたのだ。「皆木山千月寺　国坂東二十四番」「谷山慶雲（けいうん）寺　国坂東三十三所二十五番」「養沢山隨泉寺　国坂東二十八番」といったように。

これで疑問が氷解した。美作国では元禄一二（一六九九）年に「西国三十三所観音霊場」、一一年後の宝永七年（一七一〇）に「坂東三十三観音霊場」が始まり、江戸時代を通して並存していたのだ。「享保吟味覚書」にいう菩提寺の「作州東三十三番」の「作州東」は「東美作」ではなく「坂東」のことだった。

平安時代、京都の公家社会の願望から生まれた「西国三十三番観音霊場」に対して、坂東三十三所観音霊場は武家政権が誕生した鎌倉時代初期に始まったといわれている。関東にも観音霊場巡礼を求める武家の願望から生まれたようだ。

ところが江戸時代のこのころ、美作の庶民の間では「写し西国巡礼」だけでなく、はるか離れた「坂東三十三所」を美作国内に写して回りたいという願望が生まれていた。江戸に政治の中心が移り、西国の美作でも関東への何がしかの憧れが高まり写し霊場が生まれたのだろうか。信仰的な面よりも物見遊山的な面が強かったともいわれる（『新稿社寺参詣の社会経済史的研究』）。いずれにせよ一国内に「西国」「坂東」二つの三十三箇所観音霊場が誕生し、美作国内を歩く人の流れが活発化していた。

M② 「法の師の植へしイチョウ」の御詠歌の登場

ここで重要なことは、このとき初めて「法の師の植しいてふ」の御詠歌が登場したことだ。「法の師」とは、もとより浄土宗開祖の法然上人のことだが、菩提寺イチョウと法然の関わりがここで初めて姿を現す。

「植へしイチョウの奇特」とは何か。少年勢至丸（後の法然）が叔父観覚得業（かんがくとくごう）のもとでの修学から離山して比叡山に向かうに際し、祈りを籠めてイチョウの枝を逆さに挿した。それがそのまま生長して目の前の巨樹になったという奇跡のことを「奇特」といっている。観音を祀る菩提寺への深い山道を分け来て、この目で法然上人が起こした大きな奇跡のイチョウに出会うことができた。一〇年後、幕府代官手代が調べ上げたあの「こぶ」（れんぎ）のたくさんついたイチョウだ。それを見た喜びとありがたさを詠（うた）ったのがこの御詠歌ということになる。

御詠歌にはその地を誉めて祈るという土地誉めの要素もある。このころすでに縁起のような話に固まっていたかどうかはわからないが、骨格はできていただろう。参詣者が共通の知識として持っていたものを掬（すく）い取り形にしたものが御詠歌であった。

見過ごしてはならないことがある。法然とイチョウの結びつきを語る最初の史料が、実は法然が唱えた阿弥陀信仰ではなく、観音信仰のもとで詠まれた歌だったということだ。「享保吟味覚書」では幕府手代の聞き取りに対して村人はこう答えている。「開基や施主、宗旨はわからないが、本尊は観音と伝わっている」と。寺の敷地に「観音堂跡」と伝わる七間四方の土地があるとも答えている。正徳五（一七一五）年、沢村与市はそこに「堂」を建てて正（聖）観音像を安置した。村人や参詣者にとって菩提寺は阿弥陀信仰ではなく、まずは観音信仰の寺であった。

ここに初めてイチョウが登場したことは、さらもう一つの重要な意味を投げかける。これまでイチョウと法然の話は近隣の村々では伝えられてきただろう。しかし美作国坂東観音霊場二十六番札所になった段階からは、近隣の狭い地域を越えて、広く美作一国規模で語られ共有されるものとなったのである。

菩提寺とイチョウに交錯するさまざまなまなざし

先にも紹介したが、「享保吟味覚書」は面白いことも書いている。これより以前、「檀那」と呼ばれた幕府代官前嶋小左衛門が菩提寺に登山したとき、「こぶ」を伐ってもらい受けたいと村人に要求した。しかし村人は「罰が当たる」と断ったと。

ところが今回は将軍直々の強い命令のため村人は抵抗し切れず、伐らざるをえなかった。地方の一代官程度ではいかに幕府権力を背景にしたとしても村人を納得させることはできなかった。しかし今回は違う。代官前嶋は将軍の命のもとに、執拗ともいえるくらい綿密に手代に命じて伐らせようとしている。代官前嶋のそもそものイチョウに対する関心、まなざしの強さを感じる。

宝永七（一七一〇）年、浄土宗の宗祖五百年大遠忌という非常に大きなイベントの前年に、「作州東三十三観音霊場札所」はスタートした。このときの御詠歌に初めてイチョウと法然の結びつきが詠まれていた。近隣の村々をはるかに越えた美作一国という広範囲に、イチョウと法然の「奇特」な関係は知られることになった。イチョウに向けるまなざしは観音信仰とともに一挙に広がった。

翌年には法然五百年大遠忌という、浄土宗としての最大級のイベントがあった。その前後、法然の誕生と成長にゆかりのある地が江戸や京都など浄土宗中央から注目を浴びる。美作国久米郡誕生寺を主としながらも、さらに勝北郡那岐山菩提寺にも視線が及ぶ。それにともない在地の側からも浄土宗への転宗の期待も高まった。

享保五（一七二〇）年、江戸の幕府から菩提寺イチョウの調査命令が出された頃は、このようにさまざまなまなざしが菩提寺イチョウに注がれていた。そこにさらに強烈なものとして向けられたのが八代将軍吉宗の個性的な視線だったといえる。こうして菩提寺イチョウとその周りは一挙ににぎやかになった。ただこのイチョウに関する関心がさらに一段と広がりを持つようになるには、もう少し先のことになる。

第七章　なぜイチョウの「祟り」は復活するのか――「菩提寺略縁起」の誕生

享保五年の事件は何人もが知っていた

元禄一〇（一六九七）年津山の藩主森氏が改易された後、高円は幕府直轄地となった。しかし五〇年後の延享四（一七四七）年には幕府領から小田原の藩主大久保氏の飛び地になる（『美作高円史』一四頁）。藩の出先機関である陣屋は久米郡西川に置かれた。本章は、高円が再び幕府領に戻る文化一〇（一八一三）年くらいまでの七〇年弱の大久保領中心の話になる。

大久保氏の領地となってから八年後の宝暦五（一七五五）年、大久保氏は支配下の東美作各領地に対して「寺社堂庵（並びに由緒）書上」の提出を命じている。村々では新規に調べて提出した（例、沢村随泉寺、沢村杉神社〈『豊沢誌』〉）。

しかし菩提寺のある高円村の場合は事情が違った。すでに享保五（一七二〇）年の幕府代官所の調査の写し（第三章一二七頁のA、B文書）を所持していたため、改めて調べ上げる必要もなく、「写し」の提出で済んだ。はるかに信頼性の高い幕府公認の文書だったからだ。高円村庄屋・年寄・組頭二名・百姓代の五名が署名して大久保氏の西川陣屋に提出している（一二七頁、C文書）。

享保五（一七二〇）年の事件から三五年経ってはいたが、この段階ではまだ村人の間に事件は共有されていた。直接文書を見たか耳から聞いて、おぼろげであったとしても知っていた者は多くいただろう。なぜそういえるか。

こんなことがあった。書上提出命令の三年前の宝暦二（一七五二）年、村では大久保氏に対し、新しい「高円村本田畑帳（ほんでんぱたちょう）」というものを提出している。これまでの本田畑帳は、その後の変動で貼りつけが多くなったためわかりにくくなっている。そこで村の「惣（そう）百姓」つまり全百姓が立ち会って点検し、「大小百姓や他村からの耕作者まで納得の上で提出した」（『美作高円史』所収文書一四頁）。庄屋・年寄・組頭二名・百姓代が並んで署名している。百姓代は百姓の代表だ。

こうした当時の村のあり方からすれば、問題の文書の内容を多くの者が知っていたとしても少しもおかしくはない。村のなかにはまだ享保の文書の写しが存在するのだし、事件を記憶している者もいただろう。事件がかなりの村人の間で共有されていたと私が考える理由だ。

「法然上人聖跡巡拝」始まる――五百五十年遠忌の翌年

「寺社堂庵並びに由緒書上」を大久保氏に提出した宝暦五（一七五五）年の六年後、宝暦一一年（一七六一）に京都知恩院で法然上人五五十年遠忌が施行された。このときは現地高円の菩提寺に対して本山やその周辺から特別な働きかけがあったという史料はない。

しかしこの遠忌は別の重要な動きを呼び起こした。五百五十年遠忌をきっかけに、翌宝暦一二（一七六二）年、岸誉霊沢は法然上人遺跡二五カ所を選び、実際に歩いて現地に赴き巡拝した。二年後にはそれをもとにした『円光大師御遺跡二十五箇所案内記』（略称『聖跡巡拝案内記』）が刊行された。法然上人の「聖跡巡拝」ということが始まったのである（伊藤唯真「法然上人遺跡の巡拝について」）。

西国三十三箇所観音霊場や四国八十八箇所霊場の巡礼、真宗二十四輩の巡拝を模したことは間違いない。ただ浄土宗内では、学問や形式に流れがちなその頃の傾向を批判して「法然に還ろう」という運動が起きていた。聖跡巡拝もその運動の一つと考えられる（伊藤唯真同前）。祖師法然上人に直接向き合い、祖恩に報謝し専修念仏の原点に還ろうとするものだった。

実はこの法然上人遺跡の巡拝は突然始まったわけではない。すでに十数年前の延享四（一七四七）年より前に、大坂にあった寺だけで法然の御影を巡拝する「円光大師廿五所廻」というものができていた。大坂の商人らが始めた「大坂講」が主体だという。霊沢は大坂講の主催者らと調整しながら二五の遺跡を選んだ（山本博子「法然上人二十五霊場と大坂講」、『法然上人二十五霊場への誘い』）。大坂がこの動きの発動地であったことは注目しておかねばならない。

霊沢が選んだ二五御遺跡（この段階では「二五霊場」とは呼ばれていない）は現在の岡山・香川・兵庫・大阪・奈良・三重および京都の各府県にまたがっている。ごく一部を除き関西地方に限られている。なかでも大坂、京都という上方が中心であった（図7－1、図7－2）。

菩提寺は『聖跡巡拝案内記』が示す二五の御遺跡のうちに独立した形では入っていない。二五という数にこだわり無理に押し込まざるをえない事情もあったようで、「一番誕生寺」のなかに含めて書かれ

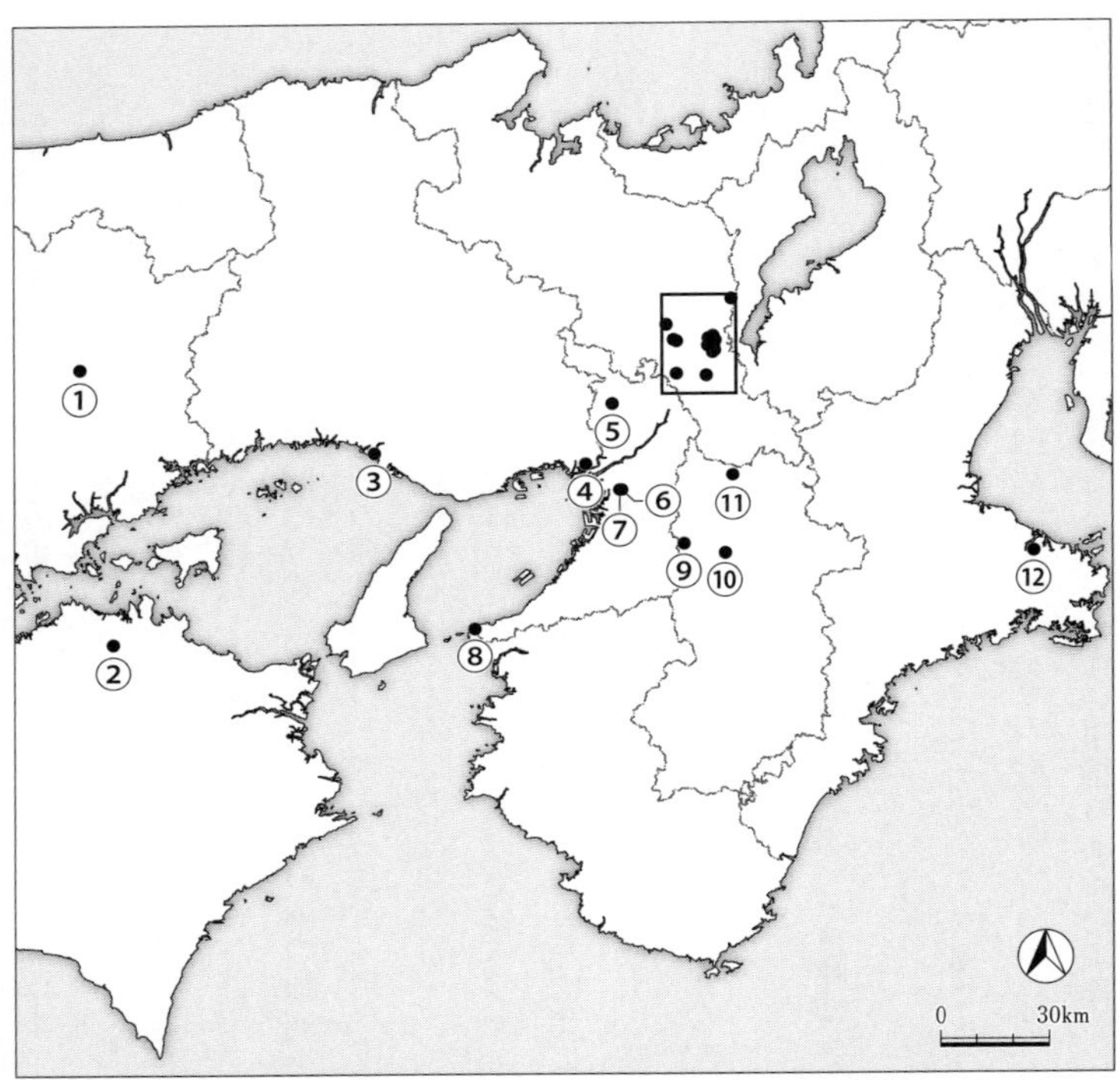

図7-1　法然上人二十五霊場。巡拝を始めた当初は「二十五御遺跡」であったが、いつの頃からか、二十五霊場と呼ばれるようになった。一部を除き、京都、大坂とその周辺に集中している。
①誕生寺②法然寺③十輪寺④如来院⑤勝尾寺二階堂⑥四天王寺阿弥陀堂⑦一心寺⑧報恩講寺⑨當麻寺奥院⑩法然寺⑪東大寺指図堂⑫欣浄寺
図中の四角囲みの部分の拡大は次の図7-2。

ている。このやり方では無理があるとして、後の時代には二五にとらわれない「御遺跡」のなかに選ばれ、独立した記述にもなった。

第一番誕生寺のなかに含められた菩提寺はこうある。まず「杏木（きょうぼく）山菩提寺は勝北郡高円村の山上にある。作州三十三箇所観音巡礼の札所だ」と書いた後、誕生寺から津山を通り、因幡道に入ってそこから高円村までの道順を丁寧に書く。誕生寺から八里（三一・四キロ）。ここでは誕生寺が出発地点となって

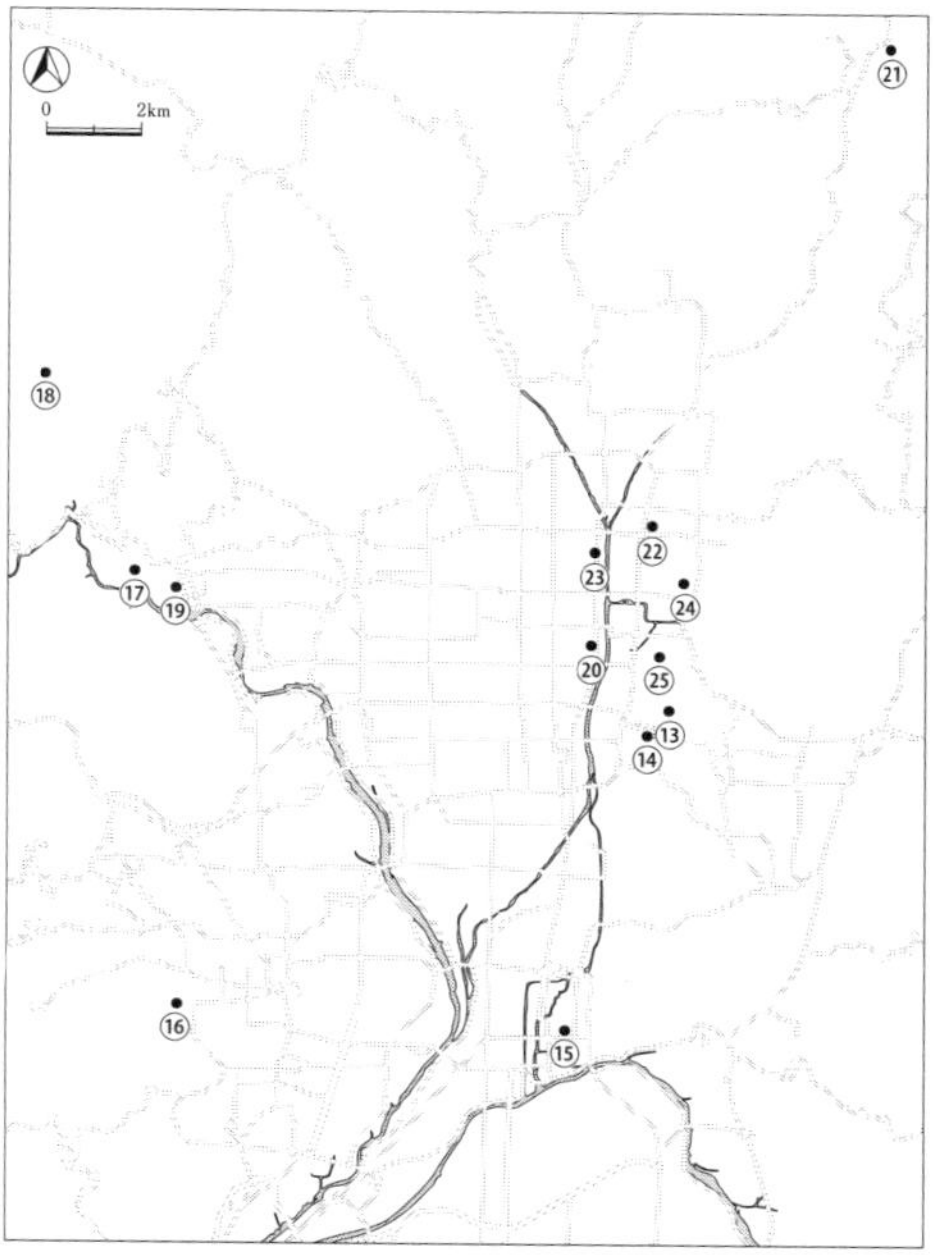

図7-2　京都市内の二十五霊場
⑬清水寺阿弥陀堂⑭正林寺⑮源空寺⑯光明寺⑰二尊院⑱月輪寺⑲法然寺⑳誓願寺㉑勝林院㉒百万遍知恩寺㉓清浄華院㉔金戒光明寺㉕知恩院

の道のり、道筋が書かれている。

ちなみに大坂から播磨佐用を通って美作誕生寺に至る道順も非常に詳しい。霊沢が自分の脚で歩き、道のりを確かめ、地形の特色もつかんでいたことが十分理解できる。途中の「かつまた（現、勝央町）」で高円菩提寺に向かう因幡道が分かれることにもふれるが、まずは誕生寺に向かっている。

菩提寺についてはさらにこう言う。


この寺は円光大師（法然）の伯（叔）父観覚得業の御遺跡だ。昔は大伽藍だったという。今も礎や山門の跡などが残っている。大師が御幼少のときに、手習い、学問をされた所だ。寺は退転してわずかにみすぼらしい観音堂があるだけで、今は京都嵯峨の大覚寺宮の管轄になっている。

山上に大木のイチョウがある。すりこ木の形にこぶがぶら下がり、五、六尺（一・五〜一・八メートル）にもなっている。世間ではこれを雷木イチョウといっている。大師が幼少のとき、雷木を地面に挿してお誓いなされたということだ。こうした例は四国の阿波十二番の焼山寺に行く山中にも弘法大師の楊の木というのがあるが、弘法大師が楊枝を挿されたものが大木の楊となった。こうした例は多く、権化の技は不思議でもなんでもない。

「二十五御遺跡」は何を基準に選ばれたのか

そもそも「御遺跡」は何を基準に選ばれたのか。伊藤唯真氏はいう。単に歴史的にゆかりがあるとか、伝承があるということだけで選ばれたわけではない。法然上人が自ら彫った像、あるいは筆で描いた「御影」などの尊像、さらに上人自ら書いた「南無阿弥陀仏」の名号が必要だ。これらによって「流れの源」に帰ることができる。この目に見える上人の直接的な「しるし」、つまり霊宝を通して直接法然上人に触れられる寺院を「御遺跡」と呼んでいると。

では菩提寺はどうか。『法然上人行状絵図』には叔父観覚の菩提寺で学問をしたとはあるが、尊像や真筆の名号といった「しるし」そのものは残っていない。観音像を安置するお堂も粗末なものだ。にもかかわらず「御遺跡」に含められたということは、菩提寺には他の寺院にはない特別な「しるし」があったからに違いない。それがイチョウだ。上人自らが子どものときに挿したイチョウが巨大な木となって目の前に厳然として存在している。

しかも重要なことは、ここはすでに始まっていた美作坂東三十三番札所にも選ばれ、例の御詠歌の札が貼られていたことだ。『聖跡巡拝案内記』の著者霊沢は二十五御遺跡については、「法然自詠の歌」のみを書いているから菩提寺の御詠歌は載せなかったが、札所には歌は貼られていただろう。その御詠歌通りの疑いなき「しるし」がイチョウだった。誰もがそう信じて疑う者などいない。この「しるし」に直接触れることで法然上人と向き合い、祖恩に感謝することができる。こうして菩提寺は「御遺跡」となったのである。

聖跡巡拝という現地に赴く行為は、京都や江戸での五〇年ごとの遠忌法要と相まって、よりいっそう法然の教えを民間レベルにまで広げることとなった。菩提寺と「法然の植えたイチョウ」も、美作坂東三十三箇所札所の一つというローカルな美作世界を越え、今や大坂、京都など大都市の浄土宗信徒にまで一挙に知名度を高めることになったのである。

『東作誌』が犯した錯誤――不可解な「寺記」はなぜ生まれたのか

法然上人五百五十年遠忌から五四年後の文化一二（一八一五）年、東美作地方最大の地誌『東作誌』が成立する。編者正木輝雄は自分の足で歩き土地の古老・役人・寺院などから丁寧に聞き取った。写し取った文字史料も多い。現在もなお当地方の最も頼りになる地誌として重用されている。それだけに内容はよけい慎重に扱わなければならない。

『東作誌』は菩提寺について二つの全く異なる由緒、由来を載せている。一つは「寺記」と呼ばれるもの。もう一つは「菩提寺略縁起」と題のついているもの。これが菩提寺の理解に混乱を生んでいる。以下それぞれについて検討してみよう。まずは「寺記」。

当寺は鑑真和尚が再興した。本尊は観音立像で長は八尺。二軀体ある。昔、寺主が尊像をつくろうとして祈ったところ化人（人の姿をした仏）が現れ、烏臼木（はぜのき）を剪って本木（根元に近い方）と末木（先端に近い方）に分け、二軀の仏像の御衣木とした。化人が言うには「自分は七日のうちに造り終えるからその間は決して見てはならぬ」と。ところが寺主は待つことができなくなり、三日目に覗き見をした。すると化人は忽ち消えていなくなってしまった。残された像は本（元）

木の方は顔はできていたが、その他は完成せず、もう一方の末木の方は足だけができて、他は未完成のままだった。

しかし二体の霊験はまことにあらたかで、当国の人漆（間）時国が子どものいないことを嘆いてこの観音に祈ったところ、奇瑞があって男子が誕生した。これが源空（法然）上人だ。上人は七歳から一五歳まで（あるいは一四歳まで、あるいは一三歳までともいう）この寺で学問に励んだ。

「寺記」には寺の開基は書かれていない。奈良時代の鑑真が再興したという。仏像はどうか。本尊は「民話」や「神話」によくある「見るなのタブー」を破ったためにできた、それぞれ不完全な二体の観音像だという。それも八尺（二・四メートル）二体というからかなり大きい。こんな仏像の話は、今に語り継がれている菩提寺の縁起には全く登場しない。不可解というほかない。

法然誕生の話については、菩提寺の観音に祈ってできた子ということで、法然は「菩提寺観音の申し子」ということになる。これはその後の縁起とも共通する。ちなみに有名な『法然上人行状絵図』では仏神に祈ってできた子という簡単な説明しかない。

「寺記」の印象は、先に見た「享保吟味覚書」の内容とは極端にかけ離れているということだ。これ以降に出てくる菩提寺の縁起、伝説とも「観音申し子」を除いて共通するところはない。イチョウの話も全く出てこない。『東作誌』が載せるこの「寺記」には解せないことがあまりにも多すぎる。

不可解な「寺記」とほぼ同じ内容のことが『美作風土略』（『吉備群書集成第二輯』）という書に書かれ

ている。一八世紀半ば頃の成立と考えられている（『岡山の古文献』）。「菩提寺は山号を岩間山と号す。高円村にある。本尊は観音立像で、長は八尺、二軀体ある。開基は役行者で鑑真和尚が再興した」と始まり、それ以下は先の「寺記」とほぼ同文だ。どうやら「寺記」は『美作風土略』を下敷きにして書かれたらしい。

疑わしいのは菩提寺の山号を「岩間山」とする点だ。こんな事実は菩提寺の諸史料に照らし合わせてもない。「槁木山」「光北山」「光木山」「杏木山」「高貴山」、いずれも「こうぼくさん」「こうきさん」「きょうきさん」「こうきさん」というように、漢字は違ってもよく似た音で共通している。そこに収まらないのが「岩間山」だ。不可解さを解くカギがここにあった。

先に見た霊沢の『聖跡巡拝案内記』の「第一番」は誕生寺、その後ろに一緒に二つの寺がつけられている。誕生寺に関連する寺だが、どちらも距離的に少し離れていた。その一つが菩提寺であり、もう一つが岩間寺になる。「岩間寺」は正式には「岩間山本山寺」という天台宗の古刹だ。誕生寺の東一〇キロほどのところにある。役行者の修行の地といわれ、鑑真が復興したと伝わる。法然上人は父漆間時国夫妻が岩間観音に祈ってできた子ともいう。まさに「寺記」の内容と一致する寺だ。

この一致をさらに決定的にするのは『聖跡巡拝案内記』の岩間寺の本尊二体の描写だ。「寺記」『美作風土略』のそれと同じ。明らかに『美作風土略』は第一番誕生寺の後ろにつく二寺を一緒にしてしまい、菩提寺のところに岩間寺の記事まで含めてしまったのだ。完全な間違いを犯している。それに気づかないまま『東作誌』の「寺記」も岩間山本山寺、つまり岩間寺のことを菩提寺の縁起、伝承として書くという決定的な錯誤を犯してしまったのだ。菩提寺について全く異なる話が二つあるという不可解さの正体はこれだった。早急に改めなければならない。

『東作誌』に載る「菩提寺略縁起」

もう一つが「菩提寺略縁起」（以下「略縁起」とする）といわれるもの。明治、大正、昭和と少しずつ変化しながら現代も使われている縁起だ。内容としてはすでにこの「略縁起」にほぼ出尽くしている。イチョウの記述もここにある。

次に「菩提寺略縁起」の内容を箇条書きにしてみよう。

ア　奈良時代聖武天皇の御代、行基の草創で、行基自ら十一面観自在菩薩の尊像を彫って中堂に安置した。

イ　堂塔、僧房など三六の坊舎が立ち並び、数百年にわたり繁栄した。

ウ　その後、寺が衰微して悪蛇などが人々を困らせたが、観覚得業が呪力によって奇瑞を起こしこれを除いた。有元某が深く帰敬し、伽藍を興して寺を繁栄させた。

エ　観覚得業上人の外戚久米郡の漆間時国は跡継のないことに心痛し、菩提寺の観音に対し「子を授かり、仏弟子とさせていただきますように」と祈った。

オ　誕生した子が円光大師（法然）で、大師は九歳から一三歳までこの寺で学んだ。

カ　苦学の合間にイチョウの木の枝を伐って観音像に誓った。「我が仏法が末世に至って予想通り盛んになるならば、この木を逆さまに挿したとしてもきっと根づいてともに栄えることだろう」。そう言って挿したイチョウの枝が、今や数囲（かこい）の大木となって現存している。

キ　あるとき木樵がイチョウの木の枝をやたらと伐り採ったところ、たちまちのうちに悶絶（もんぜつ）して死んでしまった。きっと霊木を擁護する神鬼がいるのだ。

ク　その後、数度の火災のために建物は残らず焼けてしまい、草堂一宇だけが残った。

ケ　法師快存が一時住持を務めたが、ここに住み続けることがむずかしくなり、本尊だけを草堂に残して立ち退いた。

コ　その後美作国内の巡礼納経の札所になったことで、二十六番札所として信心の善男善女が盛んに訪れている。

問題にすべきところはいくつもあるが、ここでは四点のみ指摘しておこう。

一　開基が「行基」、仏像が「十一面観音像」という組み合わせは、現在の縁起も採用するところだ。ところがこの文化一二（一八一五）年の時点で菩提寺に安置されている観音像は、元禄一四（一七〇一）年に津山の禅宗香寅寺の玄海和尚から贈られた「行基作」の「正観音」のはずだ（「享保吟味覚書」）。それがここでは「十一面観音像」に変わっている。なぜかはわからない。

二　観覚上人の庇護者がほんとうに「有元某」なら、美作菅家が菩提寺の興隆に深く関わったことになる。「有元」氏は江戸時代も寺の有力な信徒ではあったが、縁起に直接有元の名が現れるのはここだけだ。何を意味するのかは即断できない。

三　法然は「観音申し子」であり、誕生の暁には家を継がせるのではなく、仏弟子にさせることを父は約束している。『法然上人行状絵図』には神仏との約束というところはない。懐妊した妻に夫時国が語る言葉は「きっと男子で立派な僧になるだろう」というくらいだ。「略縁起」以降「観音申し子伝説」が拡大していく。

四　法然上人の由緒あるイチョウの枝を分別なく伐った木樵に対し、たちまちのうちに悶死するという強烈な「祟り」が発生する。霊木を守護する神鬼によるものだという。

この四点で今最も注目するところは四だ。イチョウの枝を伐った木樵に対して強烈な「祟り」が発生し、たちまちのうちに悶死する話になっている。享保の事件のときも、村人は枝のこぶを伐ることをひどく恐れていたが、結局は伐っても「祟り」は起こらなかった。もとよりこの結果は代官手代の伐った直後の報告だから、村ではその後、数年、数十年経って祟りが発生したということがあったかもしれない。しかし伐った時点ではとにもかくにも平穏に終わったことになっていた。

ところがこの「略縁起」では、枝を伐った木樵は峻烈(しゅんれつ)な祟りで悶死した。霊木のイチョウを守る神鬼がいたという。霊木イチョウの祟りが復活しているのだ。

「菩提寺略縁起」成立のカギは「勧進」にあり

『東作誌』によると、「菩提寺略縁起」は高円村里正（庄屋）森安氏の「書」を新野山形村の医師有元泰蔵が写し、それをさらに『東作誌』編者の正木が転写したのだという。新野山形村は那岐山系（東から那岐山、滝山、広戸仙、山形仙）の最も西の山形仙の麓にある村だ。ここで写された書き物のもともとの出どころとされる「高円村庄屋森安氏」に注目する必要がある。

昭和の初め、津山大信寺の住職藤崎信哉は京都にある佛教専門学校（現、佛教大学）の出版部から依頼を受け、「菩提寺史及立石家譜」という論文を書いた。そのなかで「宝暦七（一七五七）年丁丑暦三月」「森安昌豊」の書いたという「菩提寺略縁起勧化序」というものを紹介している。原本は秘蔵されているということで調べた藤崎も見ていない。

それによると、宝暦五（一七五五）、六年両度の大風で菩提寺の草堂が壊れ、御尊像にも雪が降り積もってすべて破損してしまった。一郷の力だけではどうしようもないので、信徒の方々の力を借りてまずは高円の村のなかに仮堂を建て、正式に堂が建立されるまでひとまず御尊像を安置したと書いてあるらしい。

文意がややあいまい、かつ原本を見せてもらえなかったなど出典の点でも不安は残る。しかしここでは「菩提寺略縁起勧化序」というように「菩提寺略縁起」の語が確認できることと、「勧化序」という言葉に注目したい。「勧化序」は「略縁起」成立のカギになる言葉だからだ。「序」は「何々の趣旨」というくらいの意味でいいから、「勧化」が重要だ。

「勧化」は「勧進」ともいい、寺院や仏像などの新造、修復、再建等のために浄財の寄付を集める行為をいう。菩提寺の草堂と仏像が大被害を被ったことで、信徒らに寄付の協力を呼びかけているのである。確かに宝暦五（一七五五）年八月二四日、津山地方に大風が、六年九月一六日に美作では大風雨があった（『岡山県通史』「玉置家記」「風水届書」）。菩提寺でも大きな被害を被ったことは事実だろう。

被災による復興修理、再建という場合にはしばしば「勧進」が行われた。その際寺社の由来や尊像のありがたさなどを書いた「（略）縁起」のようなものが必要になる。勧進と縁起成立とはセットとして組み合わされることが多い。ここでも復興資金集めのため、「縁起」をごく簡略化した「ちらし」のような「略縁起」が用意されたことは十分考えられる。新野山形村の医師有元泰蔵が持っていた「菩提寺略縁起」の「写し」（『東作誌』）というのは、高円村だけでなく、より広く那岐山系の山麓周辺の村々にも呼びかけられたその証拠ではないか。

宝暦七（一七五七）年「菩提寺略縁起勧化序」を書いたとされる「森安昌豊」と、『東作誌』「菩提寺略縁起」のいう「高円の庄屋森安氏」、それに宝暦五（一七五五）年大久保氏に「寺社由来」の書き上げを提出したときの「高円庄屋九左衛門」、この三者の関係が知りたいところだ。残念ながら今はそれを果たせないが、「森（守）安」という名は記憶しておく必要がある。これから先の高円と菩提寺イチョウに最も要ともなる人物、かつ家として森（守）安氏が登場するからだ（「守」と「森」の区別は厳密ではなく江戸時代には混用されている）。

菩提寺イチョウに関して、「略縁起」とは別に『東作誌』にこんな話も載っていた。豊福鵲巣という人物の書いた『現の夢』に載る話だという。前は略されている。

このイチョウの根元に空穴があってミツバチが巣をつくっていた。高円村の民で市介岩吉という者が斧をもって伐り開き蜂の巣をすべて取ってしまった。その後岩吉は気持ちが悪くなり、背中に蜂の巣のような穴が開いたり、あるいは「誕生寺の法然上人を知らないか」とわめいたりしてとうとう死んでしまった。享保年中のことだという。

筆者の豊福は何者かわからないし、書名も知られていない。そこで「豊福」という珍しい姓と「享保年中のこと」という年号、「高円村の民」に注目してみよう。

豊福氏は中世では播磨赤松氏の配下にいた。近世では播磨との国境にある美作国吉野郡古町のすぐ南の「下町」の庄屋に「豊福氏」がいる。高円を支配した幕府代官所のあった古町は享保一八（一七三三）年火災で焼けたため、代官所はすぐ南の下町に移った。

「享保年中」という菩提寺イチョウにとっての特別な年号がわざわざ書かれている。「高円の民」と結びつければこの話は菩提寺イチョウを指しているのだろう。そうすると、これは享保の調査に直接関わった幕府代官所手代からの情報をもとに、下町庄屋豊福氏の周辺から生まれた話ではないか。全く異なる内容に変質しながらも、高円の菩提寺イチョウの祟り伝説が新たに流布されていたことがうかがわれる。

重要なことは、この章の最初に見たように、宝暦の頃は享保の一件を語る歴史的史料もまだ村に残っていたということだ。イチョウのこぶが伐られても「祟り」が起こらなかったことをかなりの村人は知っていた。それでも「略縁起」をつくるときには「祟り」の話が堂々と復活している。史実は史実、縁起は縁起、両者は別物として併存することができたわけだ。この併存という事実が極めて重要だろう。

縁起は史実とは異なり、村人が受け入れられる「物語」だ。行基による寺の開基と十一面観音の彫像に始まり、繁栄の後の衰退、観覚得業の呪力、法然の誕生、菩提寺での修学と離山、叡山での修行の後の浄土宗の繁栄、それらは目の前にある少年勢至丸が植え、今や巨木となったイチョウが証明してくれている。これらすべてを織り込んだ菩提寺の物語、これが「略縁起」の世界といえるだろう。

菩提寺のイチョウはこうした法然上人の「しるし」となる特別な霊木だ。その木を伐って霊威、神聖さを冒した者には必ず祟りがなければならない。これが縁起を生み出す村側の発想であり論理であった。祟りが起きなかったという「史実」は、あくまでも幕府権力から強制されたものだ。江戸の幕府代官に提出された「調書」のなかに記された「史実」でしかない。村の側から自主的に生まれたものでない以上、村の物語に取り入れる必要はない。

しかもこの「略縁起」は、風雨で大きな被害を被った菩提寺の草堂と仏像復興のための勧進に用意されるものだ。一高円村を越えて、勧進を呼びかける那岐山麓一帯の人々にも霊威は届かなければならない。享保の史実はたとえ知っていたとしても、そういうものは無視する。村の中心にいた人物、きっと森（守）安氏だろうが、彼はその覚悟で「菩提寺の物語」「略縁起」を書いたのだった。

『白玉拾』が描くイチョウの絵

正木輝雄が『東作誌』を書くために各地を歩いていた文化の頃の菩提寺イチョウの絵が津山郷土博物館に残っている。『白玉拾』という、先に美作国に「国坂東観音霊場」のあることを教えてくれたユニークな在地の史料だ。正木の資料（史料）収集を手伝ったとされる皆木保実の書いたもので、そこに菩提寺イチョウの絵も描かれている（口絵参照）。

これより一〇〇年前の「享保吟味覚書」では詳しい数字が幕府に報告され、同時に精密な絵が江戸に送られた。現地に「写し」は残されなかったため本書では数字を基にイラスト化を試みたが、皆木も絵にしたい衝動に駆られたのだろう。「デン木ノ数　大小百三四十」の文字があるから彼も異様な「デン木（擂木・すりこぎ・練木）」を読者に示したかったに違いない。

しかし絵はあまりに印象に頼りすぎてリアリティに欠ける。ただ注目しておいていいのは絵に付けられたもう一つの文字だ。「この枝根を出したり　巡二尺ばかり」とある。これはいったいどういうことか。ここでは疑問の提示のみにとどめ、その意味するところは後に解明することにしよう。

「史実」は消える

宝暦からさらに六〇年後の文化一二（一八一五）年に正木輝雄は『東作誌』を書き上げた。しかし彼は「享保吟味覚書」の文書は見ていない。存在も知らない。きっとこの時期の高円の村人も同様だっただろう。「享保事件」の経験は時間の経過とともに村人の意識からは完全に落ちてしまっていた。当の文書は在地のどこかに必ずあったにもかかわらず、人々の前から姿を消した。それに反比例するかのように、「菩提寺略縁起」という菩提寺の物語が人々の意識に定着していった。

享保から宝暦を経て文化に至るまでの八〇年の間には、元文四（一七三九）年、高円を含む勝北郡で幕領百姓の「非人騒動」と呼ばれる大きな百姓の騒動があった。高円や周辺村からも処分者が出、庄屋もお咎めを受けている（『岡山県史第七巻　近世Ⅱ』）。凶作の年の幕府代官の厳しい年貢の取り立てや富裕層農民に対する反発であった。代官所の力だけではいかんともしがたく、津山松平藩の武力に頼って鎮圧しなければならなかった。百姓間には貧富の差があり大きな緊張関係も生まれていたのである。

その後延享四（一七四七）年、領主は幕府直轄から小田原大久保氏に代わっている。宝暦二（一七五二）年には高円村の「本田畑帳」が新しく書き直された。同五（一七五五）年「寺社堂庵（並びに由緒）書上」の提出等のこともあった。文化一〇（一八一三）年までの六六年間は大久保領で、その後また幕領に戻っている。こうしたことは『美作高円史』にも切れ切れに書かれているが、現在原史料に接することができないので詳しい歴史はわからない。

天領・大久保領時代の高円と菩提寺

天領	1697 元禄10	美作の大名森氏改易。高円村、幕府直轄地となる。
	1720　享保5	幕府代官手代「享保吟味覚書」提出。
	1733 享保18	幕府代官所、古町焼亡により下町へ移転。
	1739　元文5	非人騒動。高円庄屋もお咎め。
大久保領	1747　延享4	高円村、幕府領から小田原大久保氏領になる。 これより以前大坂講「円光大師二十五所廻」始まる。
	1752　宝暦2	高円村庄屋ら、大久保氏に「高円村本田畑帳」提出。
	1755　宝暦5	大久保氏、高円村等に「寺社堂庵（並びに由緒）書上」提出を命じる。 大風、菩提寺草堂を壊す。
	1756　宝暦6	大風、さらに菩提寺草堂を壊す。
	1757　宝暦7	森安昌豊「菩提寺略縁起勧化序」執筆？
	1761 宝暦11	法然上人五百五十年遠忌、於知恩院。
	1762 宝暦12	岸誉霊沢『円光大師御遺跡二十五箇所案内記』完成。
	1764 明和元	『円光大師御遺跡二十五箇所案内記』刊行。
天領	1813 文化10	高円村、大久保氏領から幕府領になる。
	1815 文化12	『東作誌』完成。菩提寺の由緒について二説載せる。

ところが『東作誌』の書き上げられた江戸時代後期、つまり一九世紀初頭の文化年間以降になると様相は一変する。詳細かつ具体的な菩提寺の歴史がわかってくる。これは『東作誌』が書かれたからではない。全く別の史料が新たに登場したことによる。これが次の幕末から明治へと続く菩提寺とイチョウの歴史を教えてくれる。

しかし、その時代にあっても、消えた「享保事件」の文書や記憶が浮上することはなかった。昭和初期に津山大信寺の住職藤崎信哉が一部を文字にしたが、ごく限られた世界に向けての文章であり、内容もごく一部であったことから、現地高円で知られることもなかった。すべての文書が公開されたのは昭和三〇年代、寺阪五夫の時代を待たねばならなかった。その間「史実」は完全に消えていた。

第八章　幻の年代記『菩提寺古今録』は語る——江戸後期から明治へ

村のリーダー守安徳太郎

　これから話すことは、その後の菩提寺と大イチョウを知るためにはどうしても踏まねばならない歴史研究上の手続きについてだ。面倒だが、これを抜かしては話すことの根拠がなくなる。だから結論を急ごうとする読者は飛ばしていただいてもけっこうだが、私は飛ばすわけにはいかない。一本の木の歴史——伝記は木の周辺からも迫る必要があるとする私の研究方法を知っていただくためには、厄介かもしれないがお付き合いいただけるとありがたい。

　ここからは「守安徳太郎」という人物が登場する。彼は幕末から大正初期にかけてこの地高円に生き、庄屋を務めるなど村のリーダーでもあった。さらに明治初期の複雑な地方行政組織の変動期にも、たびたび複数の戸長（こちょう）（町村長にあたる）を歴任するなど高円一村にとどまらない広範囲な活動を行った。『高貴山菩提寺古今録』（明治三七〈一九〇四〉年著、以下『菩提寺古今録』と略す）と『岡山県勝田郡豊並（とよなみ）村古今村誌』（明治四五〈一九一二〉年著、以下『豊並村古今村誌』と略す）を残したことで、この地のさまざまな事情に精通する姿もよく見えてくる。

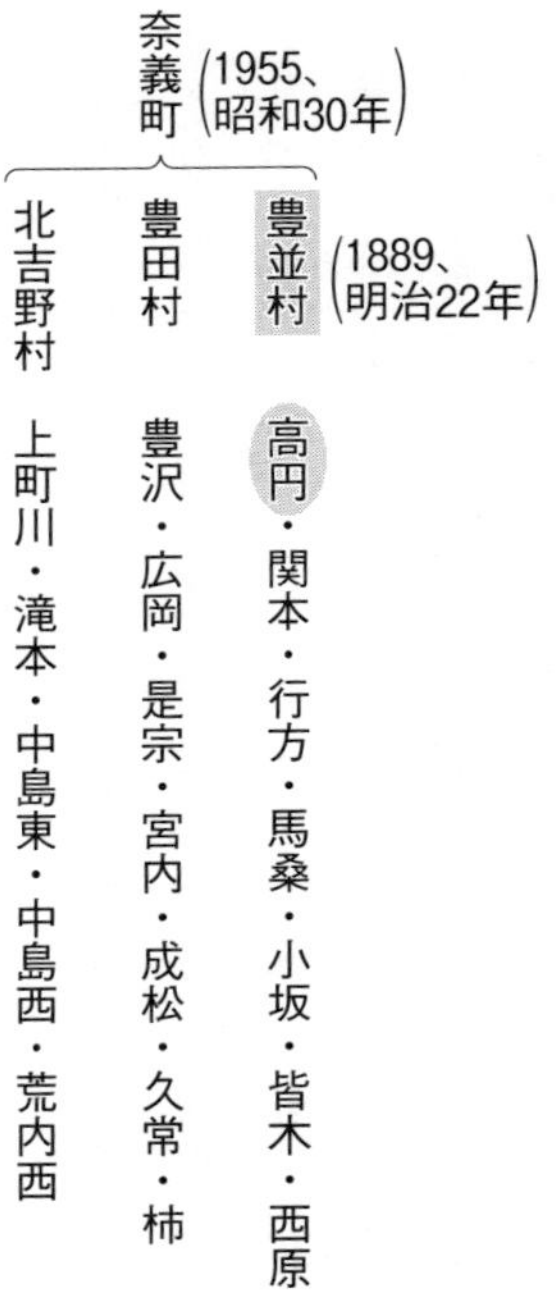

奈義町（1955、昭和30年）

豊並村（1889、明治22年）　高円・関本・行方・馬桑・小坂・皆木・西原

豊田村　豊沢・広岡・是宗・宮内・成松・久常・柿

北吉野村　上町川・滝本・中島東・中島西・荒内西

図8-1　豊並村から奈義町に至るまでの町村合併の経緯。「高円」以下は江戸時代の「村」。

「豊並村」は明治二二（一八八九）年、高円村と周辺六村（行方、関本、馬桑、小坂、皆木、西原）が統合されて一つの村になって生まれた。「村」の日常的な生産や生活をもとにした共同体とはかかわりなく「行政」の主導で生まれた明治以降の行政村ということになる。この豊並村がさらに昭和三〇（一九五五）年、周辺二村（豊田、北吉野）と統合してできたのが現在の「奈義町」である（図8－1）。

『菩提寺古今録』と『豊並村古今村誌』の両書が書かれたのは二〇世紀初頭。このうちここで最も欲しい一冊が『菩提寺古今録』だが、実は現在どこにも見あたらない。守安家にもない。菩提寺にもない。行方不明なのだ。そのため再び寺阪五夫に頼ることになる。寺阪は『菩提寺古今録』の原本を見て、そのなかの重要な部分を抜粋して『美作高円史』に掲載したという。だからここでもまた『美作高円史』が頼れる唯一の史料ということになってしまう。

それにしても寺阪はなぜ、明治末に編纂ないしは著述された守安徳太郎の両書に信頼を置き『美作高円史』の史料的根拠としたのか。本来ならこの二冊を私自身の目で確かめなければならないが、先にも言ったように『菩提寺古今録』の原本は行方不明で直接確認することができない。寺阪が筆写したのは、『美作高円史』の「後記」（あとがき）を記した昭和三二（一九五七）年冬より少し前だろう。私が探し始めたときから数えてもたかだか五〇年前のことなのに、姿を消してしまったのはまことに惜しまれる。

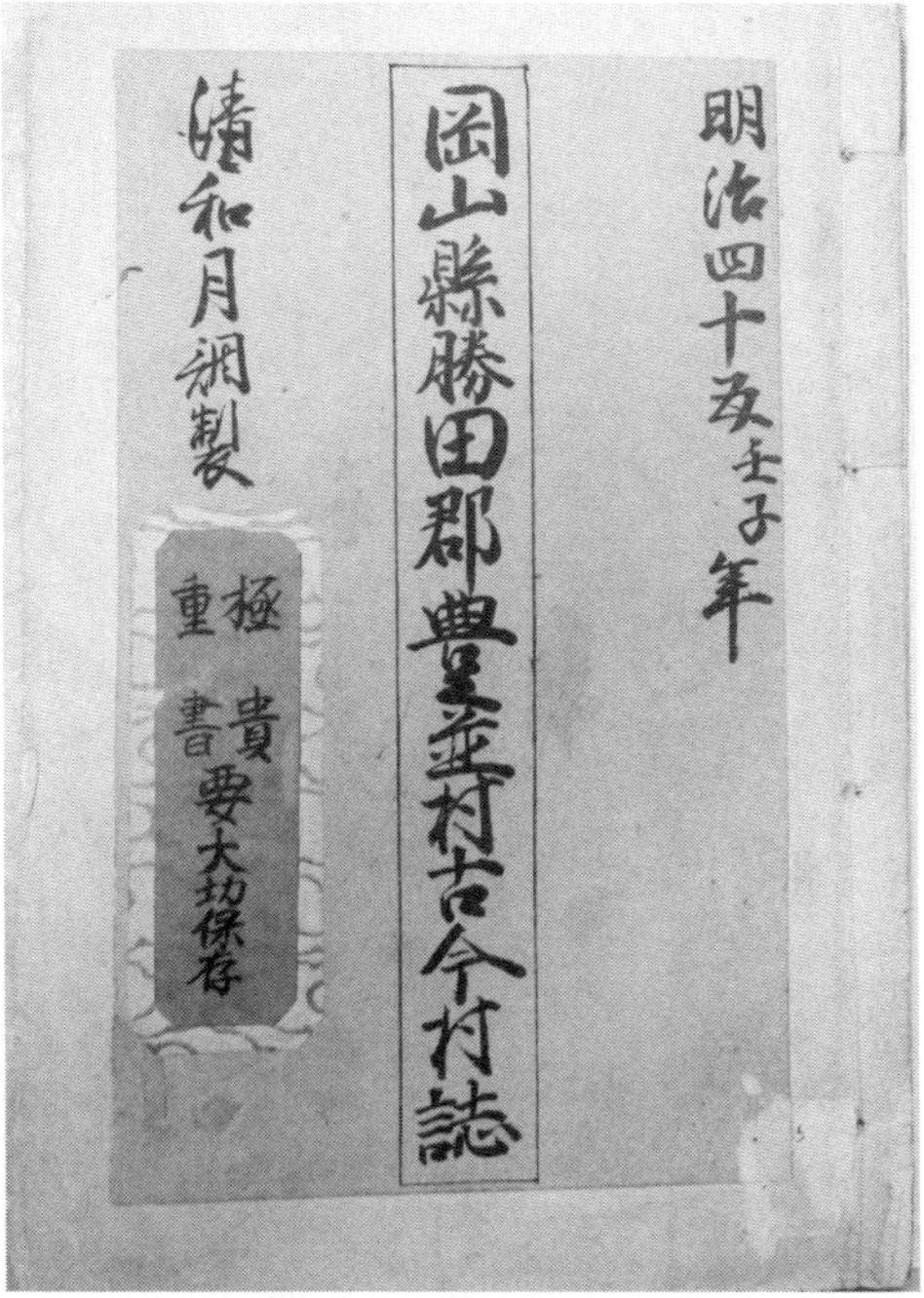

図8-2　『岡山県勝田郡豊並村古今村誌』表紙。「極貴重書　要大切保存」と書かれた赤い紙が貼られている。表紙は傷みによって一度補修されているが、文字は守安徳太郎のものだろう。岡山県立図書館蔵。

もう一冊の『豊並村古今村誌』も高円には現存していなかった。『豊並村』という自治体も現在はない。しかし幸いなことに岡山市内にある岡山県立図書館で原本を見つけることができた。守安徳太郎の履歴や編集態度、記録内容の傾向を知るためにもこれは実にありがたかった。

徳太郎は明治四二（一九〇九）、四三年より下調べを始め、四五年六月に書き終えている。原本以外にもう一部謄本をつくって豊並村役場に納めようとしていたが、老衰のため実現できず、大正三（一九一四）年、七九歳（数え）で亡くなっている。この原本には「我が家に備え置いて、村のことで必要があれば貸し出してもよい。子孫は大切に保存するように」と書かれている。

表紙には「極貴重書　要大切保存」という貼り紙がある（図8-2）。昭和一四（一九三九）年一一月、守安家の第一六代守安愛一郎のときに虫食いや毀損のため表紙のやり替え、補正を行っているが文字はすべて徳太郎のものだろう。

こうして昭和三二（一九五七）年頃の寺阪の閲覧に至るのだが、昭和四〇（一九六五）年七月には岡山県総合文化センター（現、岡山県立図書館）が岡山市内の古書店から購入し所蔵している。徳太郎が遺言したことは実現せず、昭和三二（一九五七）年から昭和四〇（一九六五）年までの間に流出したらしい。

守安徳太郎は天保七（一八三六）年生まれ、幕末から明治にかけて高円村の庄屋・里正（村長）を長く務めた。先の『東作誌』に収められていた「菩提寺略縁起」を持っていた里正（庄屋）守（森）安氏の直系の子孫かとも思われるが確証はない。

守安氏で特筆しておくべきことがある。徳川幕府は将軍代替わりごとに全国の天領や大名領に巡検使を派遣して領地の監察や情勢調査を実施した。その際、高円の宿泊所になっていたのが有元家と守安家だった（延享三〈一七四六〉年、宝暦一一〈一七六一〉年、寛政元〈一七八九〉年、天保九〈一八三八〉年。『美作高円史』二三頁）。「守安」の名は中世文書でも近隣の村一帯に見られ、古くからの家だったことは間違いない。

守安徳太郎が庄屋や戸長として管理した原史料をもとに書いた内容はあたかも史料集で、本書はむしろ編纂物といってもよい。こと掲載されているものに関しては、信憑性（しんぴょうせい）は高いといえる。史料をして歴史を語らせるといった感のある寺阪の態度にも通じる。村のことでわからないことがあればこれに拠れというくらい徳太郎が自負する作であった。

以上のようなプロセスを踏むことで、私は寺阪を介さず直接守安徳太郎の執筆態度を知ることができた。行方不明の『菩提寺古今録』だが、徳太郎は菩提寺の有力な支援者として書き残しておかねばとの使命感から、知る限りの史料を駆使して書き上げたのだろう。寺阪がこれに拠りながら菩提寺やイチョウのことを執筆したのも、根拠をあげて書く徳太郎の方法には十分信頼性があると見てのことだった。

『菩提寺古今録』は四期に分けられる

『美作高円史』に書き写された『菩提寺古今録』は古い時代の部分は不確かなこと、誤りと思われることも多くて信用できない。開基を役小角とし「岩間山菩提寺と号す」というところなどは、先に指摘した『美作風土略』や『東作誌』の誤りをそのまま踏襲してしまっているからだ。寺阪も気がついていなかったのだろう。最も重要な幕府代官への報告書「享保吟味覚書」や、宝暦五（一七五五）年、大久保氏の西川陣屋に提出した庄屋らの連判状も入っていない。存在することすら知らなかったのではないか。

一方、一九世紀に入る文化年間（一八〇四〜一八）からの記事は、それ以前のものに比べ質的に全く異なる。非常に詳しく具体的だ。ことの起こった年代が丁寧に記されている。これは村の庄屋という立場から、守安家の父祖が残してきた文字や伝承に拠っているのが一つ。もう一つは幕末期の菩提寺の宗派替えの一件や、明治初年の廃寺後の復興など自らが直接深く関わった事柄であること。いずれもごく身近な歴史や経験に拠っているからこそ果たせたことだろう。

年表風に抜き出してみると、四期に分けることができる。それぞれをW、X、Y、Zとして考察を加えてみよう。

W　念仏行者現れる——観定上人

文化三（一八〇六）年というと『東作誌』が完成する九年前になる。この年突然「念仏行者天誉観定上人」という人物が来山し、それをきっかけに菩提寺周辺の村々では「念仏繁栄」という現象が巻き起こった。中国山地にも「念仏行者」が現れたのである。

「念仏行者」は宗派に固定された寺の僧とは違い、寺院制度の外にいて回国遊行する者が多い。厳しい禁欲的な修行を行った後、あるいはその最中、民間のなかに入って念仏を唱え民衆を教化した。江戸時代後期には流行神のように熱狂的に民衆に受け入れられた。なかでも紀州に生まれた徳本は有名で、東海、関東、信州、北陸地方など広範囲に布教して歩き、各地に念仏講を生み、多くの念仏供養塔を残している。

徳本が関西から東に向けて布教活動を行っていたほぼ同じ時期、ここ中国地方の那岐山中にも念仏行者が現れた。徳本との関係などはわからない。『菩提寺古今録』にはこんなことが書かれている。

文化三（一八〇六）年、月日はわからないが、前触れもなく一人の僧が登山して一夜菩提寺に参籠した。その後、高円村の庄屋の所に来て言うには「自分は観定と申す僧です。菩提寺は比類のない霊場で、ここに七日間参籠して念仏を執り行いたい」と。

庄屋は「それはご自由になさってよろしいが、食べ物はどうなさるのか」と尋ねると、「米麦は食べません。粟・黍・蕎麦粉を食して七日間は問題ありません」と答え、そのまま参籠のため登った。鼠衣に網代笠、錫杖の杖、一本歯の下駄で寒中にも白衣一枚だった。

これを聞き知った人々はただならぬ修行者が来たと噂し合った。地元の有元清治郎、守安辰蔵らが薪を集め、莚を持参して噺を聞きに行ったが、念仏をすすめられた。村内の主立ちが集まって評定した結果、僧に滞在をすすめることになった。

日を追って村の者たちにも話を聞く者が増え、みんな念仏を唱え随喜した。噂は近郷にも広がり、老若男女の参詣はますます盛んになった。そば粉を紙袋に入れて捧げ物とし、それが積もり重なっ

文化以降100年の菩提寺年表

W	1806 文化3	念仏行者天誉観定上人来山、念仏繁栄。
	1807 文化4	庫裡建築。
	1809 文化6	参籠堂建築。本堂再建計画できる五間四面、 高円村・行方村・関本村・小坂村・馬桑村の五カ村による「菩提寺講」結成。 大坂に「菩提寺講」結成。
	1814 文化11	観定上人大坂講に出かけたまま姿を消す。普請中断。
	1818 文政元	観定の弟子香本房、本堂建立計画を三間四面に縮小して建築。 ただし借金返済に困難が生じたためか、夜中退散。
X	1818 文政元	真言宗随泉寺住職による菩提寺兼帯。
	1820 文政3	随泉寺弟子喜悦房、菩提寺留守居となる。本堂造作の借金返済。 以後入仏法会、田地購入など次々実現。
	1845 弘化2	大坂から職人、野吹により梵鐘鋳造。鐘楼堂建立。
	1854 安政元	喜悦房死去。「菩提寺第二の中興」とされる。真浄大法師と号す。墓所建立。
Y	1859 安政6	真言宗から浄土宗への貰い受け問題起こり、交渉開始。
	1860 万延元	貰い受けの話。京都で内定するも、現地で真言宗随泉寺と曹洞宗蓮光寺争論。 12月、菩提寺本堂・庫裡・仏像・什具火災で焼失、「貰い受け」問題は棚上げされる。
	1861 文久元	随泉寺住職、馬桑村農民家屋を購入。移築して庫裡とする。
	1863 文久3	随泉寺弟子清音房、菩提寺留守居となる。
	1873 明治6	北条県旧美作国より廃寺を命じられる。 以後、清音房、留守居として木竹を植え環境を整える。
Z	1876 明治9	菩提寺再興・「復宗」問題起こる。以後の過程は詳細につき省略。 知恩院より大町善誉を菩提寺再興主任として派遣。
	1877 明治10	菩提寺再興・「復宗」につき岡山県令に請願、許可される。

Z	1879 明治 12	本堂再建を講中会議で決定。
	1880 明治 13	本堂上棟式。観音会式行われる。
	1881 明治 14	入仏供養、大法会行われる。
	1894 明治 27	正面杉ヶ乢（たわ）通り改修。以後丁石建立。
	1900 明治 33	黒谷通り新道開く。守安徳太郎独力施主。
	1901 明治 34	本口七曲り通り、黒河野県道への丁石落成。世話人有元平四郎。
	1903 明治 36	東口馬桑通り丁石落成。那岐村世話人高務愛次郎。
	1904 明治 37	円光大師御児像安置。 弘法大師像安置。 守安徳太郎『菩提寺古今録』執筆。

て盛り上がり岸のようだった。

信者のところに念仏をすすめに来ても、上人は机にもたれて香を焚き線香を立て、仏法のありがたい話をしても一切横寝をせず、ひたすら念仏を唱えるのみであった。

他力念仏はますます興隆に及び、文化四（一八〇七）年には庫裡、同六年には参籠堂の二棟が建った。弟子の僧も二人になり、次には五間四面の本堂再建を思い立った。地元高円村をはじめ、行方村、関本村、小坂村、馬桑村の山麓五カ村は「菩提寺講中」を結成し、毎年三月、七月の一八日を「観世音の御会式」と定め、五カ村同時の休日を設けた。今も毎年両月一八日が休日になっているのはこうしたいきさつからだ。

上人は大坂に念仏信者の因縁があった。大坂に「作州菩提寺講中」を組織して金銭を募った。菩提寺のある当地方では、念仏をすすめて本堂建立の木材の奉納を促した。寄進された材木は車に積んで菩提寺まで運ばれた。近在の人々が無賃で車の綱を引いたが、念仏の声とともに引くと軽々と運ぶことができた。七曲りの険しい道（高円村から山腹横路を菩提寺に登る道）では上人が念仏を唱えるといともやすやすと引き上げることができた。木挽き、大工は備前国宿茂村より来てもらって絵図面を引き、建築は八割がたの準備が整った。

ところが文化一一（一八一四）年、上人は大坂講に用事があると言って出かけたまま寺には戻ってこなかった。大坂講中に問い合わせに行っても美作国に帰られたはずというだけで、とうとう上人はそのまま行方知れずになってしまった。

弟子の僧をはじめ講中はもちろん遠近の信者は残念なことこのうえなく、普請は一時中止となってしまった。その後、観定の弟子香本房が本堂の大きさを五間四面から三間四面に縮めるよう提案、文政元（一八一八）年完成するも資金面で困難が生じ、ほったらかしにしたまま夜中のうちにこっそり山を下り、それきりとなった。

いかにも見てきたかのような書きぶりだが、守安徳太郎は天保七（一八三六）年の生まれ。だから彼が実際に見聞したものではない。話のなかに登場する「庄屋」は徳太郎の一、二代前の人物で、徳太郎は父祖やその周辺から聞いたことをそのまま書いたのだろう。

特徴的なことは、念仏行者観定上人によって大坂に「菩提寺講」というものができていることだ。もともと大坂には延享四（一七四七）年頃、市内の法然上人の御影を巡拝する仲間として「大坂講」ができていた。浄土宗の講がすでに活発に活動していて「法然上人聖跡巡拝」の先駆けともなった。そういう歴史のある大坂の地に文化（一八〇四～一八）の頃、菩提寺一寺を対象とする「菩提寺講」ができていたのは注目に値する。きっと講を組んで大坂からも菩提寺に参詣に行くほどに、大都市大坂での菩提寺への関心はふくらんでいたのだろう。

重要なことがある。実は観定上人が菩提寺に来て布教を始めた文化三（一八〇六）年の五年後の同八年（一八一一）には法然上人六百年遠忌があったことだ。これこそ念仏行者観定が菩提寺周辺に念仏を教化する大きな動機にもなっていたに違いない。中国地方ではあまり念仏行者の活動例は知られていないが、法然上人ゆかりの菩提寺と地域だったからこそ、法然の説く称名念仏（しょうみょうねんぶつ）も受け入れられやすい環境にあったのだろう。それに念仏行者は火をつけ一挙に念仏繁栄をもたらした。

しかし流行神のように念仏繁栄をもたらした観定上人は、遠忌が終了して三年後突然姿を消してしまった。村人の落胆、疑念、怒りなど、複雑な感情が想像される。ただ上人自身はそもそも回国修行の生き方をしていたのだから、一所に腰を下ろして安定することを好まず、行者本来の姿に戻ることを望んだのかもしれない。史料のないところで今単純な批判をしても意味がない。残された弟子の一人、香本房が計画を縮小して本堂建築を果たしたものの、借金に困ってこれも夜逃げした。

X　「菩提寺第二の中興」は六十六部の経験者――喜悦房

思いがけない念仏行者観定の行動は現地に大きな混乱をもたらしたが、結局寺の管理は真言宗随泉寺住職の兼帯ということで落ち着いた。

随泉寺は先にも出てきた高円村の隣の沢村にある真言宗の古刹。近在では最も大きく歴史もある寺だ（図8－3）。徳太郎は『菩提寺古今録』のなかで高円村はみな真言宗と書いているから、江戸時代の寺請制度のもとでは真言宗随泉寺が高円村住民の檀那寺だったのだろう。寺院本末制度のもとでは京都の真言宗嵯峨御所（大覚寺門跡）を本寺としている。

一方菩提寺はどうか。守安徳太郎は『菩提寺古今録』のなかで、安元元（一一七五）年から寛文五（一六六五）年までの四九一年間を浄土宗（本寺なし）とするが、これは根拠がない。もともと江戸時代の寛永一六（一六三九）年に幕府から寺院の本寺末寺関係を調査確定するよう強く命じられるまで、本末関係というものは明確ではなかった。中世はもちろん、近世でも一七世紀では菩提寺の本末を決定する証拠はない。「享保吟味覚書」でも宗派、本末のことには触れていない。

守安徳太郎はもう一方で、寛文六（一六六六）年から明治六（一八七三）年の廃寺までの二〇八年間は真言宗京都嵯峨御所の直末とする。こちらのほうはある程度の信憑性がある。寛文六年ではなく寛永一六（一六三九）年とする見方もあるが（『菩提寺古今録』）、幕府の本末強化政策の結果、決まったというのは確かだろう。嵯峨御所大覚寺の直末といっても、事実上は高円村の檀那寺でもあった沢村随泉寺が菩提寺を管理していた。

寺阪五夫の編んだ『豊沢誌』には随泉寺第三四世行盈が手を尽くして菩提寺を復興させたとある。それは事実だろう。しかし実際に念仏上人らの後始末のために菩提寺に関わったのは、随泉寺住職のもとで「菩提寺留守居」という職分を与えられた喜悦房という人物だった。

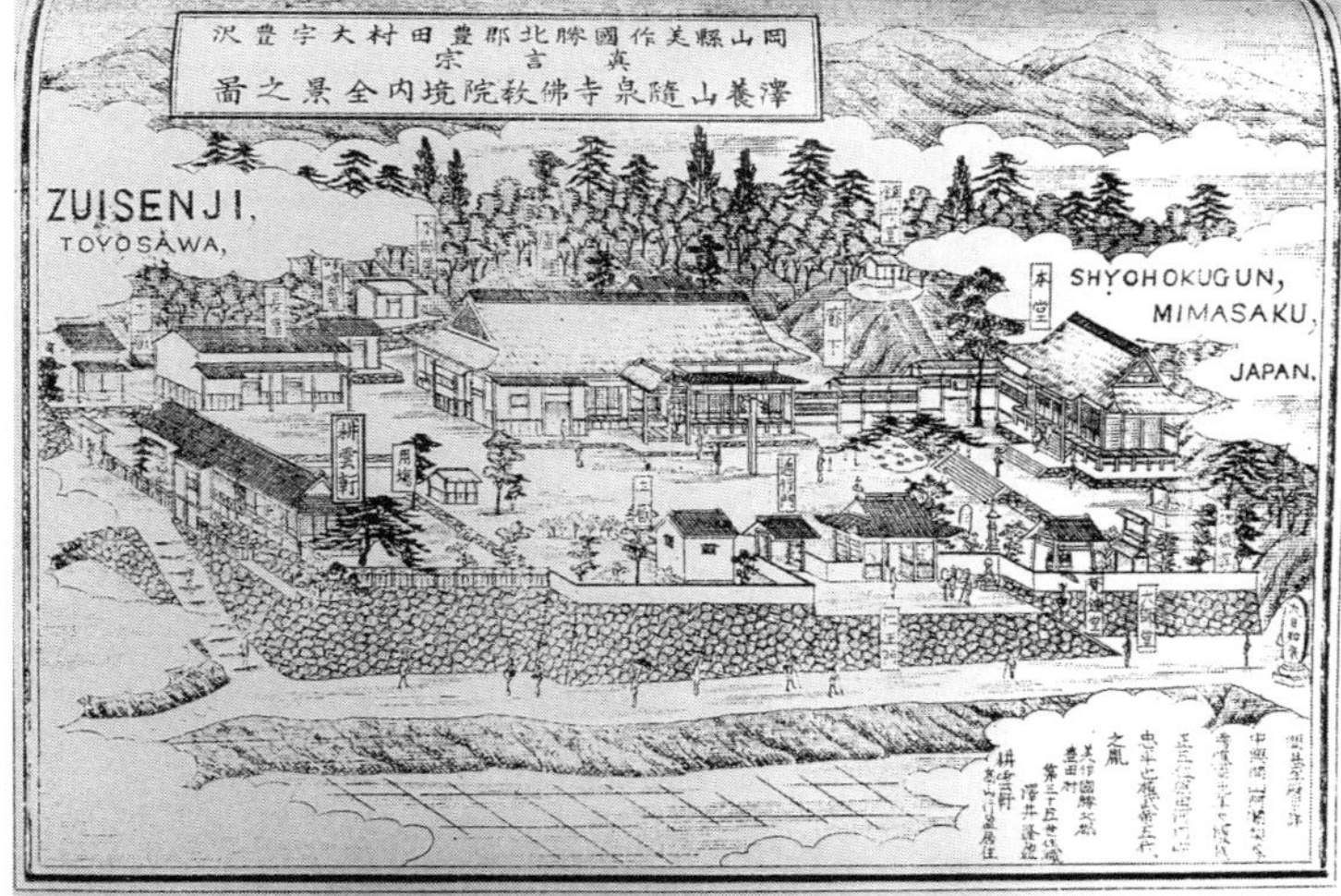

図8-3　上：随泉寺門前。2024年、著者撮影。下：明治期の随泉寺境内。絵の枠外に「明治25年5月1日現図」と見える。ローマ字が入っていたり、何を目的としてつくられたものか、興味深い。

喜悦房の前歴は六十六部四国修行者だという。尾張国中嶋郡下祖父江中沼村の生まれ。生家は浄土宗だった。六十六部は本来法華経を日本全国六六カ国の寺社に収めて回国する行者のことをいうが、彼は「南無阿弥陀仏」を口で唱える称名念仏に集中しつつ四国を回国していたのかもしれない。

小嶋博己氏の『六十六部日本廻国の研究』によると、近世の六十六部は阿弥陀信仰と極めて親和的であったという。一八世紀以降の六十六部の盛期には、浄土宗の僧侶のなかにも六十六部回国を実践する者が少なくなかったとも。こうした阿弥陀信仰と六十六部の近さからしても、喜悦房が菩提寺に接近するのはいたって自然な流れでもあった。

文政三（一八二〇）年に随泉寺住職の弟子となり、菩提寺留守居を預かる。そして念仏行者の弟子香本房が本堂造営のために作った借金返済のため、「一銭一つかみ」の施物を頂く地道な勧進を行った。鼠色の袈裟衣を着用し、一年のうち七割は近郷遠国を托鉢あるいは札を配って歩いた。念仏行者観定上人が結成した大坂菩提寺講中にも便りをして金銭を募っている。残りの三割は寺にいて念仏を勤修し、仏像の入仏法会なども行った。

現在、本堂横にある鐘楼の鐘は弘化二（一八四五）年の銘が入っている。喜悦房は大坂から鋳物師を呼び寄せ、野吹という現地で行う方法により梵鐘鋳造を行った。鐘楼も完成させた。田地を購入して二俵あまりの徳米（年貢を差し引いて残った米）を備え、日用の器具を準備し、建物の営繕にも抜かりがなかった。

「正直正路」の人といわれ、守安徳太郎によって菩提寺「第二の中興」とされている。「第一の中興」

が平安時代末期、法然上人の叔父、観覚得業上人を指しているから、「第二の中興」という評価は七〇〇年を超えての破格のものだ。念仏行者の熱狂とは違い、地道な日常活動の結果だった。

真言宗随泉寺のもとの留守居という職分ではあったが、元は彼もまた念仏行者と同様、念仏篤実の回国巡行の人だった。しかし一時的熱狂を引き起こした後、この地を去った念仏行者観定とは逆に、終生この地にとどまり、日々地道に菩提寺の再興に取り組んだ。安政元（一八五四）年一一月二八日永眠。「真浄大法師」と書かれた墓碑がある（『美作高円史』）。

回国という点では共通しつつも、まことに対照的な二つの生き方があった。熱狂によって在地の人々に一挙に念仏の心を植えつける。その燃え立つ念仏を地道な日常活動によって定着させる。念仏の二つのあり方を経験することによって、この地の人々も菩提寺と浄土宗の必然的結びつきを強く意識するようになっていった。

Y　浄土宗への「もらい受け」前進と頓挫――蓮光寺

喜悦房の死後数年して思いがけないことが起きた。ことの発端は全くの偶然にある。安政六（一八五九）年、能登国総持寺と越前国永平寺が袈裟輪（袈裟環）の争論を始め、江戸の寺社奉行で訴訟が起こされた。高円村のすぐ隣にあった関本村の曹洞宗蓮光寺住職は総持寺役員として寺社奉行に出頭（図8-4）。そのとき別件で寺社奉行に出頭していた浄土宗江戸増上寺の役員であった麻布六本木教善寺住職と控えの間で一緒になる。二人の会話は次のようなものだ。以下教善寺＝教、蓮光寺＝蓮とする。

図8-4　蓮光寺山門。2024年、著者撮影。

教「お国はどちらで」
蓮「作州です」
教「作州ならば菩提寺はご存じですか」
蓮「なんということ、私の寺はその菩提寺の麓にあり隣の寺といっても過言ではありません。菩提寺は禄もなく檀家もない極貧の寺で、真言宗嵯峨御所（大覚寺）の末寺隨泉寺が住職を兼帯しております」
教「菩提寺は浄土宗円光大師（法然上人）の御旧跡のはずですが」
蓮「おっしゃる通り、円光大師お手植えのイチョウの大樹その他がございます」
教「ああ…それが真言宗とは……」
（教善寺は深く愁い、蓮光寺の宿所のある場所を尋ねて手帳に記し、その日は互いに呼ばれた御用があって別れた。）

しばらくしたある日、蓮光寺住職の宿所に増上寺から迎えの使者が来た。増上寺に行くと、教善寺の案内で増上寺法主（ほっす）大僧正に拝謁（はいえつ）となった。法主からは菩提寺のことをお尋ねになったうえで、直々に「嵯峨御所より浄土宗への貰（もら）い受け」のことを蓮光寺に依頼された。住職はその依頼をお受けし、江戸から帰国の途中京都の嵯峨御所に出向いた。貰い受けの請願を行い、結局「離末金」を調達するということで内定した。

ところが美作に戻ると、嵯峨御所末寺の真言宗随泉寺との間で話し合いがまとまらず、とうとう争論となってしまった。その結果「貰い受け」自体は棚上げになり、ひとまず蓮光寺と随泉寺双方の兼帯とすることで一応その場を収めた。

ここでも守安徳太郎はあたかも自分で経験したかのような書きぶりだが、後でも述べるようにこれは蓮光寺住職達音和尚から直接徳太郎が聞いた話だ。つくり話などではなく、詳細な関連文書が『美作高円史』にも載っていてすべて実証できる。

さらに幸運なことに浄土宗大本山増上寺文書のなかに、この二年後教善寺が幕府寺社奉行所に提出した「願書」と命名された巻紙が残っていた（図8－5）。訴訟文書の常として、相手側随泉寺の位置づけや役割を小さく書くという、よくある上申書の内容になってはいるが、大筋は合っている。

ここでもう一度二人の会話に戻ろう。蓮光寺住職は浄土宗教善寺に対して、法然上人お手植えのイチョウの様子を語った。彼はイチョウの由来、御詠歌の内容、そして現在の姿形などを熱心に話しただろ

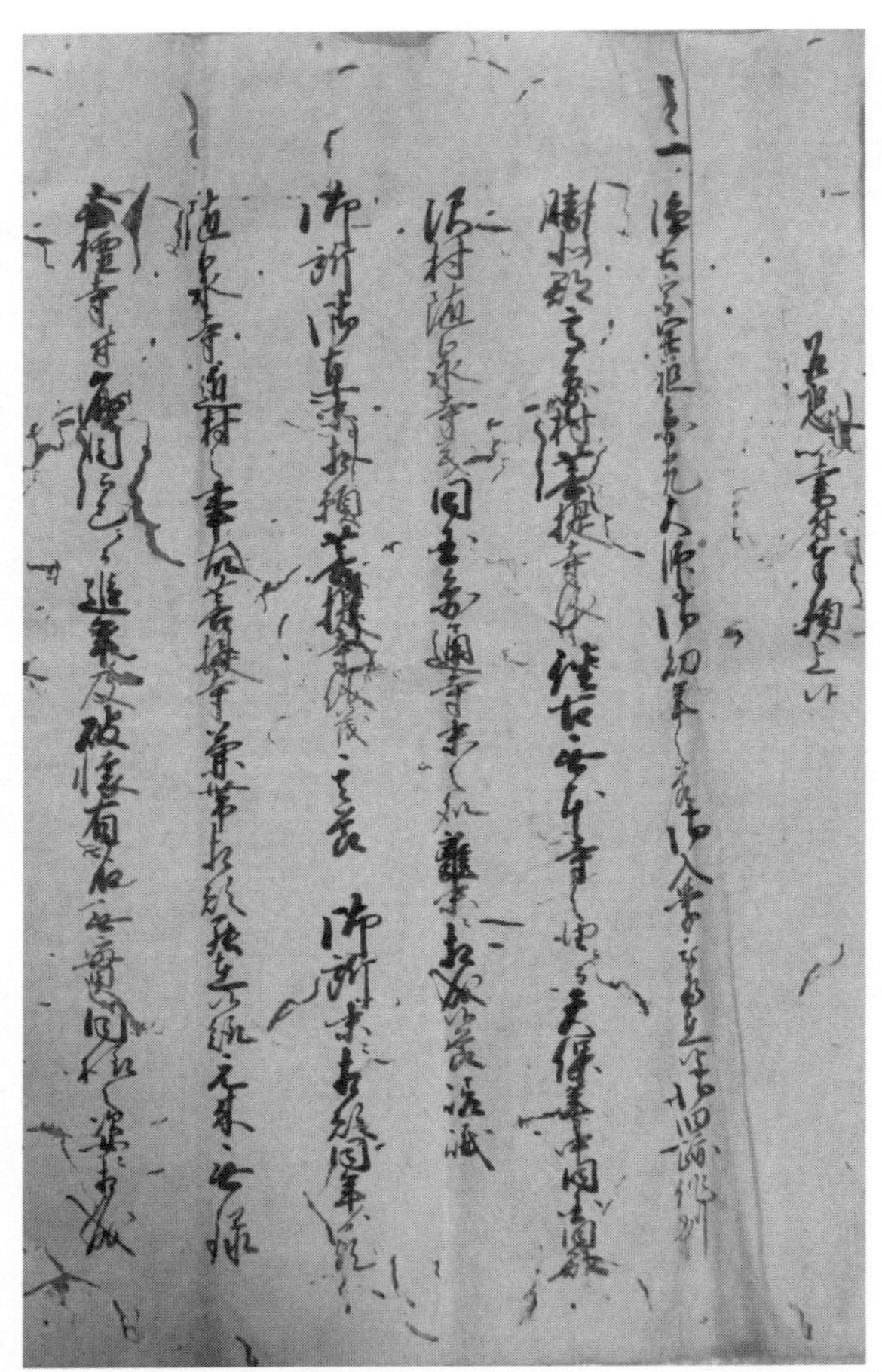

図8-5　教善寺が寺社奉行所に提出した「願書」(文久元年6月)。増上寺古文書のうち。「恐れながら書付をもって願い上げ奉り候」に始まり「一つ　浄土宗開祖円光大師御幼年の節、御入学あらせられ候御旧跡作州勝北郡高円村菩提寺の儀は往古本寺無きの由にて」と続く。この後に沢村随泉寺との関係、寺の破壊の様子、蓮光寺の嘆き、教善寺とともに嵯峨御所への許可願い、菩提寺の火災などが書かれる。
菩提寺のある高円の領地は当時但馬生野にあった代官所の支配下であったが、そこにも命じて菩提寺の再建やその後の浄土宗としての永久的な継続の実現を願い出ている。増上寺蔵。

う。教善寺住職は、そのような由緒ある寺がなぜ極貧の寺として真言宗末となったままなのかと嘆いた。そしてその話を浄土宗大本山増上寺の法主に伝えた。さらにそれはもう一段上の京都にある総本山知恩院にも上進された。

改めてイチョウの御詠歌に返ってみよう。

菩提寺の山路わけきて法の師の植えしイチョウの奇特をぞ見る

菩提寺への奥深い山路を踏み分けやってきて目にする大イチョウは、なんと見事であることか。これは、法然上人が少年の頃ここで学ばれ、研鑽(けんさん)を積んでいつか人々に救いをもたらすことができるよう願って植えられたイチョウだ。今や上人の教えは全国に広まっている。イチョウもまたこんなにも大きく生長している。少年の日の上人の願いが二つながら実を結んでいる。なんと素晴らしい奇特をこのイチョウの木に見ることだろうか。

法然が木を植える行為は、期待することをあらかじめ「予祝(よしゅく)」しておけば、その期待通りに実現するという俗信に基づく。これが「予祝」の呪術的な信仰ということの現代的な説明だろう。しかしここではそうした解釈に納得するより前にすべきことがある。法然がイチョウに込めた願いと決意の大きさと、それが実現している姿を目の前にした巡礼者の感動に思いを致すことが大切ではないか。

その後起きたことは

この間の蓮光寺の労に対して、増上寺と知恩院からはそれぞれ菩提寺に仏像などが寄付された。増上寺からは「阿弥陀如来座像一、勢至丸座像厨子入一、六字名号大僧正筆一、今上皇帝御霊位厨子入、徳川将軍御霊位厨子入、具足」の六点が寄付された。江戸から海上輸送で西大寺湊を経て吉井川・吉野川を高瀬船で遡上、倉敷（現、美作市林野）で守安・有元両家が人足を連れて出迎え高円に向かった。知恩院からは「銅造千手観世音立像厨子入一体　六字名号大僧正御筆」の二点が寄付された。知恩院は門跡寺院でもあったから、住持とは別に門主の華頂宮からも御内仏、御殿の御用絵が宿駅継立で京都から送られた。

ところが現地では大変なことが起きていた。万延元（一八六〇）年一二月菩提寺は火災を起こし、本堂、庫裡、仏像、什器ことごとく焼けてしまっていた。さらに悪いことは重なり、随泉寺と蓮光寺が争論を引き起こしていたため、せっかくの知恩院、増上寺からの寄付は行き場に困り、一時蓮光寺に留め置かざるをえなかった。

このときの火災で元禄年間以来安置されていた本尊も焼失、徳太郎は「本尊の焼失悲嘆限りなく」との言葉を残している。翌年本寺である真言宗嵯峨御所大覚寺からは代わりの十一面観世音菩薩像が到着し、安置された。これが今現在の本尊だと「菩提寺古今録」の冒頭部分には書かれている。

せっかく中央では解決し内定していた菩提寺「貰い受け」も現地では膠着状態が続いた。そのまま棚上げになり、ひとまず仲裁を受けて隨泉寺・蓮光寺住職の兼帯に落ち着く。隨泉寺住職は自らの責任で馬桑村百姓家を購入し、庫裡として移築。文久三（一八六三）年には新たな留守居清音房が木や孟宗竹・淡竹・真竹を植えるなどして周辺を整備した。これを徳太郎は菩提寺にとって「有益大巧」と評している。「貰い受け」の際の対立相手である真言宗隨泉寺側の人物に対しても、徳太郎は正当に評価していた。

Z　廃仏毀釈後の廃寺を乗り越え復興・「復宗」を遂げる

明治維新の神仏分離政策により廃仏毀釈が起きる。その影響で菩提寺も明治六（一八七三）年、ご多分に洩れず北条県（旧美作国）より「無禄無檀で永続の見込みなし」と判断され廃寺に追い込まれた。

しかしこの厄難の後も諸人信仰は元のごとく続き、留守居を務めた僧も、木を植え竹を植えるなど環境を維持した。村人の寺名再興・浄土「復宗」への熱意は強く、美作国浄土宗寺院全体を動かした。真言宗側の理解も得られて、ついに明治一〇（一八七七）年、寺の再興と浄土宗への帰属が公に認められる。この間の過程は『菩提寺古今録』や関連文書（『美作高円史』）に詳しく書かれているが、ここでは触れない。

明治に入ってからは「復宗」あるいは「帰宗」という言葉が盛んに使われている。しかしこれは浄土宗側の用法で、歴史的に菩提寺が「浄土宗」寺院であった証拠はない。先にも触れたが、中世はもちろん近世にもない。あくまでも法然上人が少年時代叔父のもとで勉学したという由緒からくる主張であって、法然個人と教団としての浄土宗は分けて考えなければならない。「復宗」という言葉を私があえて括弧つきで使用しているのはこうした理由からだ。

明治の「復宗」運動の際に浄土宗の由緒を強調する一方で、相手側真言宗随泉寺の由緒のなさを非難する。しかし『菩提寺古今録』でも、守安徳太郎は寛文六（一六六六）年（あるいは寛永一六〈一六三九〉年とも）から明治六（一八七三）年までの二〇八年間は真言宗嵯峨御所大覚寺の直末と認めている。むしろこちらのほうには理がある。

浄土宗への転宗については、前述のとおり、一八世紀に入り法然上人五百年遠忌の頃、沢村与市が伝通院裡諾和尚に「取り立て」を依頼したことがあった。このときは実現せず、その後安政六（一八五九）年に蓮光寺が仲介して「貰い受け」問題が起きる。浮上したり停滞したり紆余曲折を経ながらも、ついに明治一〇（一八七七）年真言宗から浄土宗への転宗が実現した。

二年後の明治一二（一八七九）年七月、菩提寺再興二世大町善誉（中興第一世は知恩院主、この「中興」は名目的なもので先の「第二の中興喜悦房」とは別に考えるべきもの）は「美作国勝田郡高円村菩提寺略縁起」を記している。『東作誌』掲載のものに少し手を加えたものだが、実は徳太郎が書いたものだろう。火災で焼けた本堂の再建を菩提寺や周辺の村で決定し、勝北郡長に届けを出して許可をもらう八月の直前のことだ。届けに添えるためのものだったのだろう。もちろん広く「略縁起」を配布して費用を集めるための役割もあった。翌一三年には本堂の上棟式が行われ、翌々一五年に入仏供養大法会が執り行われている。

その後は高円や周辺の村から菩提寺への登山道が次々に改修整備されていった。因幡道の杉が乢（たわ）から登る正面道などは最も早い。発起人として高円村百人、関本村七十人、行方村六十人が同時に労働力も出しながら完成させた。一丁ごとに表示石も建てている。守安徳太郎は黒谷通りという新道を独力で施主となって開いた。菩提寺に対する力の入れ方が並々ならぬものであったことをうかがわせるものだろう。

守安徳太郎（家）と曹洞宗蓮光寺の深い関わり

それにしてもどうして文化年間以降の菩提寺の歴史、事情をこと細かく、ときには臨場感たっぷりに書けたのか。先にも触れたが、W、Xは高円村の庄屋でもあった父祖の時代だ。彼らの話を直接あるいは間接に聞き、また何がしかの文献史料も残っていたのだろう。

Yの最初の「貰い受け」問題が高揚した安政六（一八五九）年頃は、天保七（一八三六）年生まれの徳太郎が高円村庄屋になる少し前の二三、二四歳の頃だった。Zの時代は徳太郎が直接寺にも関わって「復宗」に成功した時代である。その記憶と史料に拠っていることは間違いない。

しかしそれだけでなく、曹洞宗蓮光寺が深く関わっている。この時代の陰の力になった寺院といってもよい。守安家と蓮光寺にはどんな関係があったのか。

蓮光寺はもともと高円村のすぐ隣の関本村の東面にあった（『美作高円史』・『豊並村古今村誌』）。現在の西斜面の位置に移ったのは享保七（一七二二）年で、土地を提供したのが守（森）安氏だった。そのことから「蓮光寺開基家」とされ、以来守安本家と蓮光寺は「俗縁の親類」同様となり特別なつき合いがあった。

天明（一七八一～八九）から文政（一八一八～三〇）の数十年間守安家の家運が傾いたとき、今度は蓮光寺が守安家を援助し、家計の回復を成し遂げさせた。その両者の濃密な関係を徳太郎は文字にして子孫に伝えようともしている（『美作高円史』、『豊並村古今村誌』）。蓮光寺が曹洞宗寺院でありながらも、菩提寺の浄土宗への転宗について非常に熱心に奔走したのは、両者のこうした関係があったからだ。

寺阪五夫の守安徳太郎評価

徳太郎は特に祖母（てつ）、父（養父の先代徳太郎）から聞いた話を思い出し、自分の経験したことも加え、所蔵する文書と照らし合わせながら『菩提寺古今録』と『豊並村古今村誌』を書き上げた。寺阪五夫はこうした史料によって記述する態度こそ十分信頼するに足るとして、徳太郎と両著をこう評価した。

> 守安徳太郎氏の『菩提寺古今録』は細微明瞭であって、後世の史料として貴重なものであり、その調査編纂の功績は甚大というべきであろう（『美作高円史』六〇頁）。
>
> （中略）ことにその晩年には『豊並村古今村誌』『菩提寺古今録』等の編纂を完成し、地方の史実を後世に不朽たらしめる等の美挙が残されている（同前八九頁）。

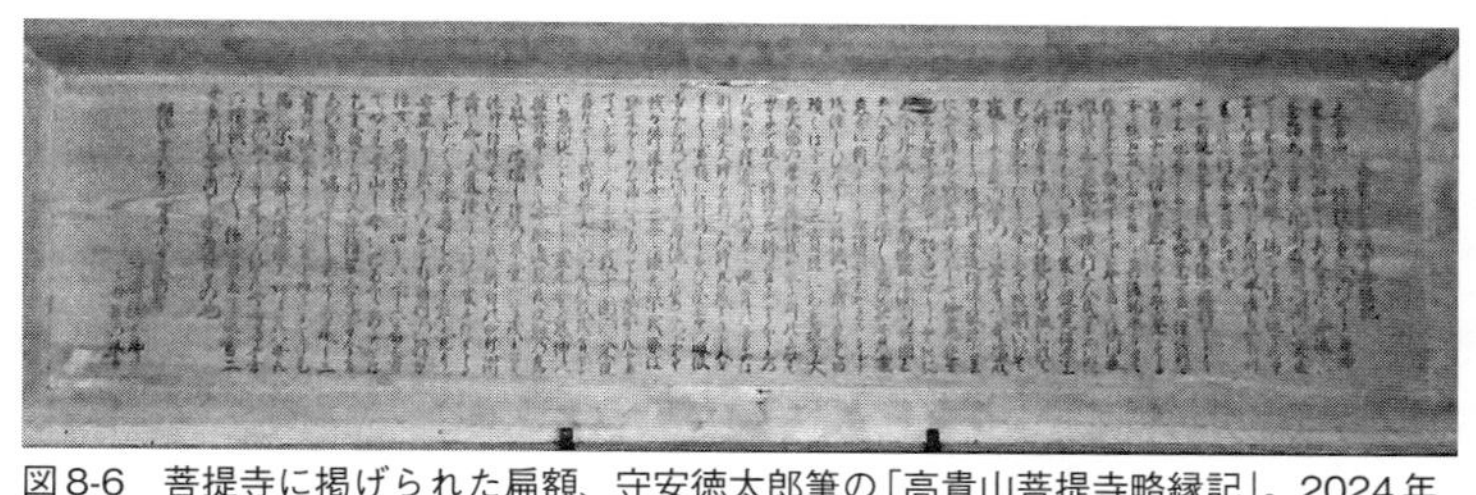

図8-6　菩提寺に掲げられた扁額、守安徳太郎筆の「高貴山菩提寺略縁記」。2024年、小島徹氏撮影。

寺阪が『美作高円史』やその他の著作物の本文中で、史料や人物に対してこのような主観的ともいえる批評を言葉にすることは極めて珍しい。守安徳太郎に対しよほどの敬意と信頼感を懐いていたからだろう。歴史を書く者の理想の姿をここに見ていたのかもしれない。江戸幕府後末期から明治までの菩提寺の歴史、高円の歴史、イチョウの歴史は、こうした信頼感に拠りながら記されたのである。

守安徳太郎は明治三七（一九〇四）年『高貴山菩提寺古今録』を書き上げ、その翌三八年には七〇歳で本堂内に掲げる扁額「菩提寺略縁起」を奉納した（図8－6）。文は明治一二年に書かれた縁起（『美作高円史』五三頁）とほぼ同じだ。額奉納の六年後の明治四四（一九一一）年は法然上人七百年遠忌である。この記念すべき遠忌に向けて扁額を準備していたのかもしれない。

遠忌のあった明治四四（一九一一）年には、すでに資料整理を終えていた次の課題の執筆に取りかかっている。『岡山県勝田郡豊並村古今村誌』だ。翌年完成。複本をつくるつもりだったがもはや余力がなく、複本ができなかったことは先に述べた通りである。大正三（一九一四）年、地域に尽くし、貴重な歴史を書き留めた守安徳太郎は鬼籍に入った。

第九章　国の「史蹟名勝天然紀念物」指定までの道程

類例を見ない詳細な調査

明治四三（一九一〇）年、菩提寺イチョウに対して全国的にも例を見ない克明な調査が行われた。調査を通達したのは岡山県勝田郡役所で、実施したのは通達を受けた豊並村役場。守安徳太郎が『菩提寺古今録』を書き終え、扁額を奉納した五年後のことだ。『美作高円史』にはこう記されている。

一　円光大師御手植の銀杏樹　但し（久安二〈一一四六〉年より明治四十三〈一九一〇〉年に至る）七百六十五年木、久安二年の頃植えられたと申し伝えている。今般の調査は左の通り。

一　銀杏大樹　丈長拾丈参尺六寸　根本参丈弐尺四寸廻り　目通り参丈七尺弐寸廻り
　上周四丈七尺廻り
大枝行　東西弐拾間　南北拾七間半
大枝辰の方へ向かう　枝本壱丈八尺八寸廻り

垂乳練木153本内訳					
⑥本数	太さ				
40本	3尺廻り	91cm以上	11本	91cm以下	29本
18本	皆3尺廻り以下			91cm以下	18本
55本	3尺廻り	91cm以上	10本	91cm以下	45本
15本	3尺廻り	91cm以上	3本	91cm以下	12本

15本	皆3尺廻り以下	91cm以下	15本
10本	皆3尺廻り以下	91cm以下	10本

⑦本数	長さ（どの枝かは不明）	
24本	8尺4寸5分～3尺	256cm ～ 91cm
10本	3尺～2尺	91cm ～ 61cm
23本	2尺～1尺	61cm ～ 30cm
96本	1尺未満	30cm 未満

同　申の方へ向かう　枝本壱丈
弐尺三寸廻り
同　酉の方へ向かう　枝本壱丈
壱尺六寸廻り
同　午の方へ向かう　枝本
八尺八寸廻り
同　真の方へ向かう　枝本
八尺未満　拾七本

一　大樹大枝に生じた垂乳練木
惣数百五拾三本
この内分け
練木四拾本　内三尺廻り（以上
拾壱本　以下廿九本）但し辰
の方へ向かう枝に生じる
同　五拾五本　内三尺廻り（以
上拾本　以下四十五本）但し

明治43年の調査

銀杏大樹	①高さ		10丈3尺6寸	3,139cm
	②幹周	根本	3丈2尺4寸廻り	982cm
		目通	3丈7尺2寸廻り	1,127cm
		上周	4丈7尺廻り	1,424cm
大枝	③広がり	東西	20間	3,636cm
		南北	17間半	3,182cm
大枝	④方向		枝本(元)の太さ	
	辰	東南東	1丈8尺8寸廻り	570cm
	午	南	8尺8寸廻り	267cm
	申	西南西	1丈2尺3寸廻り	373cm
	酉	西	1丈1尺6寸廻り	351cm
親木(幹)の枝	⑤真	真上 枝先股上の枝	枝17本8尺未満	242cm未満

図9-1　『美作高円史』に記される明治43年調査の項目と数値。

申の方へ向かう枝に生じる
同　拾八本　皆三尺廻り以下　但し午の方へ
向かう枝に生じる
同　拾五本　内三尺廻り（以上三本　以下十
二本）但し西の方へ向かう枝に生ずる
同　拾五本　皆三尺廻り以下　但し親木側
枝々に生ずる
同　拾本　皆三尺廻り以下　但し枝先股上の
枝に生ずる
右　長短別
同　長さ　八尺四寸五分より三尺以上　弐拾
四本
同　同　三尺より弐尺迄　拾本
同　同　弐尺より壱尺以上　弐拾
三本
同　同　壱尺未満　九拾
六本

この大樹の北の方へ向かう大枝は、天明年間、大雪のため半折れし、枝の先端が土中に突き入り、そこから芽が出て木になった。今を去ること百三十年前のことだ。その折れた枝は生存してしばらくは本体とつながっていたが、明治二〇（一八八七）年、大雪暴風で夜中に離れ落ち、現在はその様子を見ることができない。

一　銀杏木　丈長七丈六尺　壱本　但し練木はこれまで生じていない。

目通り壱丈五寸廻り　地際壱丈弐尺七寸廻り

この調査立会人は、住職上田円誉、高円守安治一郎、有元又三郎、山本元治郎、山本清太郎の計五名。

以上が書き留められた調査項目と数値だが、これだけでは非常にわかりにくい。そこで以下の①〜⑧に整理し、かつそれを表にしてみた（図9−1）。両方を参照しながら読み進めていただきたい。

こんなことが書かれている

①木全体の高さ（丈）。

②幹周（根本（ねもと）周、目通り周、上周〈大枝が分かれるすぐ下〉）の三カ所（廻り）。

③大枝の広がり（行）。

④大枝4本の方向と枝本（元）の周＝太さ（廻り）。

⑤垂直に上に向かう木は「真の方向」と呼んでいる。
⑥大枝と「真」の木のそれぞれについた「垂乳練木」の、各枝での本数と太さの内訳。
⑦「垂乳練木」総計一五三本のうちの長さの内訳。
⑧天明年間に折れた大枝のその後については後述する。

以上を表にしたが、尺貫法では実感しにくいから、メートル法に換算した数字も示した。測定の数字はあまりにも細かくかえって現実的ではない。しかし数字の厳密さをよしとする調査者の姿勢を尊重して、ここではそのままの数字を記した。一尺＝三〇・三センチで計算した。

大枝の方向を図示する

この表ではまだイメージが湧きにくいから、視覚に訴えるためさらに図にしてみよう。ただし大枝の方向と、それぞれにつく垂乳練木の数と太さを同時に立体化して一つの図にすることはむずかしい。ここでは枝の方向を重視し、上空から鳥の目で見た形で描く（図9－2）。

＊実際の大枝は直線的ではなく、途中で屈曲しているが、図では捨象する。
＊調査時（明治四三〈一九一〇〉年）に最も近い写真（昭和二〈一九二七〉年撮影、図9－3上）と比較しやすいように、天地を逆にして南を上に北を下にする。北から北東側が傾斜地になっていて山側になり、南側が開けている。
＊表では太さは円周（廻り）で表されているが、図では便宜上円周率三・一四で割って直径で表す。

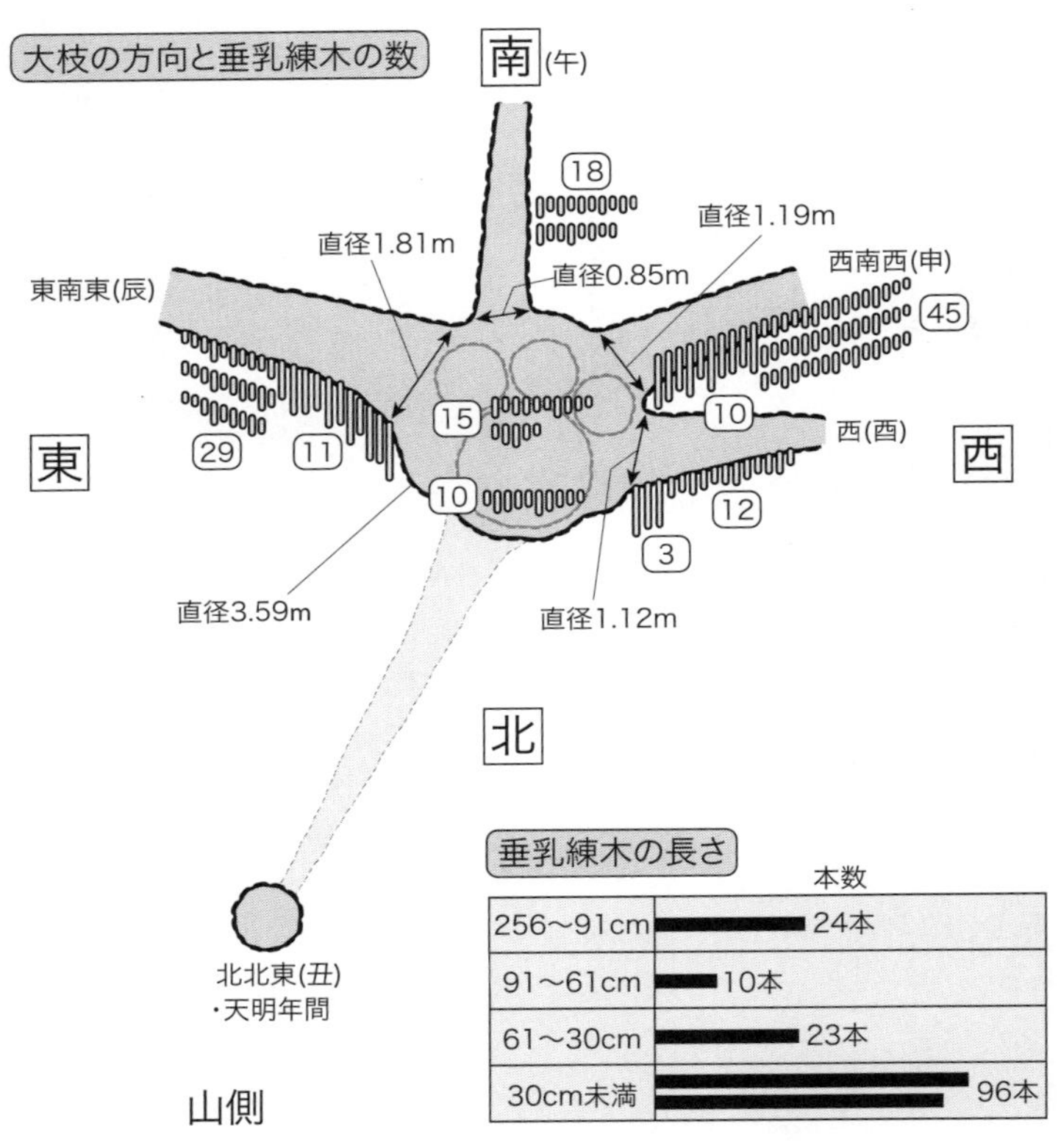

図9-2　明治43年調査結果の復元イラスト（作成・マカベアキオ）

73 菩提寺ノ公孫樹 *Ginkgo biloba* L. with numerous maser cylinders in the precinct of the Bodaiji Temple, Okayama prefecture. Girth at base about 10,9 m.

図9-3　山側からみた菩提寺イチョウ。上：三好『日本巨樹名木図説』より。下：2005年の状況。著者撮影。

本来幹も大枝も切り口は円形ではないが、あくまでも視覚的に比較しやすくするためである。

＊調査の記録は単位をセンチで表記しているが、ここではメートル単位とし、小数点以下二位までを記す。

大枝は傾斜地（山側）とは反対の南側（東南東、南、西南西）に三本、西側に一本ついている。どの大枝も真っ直ぐではないから作図は実態とはかなり違うが、後ろ側（傾斜地側）には大枝がないことが顕著な特徴だ。

この調査から一七年後（昭和二〈一九二七〉年）に撮影された写真が残っている。東京帝国大学教授三好學著の『日本巨樹名木図説』（昭和一一〈一九三六〉年刊）に掲載されたもので、背後の山側から撮っている（図9－3上）。これと先に作成した図を比較すると山側が共通している。さらに私が平成一七（二〇〇五）年に同じ北斜面から撮ったものと比較してみてもピッタリ合う（図9－3下）。調査時（明治四三〈一九一〇〉年）から九五年経っていても大枝の方向はほとんど変わっていない。

木は素人目には非常にバランスが悪く、倒れやすいのではないかとさえ感じてしまう。この不安定とも見えるイチョウについて三好が面白いことを言っている。「本樹の主軸と認められるものは樹の東北側にあって直立しており、最も高い。その他のものは皆支幹だ」と。三好は大枝のない北側がこの木の主軸だという。こちらに主幹があるということになる。そこまで断言できるのかどうかはわからないが、そのとおりだとすると木の重心は北側にあるともいえる。

この報告書にはもう一つ重要なことが書かれていた。江戸時代の天明年間(一七八一〜八九)まで北側にも大枝があり、雪害で折れたがしばらくは繋がっていた⑧。しかし現在は完全に離脱して見ることはできないと。かつては北側にも大枝があって全体のバランスは保たれていたのだろう。この離脱したという大枝のことは後に記すことになる。

垂乳練木を享保五年と比べる

この調査でもう一つ詳しく書かれているのが「垂乳練木」だ。「垂乳練木」ということばは「タレチチ」と「練木」を合体させたもので、菩提寺イチョウでは初めて現れる。妥協的な言葉というべきだろう。当地方では現在に至るまで「練(連)木」や「摺木」が使われていて「チチ」と呼ぶことはない。この調査段階で突然「タレチチ」が「練木」と一緒になって登場するのは不思議だ。全国各地では圧倒的に「チチ」「チコブ」が使われているから、明治以降にその知識、情報が入り、影響を及ぼしたと見るべきだろう。しかしそれも一時のことでその後も定着することはなく、今も「練木」が使われている。「垂乳練木」は全体で一五三本。享保五(一七二〇)年の幕府調査でもやはり「こぶ」「摺木」として注目された。一九〇年が経過してどのように変化しているか。単純な比較は避けなければならないが、いちおうわかるところは図にして押さえておこう(図9-4)。

享保時の八四本に比べて今回は一五三本だから倍近くに増えている。享保では八四本を「大」「中」「小」の三段階で分けていた。「長さ」と「太さ」の二つの条件を合わせたもので「大」「中」「小」を決

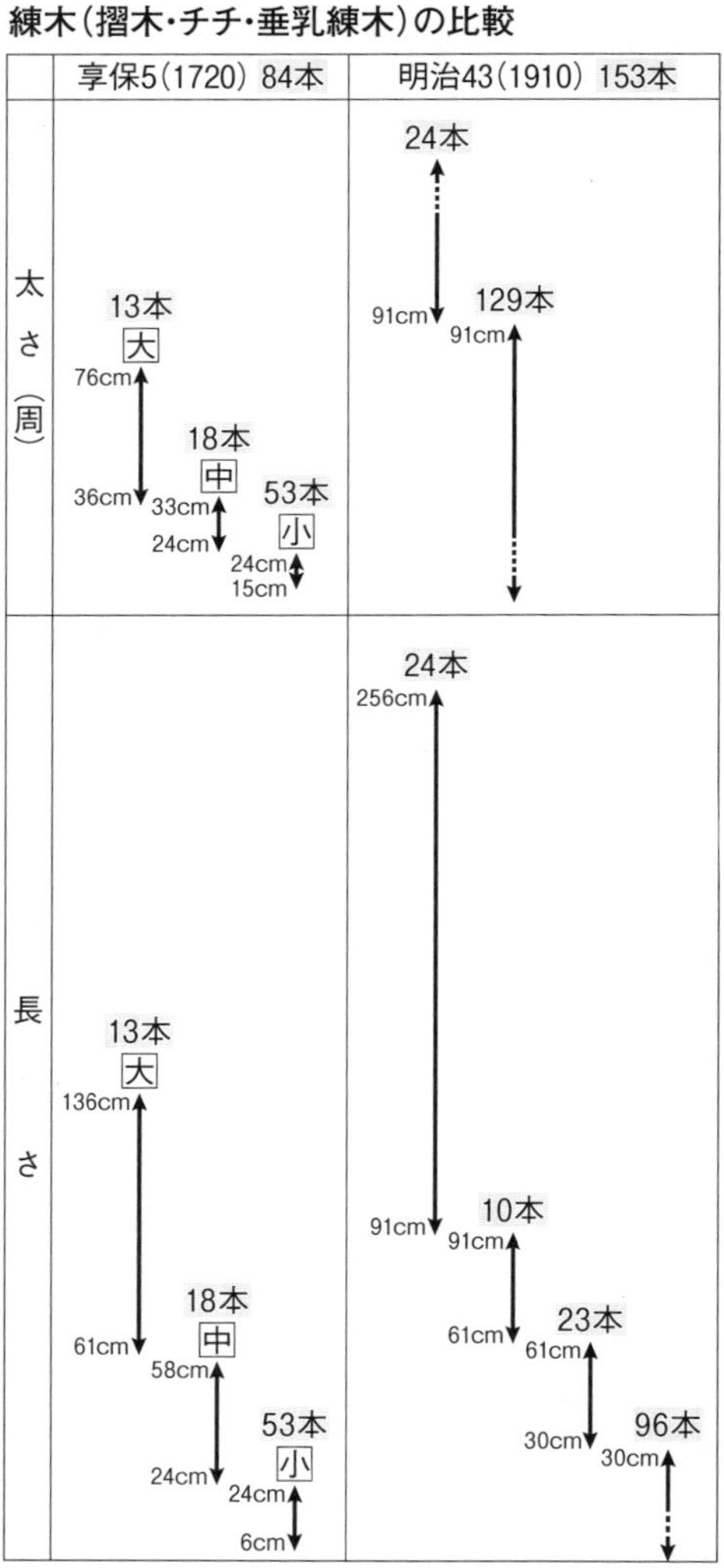

めていた。しかし明治では「長さ」と「太さ」は別扱いにし、「長さ」は四段階、「太さ」は二段階で分けている。

まずは「太さ」を見よう。享保では「大　七六〜三六センチ」「中　三三〜二四センチ」「小　二四〜一五センチ」の三段階だ。しかしこの太さではどれも明治の「九一センチ以上」のレベルには達しない。

両方の最も太いグループで比べると、「享保七六〜三六センチ　一三本」に対し「明治九一センチ以上

練木(摺木・チチ・垂乳練木)の比較

	享保5(1720) 84本	明治43(1910) 153本
太さ(周)	大 13本 76cm〜36cm 中 18本 33cm〜24cm 小 53本 24cm〜15cm	24本 91cm〜 129本 91cm〜
長さ	大 13本 136cm〜61cm 中 18本 58cm〜24cm 小 53本 24cm〜6cm	24本 256cm〜91cm 10本 91cm〜61cm 23本 61cm〜30cm 96本 30cm〜

図9-4　菩提寺イチョウ、享保５年・明治43年調査での変化。

二四本」となる。垂乳練木の生長は一九〇年でこれだけの差が生まれる。

長さについてはどうか。享保は「大　一三六～六一センチ　一三本」「中五八～二四センチ　一八本」「小二四～六センチ　五三本」の三段階であった。明治との比較上六一センチ以上に絞ると一三本にとどまる。

一方、明治は四段階あるが、六一センチ以上は「二五六～九一センチ　二四本」「九一～六一センチ　一〇本」で合計三四本となる。ここでも一三本→三四本と大きく増加している。最も長いものも享保の一三六センチから明治の二五六センチと大幅な伸びになっている。

このように一九〇年の間に、垂乳連木の数、太さ、長さのいずれの面でも大きな生長を見せている。それらは特に太い大枝（東南東と西北西）に集中している。大枝以外の「真木」という真っすぐ上に伸びる木を「心木」と考えれば、本来はこれが軸になる親木と思われるが。これにも垂乳練木がついているが、はっきりしたことはわからない。

出典がわからない

明治末期から大正にかけては、全国的に老樹名木が注目されて書物にもなる。東京帝国大学教授本多静六が『大日本老樹名木誌』を出版したのは大正二（一九一三）年のことだ。菩提寺イチョウも「円光大師手植の公孫樹」として写真入りで紹介されている。「地上五尺の周囲」や「樹高」「連（練）木と称する乳瘤」などの数字は簡単なものだが、その他の情報などこの調査記録を踏まえたことは明らかだ。

『大日本老樹名木誌』よりはるかに詳しい数字があがっている重要な記録なのに、明治四三（一九一〇）年の勝田郡役所の調査は肝心の出典がわからない。調査の月日も不明だ。寺阪も「勝田郡役所から豊並村へ通達してこの銀杏樹を調査させたもの」と書くだけだ。数字の信憑性にも深く関わる以上、どうしても調査記録の出典がほしい。

勝田郡に提出した報告書だから、まず郡役所関係を調べてみた。郡誌は『岡山県勝田郡志』（大正元〈一九一二〉年刊）、『合併記念勝田郡誌』（昭和三三〈一九五八〉年刊）と二度編纂されたが、どちらにも見えない。原本が残っているかもしれないと思い、岡山市にある県立記録資料館にも尋ねてみた。郡役所関係資料は郡役所が廃止される段階で、役人が個人的に持ち帰ったり処分したりして散逸するから残ることは少ないという。県立図書館では、すでに焼却処分されたのではないかとも言われた。いずれにしても勝田郡は大正一二（一九二三）年に廃止され、一五年には郡役所も閉鎖になっているため探しようがなかった。

郡役所に提出した正式報告書そのものではないとすると、寺阪が見たのはその写しだろう。調査直後は、高円の関係者の手元に写しは残っていたに違いない。当の菩提寺には史料の類は全くない。

昭和三〇（一九五五）年に、豊並村・豊田村・北吉野村三村が合併してできた現在の奈義町の役場にも残っていなかった。教育委員会でもわからないという。町の図書館にもない。『美作高円史』執筆にあたり、寺阪にいろいろな史料を紹介していた高円部落長の岡本友一の縁戚者である岡本美昭さんにも期待したが、聞いていないという。

この七〇年弱の間に根拠となる根本史料は失われてしまった以上、もはや『美作高円史』に頼るほか方法はない。寺阪が何度も予言し、危惧していた「史料が失われて村の歴史がわからなくなる」ことがここでも現実に起きていた。「史料の保全」を心がける寺阪の行為によって、辛うじて『美作高円史』のなかに活字で残されたということになる。

とはいえ、『美作高円史』にまるまる依存するだけでは歴史研究者としては失格だ。どこに残っていたのか、寺阪がどこで見たのか、もう少し追ってみる必要があるだろう。

埋もれた守安治一郎の存在

そこで考えられるのは、立会人五名のなかの誰かが書き留めておいたのではないかということだ。住職の上田円誉、高円部落の守安治一郎、有元又三郎、山本元治郎，山本清太郎の五名。そのなかで最も可能性が高いと私があたりをつけたのが守安治一郎という人物だ。現在菩提寺本堂の前には、戦後間もなくの建立と思われる碑文があって三人の人物が顕彰されている。守安治一郎はその一人だ。

治一郎は明治も早くから、徳太郎を追うように高円村や周辺行政村などの要職を務めていた。寺阪は徳太郎を守安家の第一四代、治一郎を第一五代、愛一郎を第一六代と書いているから（『美作高円史』）徳太郎・治一郎は親子と見てよいだろう。しかし第一六代愛一郎が「兄の家督を相続した」ともあるから、治一郎には跡を継ぐ者がいなかったのかもしれない。現在、村にははっきりした史料も証言者もなく、守安家でもわからなかった。個人情報の壁は厚く、これ以上の治一郎調査はできなかった。

前にも少し触れた『摩訶衍』に掲載された藤崎信哉の「菩提寺史及立石家譜」という論文を思い出し、藤崎が住職を務めた津山の大信寺にも尋ねてみた。しかし当時のメモも原稿も残されていなかった。藤崎の論文には治一郎が菩提寺の「復宗」に関わったことが書かれていたので、気になった私は、知恩院史料編纂所の高橋大樹氏に協力を頼んだ。その結果、治一郎についての確実な史料に出会うことができた。明治二九（一八九六）年八月一五日発行の『浄土教報』第二六号にはおおよそこんなことが書かれていた。

豊並村高円には守安治一郎氏という篤信者がいて、菩提寺再興以来二十年間あらゆることに心配りをして寺を守ってきた。法要の具や金銭・米穀・器物等を寄付し、浄土宗の巡教師が回ってきたときには自宅を開放して説教を聞く場とするなど信徒の模範となっている。浄土宗総本山知恩院ではこれを賞して円光大師（法然）の御真影一軸と御法語集一冊を与えることとした。

そこには「菩提寺信徒総長たるべき事」とも書かれていた。知恩院の治一郎評価の高さをこうしたことから読み取ることができた。

治一郎は勝田郡会議員でもあった

藤崎は、情報源は守安治一郎翁だとしている。徳太郎ではなく治一郎の書『復宗由来記』によって書

図9-5　菩提寺にある守安治一郎の顕彰碑。寺でも碑に名を刻んで治績を記憶に留めようとしていた。著者撮影。

いていた。この書のことは私の現地調査では全く耳にしなかった。寺阪も触れていない。あるいは見ていなかったのかもしれない。

改めて『美作高円史』所載の『菩提寺古今録』を見直すと、明治一〇（一八七七）年の菩提寺再興・「復宗」は徳太郎と並んで「守安治一郎・有元平四郎」があがっている。表に立って直接関係者と交渉し、話がまとまった後も本堂建築では大工の決定、資金の調達、管理など会計主任として関わった。守安治一郎こそは父徳太郎の後を受けて、明治の菩提寺復興・「復宗」事業の中心的存在だったのだ（図9－5）。

明治二二（一八八九）年に豊並村長、明治三七（一九〇四）年には豊並村選出の勝田郡会議員に当選。銀杏調査の四三（一九一〇）年当時は二度目の郡会議員だった（『合併記念勝田郡誌』）。

とすれば、この調査に際しても立会人として前面に立ち、調査後は結果を受けてイチョウを維持していく立場にあった人物と推察できるだろう。想像を逞しくすれば、これほどまで綿密詳細な調査を行ったのは、郡役所、村役場主導というより、立会人のほうからの提案だった可能性もある。郡会議員守安治一郎が率先して役所・役場を動かし、誇るべきイチョウの巨木を徹底的に記録しようとしたと考えても不思議はない。

改めて、菩提寺イチョウは幕末・明治の時代、守安徳太郎・治一郎という親子のリーダーシップにより保護され管理されてきたことが見えてくる。特にそれは廃寺後の菩提寺の復興と浄土宗への「復宗」運動とセットになっていた。何よりも浄土宗の始祖法然上人お手植えの木という伝承を「史実」と受け止めていたこと、これこそが強固な心の支えになっていたのだろう。寺阪が記録した詳細な調査報告も、結局のところどこにあったかは断定できなかったが、守安家の今は失われた史料類のなかに含まれていたと考えるのが最も穏当ではないだろうか。

それにしても、今のところ近代以降で全国的に見てもこれほど詳細なデータと、それに近い頃の写真が備わっている例を私は知らない。似たものとして第二章で紹介した岩手県久慈長泉寺のイチョウの大正元（一九一二）年の調査がある。「久慈町小林区役人来視して本尺を明細に書記す」「四十二尺六寸」。ただこれとて菩提寺のような徹底した調査だったかどうか、今残る数字だけではとてもそこまで詳しいものだったとは思えない。

なぜこの時期、岡山県勝田郡役所のもとでこれほど詳細な調査が寺・村の関係者立ち合いで行われたのか。翌明治四四（一九一一）年は法然上人七百年遠忌だが、それは一宗派の行事であって公的な郡役所が動くようなことではない。何かそれとは根本的に違う社会的に大きな動きがあったことが推測される。それはどんな動きか。

植物学者三好學「天然記念物保存」の必要性を説く

明治維新以後の急激な社会の変化により、古くからの貴重な文化財が破壊されたり海外に流出したりして、日本の伝統的な文化は大きな危機を迎えていた。その流れを食い止めようと明治三〇（一八九七）年「古社寺保存法」が制定され、日本の文化財行政がスタートする。しかしこれは寺社の建築、仏像等に限られる非常に限定的なものだった。

それに対して動物・植物・鉱物など「自然の記念碑」ともいうべきものの保存を求める声は一〇年遅く、日露戦争（一九〇四〜〇五）後に始まる。明治三九（一九〇六）年、東京帝国大学教授の植物学者三好學が「名木ノ伐滅幷(ならび)ニ其(その)保存ノ必要」という論文で主張したのが最初だ（図9-6）。三好は土地の開墾、鉄道の敷設、道路の開通、市区の改正、工場の建設といった文明の進歩、国家の隆盛、産業の発達にともなう負の側面に注目した。樹木の乱伐や枯死、汚染による魚貝類の死滅を人為的なものと指摘し、急ぎその保存の必要性を説いた。

少し遅れて明治四三（一九一〇）年、紀州徳川家の当主徳川頼倫(よりみち)は私設の図書館「南葵(なんき)文庫」で「史蹟史樹保存茶話会」という名の会合を開く。「史樹」という新しい言葉が使われた。

南葵文庫は明治四一（一九〇八）年に新館が落成し図書館として公開された。館主徳川頼倫はこの場を、書物を読む「目学問」だけでなく、「耳学問」の場にもするという構想を抱いていた。開催された

図9-6　三好學（国立国会図書館「近代日本人の肖像」より。『植物研究雑誌』2-2掲載、1918年）。

学術講話、展覧会、演奏会などテーマの多様さと、講師、出演者の多彩さは驚くべきものがある（坪田茉莉子『南葵文庫——目学問・耳学問』）。当代最高の学術文化的サロンの一つでもあった。

問題の茶話会では史蹟や歴史的に見るべき重要な木、つまり「史樹」と名づけられたものについての講演が行われ、その後談論が交わされた。政財界人とは異なる各界の名士が参加した。すでに名木保存の主張をあちこちで発表していた三好はこのメンバーにも積極的に働きかけた。以後両者は急速に接近する。

翌明治四四（一九一一）年、貴族院、次いで衆議院に「史蹟及天然記念物保存ニ関スル建議案」が提出される。三好によって翻訳された「天然記（紀）念物(*)」という名称が採用された。政府が速やかに適当な方法を設けて保存の道を講じるように決議された。

続いて「史蹟名勝天然紀念物保存協会」（以下「保存協会」と略す）が設立され、南葵文庫に仮本部が置かれた。こうして明治末年に史蹟・名勝・天然記念物三者の保存が結びついた運動が開始されることになる（丸山宏「『史蹟名勝天然紀念物』の潮流—保存運動への道程」）。

＊七四頁、一二一頁でも記したが「紀念物」と「記念物」は当時から混用されていて、必ずしも厳密に区別されているわけではない。三好も両方使っている。傾向としては戦前は法律名、会名、書名は「紀念物」の使用が多い。

明治天皇崩御による休止期間をはさみ、大正三（一九一四）年、保存協会の機関誌『史蹟名勝天然紀念物』が発刊される。最初は隔月刊、三年後からは月刊に変わった。講演会の内容や学術論考、保存思想啓発のための論説などとともに地方の動向も報告され、全国的な情報の発信、交換の場となった。

「史蹟名勝天然紀念物保存法」制定における「郷土」の位置づけ

保存協会自体は民間団体だ。しかしメンバーのなかには、政府役人、特に内務官僚も含まれていた。日露戦争後、政府は荒廃した地方を立て直すべく「地方改良運動」を始める。内務省が担った。その重要な柱として、地方は「郷土」という観点から大きく取り上げられた。「愛郷心」を育てること、それを基盤とした「愛国心」の醸成が目指された。天皇を頂点とする国家への忠誠、ナショナリズムの形成が意図される。史蹟名勝天然記念物保存への関わり方も、国、ことに内務省の場合、この「国民教化」に眼目があった（高木博志「史蹟・名勝の成立」）。

それに対して「天然記念物保存」を最初に主張した三好にはもともと「郷土」から「国家」へという強い方向性は見られない。むしろ欧米の実例を多くあげ「郷土の天然記念物保存」を実行する母体は公共団体、もしくは私立の自治機関だとしている。国家事業として政府が保存に強く関与するのは三好が留学したドイツのなかでもプロシアくらいで、三好自身は「郷土の天然記念物を保護するにはその土地の人々が熱心に尽力すべきもの」という考えに共鳴していた（三好學『天然記念物』）。

「郷土」という言葉は「天然記念物保存」運動のキーワードともいうべきものだ。三好も「郷土事業としての天然紀念物保存」という講演をしている（『史蹟名勝天然紀念物』第五回報告、大正五〈一九一六〉年刊）。「郷土の特色」「郷土の体面」「土地の宝」という言葉を盛んに使った。「郷土の体面」とは、文明国においては、その土地の価値あるもの、土地の宝を尊重し保存しているかどうかが、外からの評価に大きく影響するということだ。近代的文明国たらんとして外の目を気にする傾向は確かに三好にもある。しかしここにはまだ三好の「国家」重視や「愛国心」という見方はほとんど表面化していない。

こうした姿勢は、すでに『大日本老樹名木誌』を刊行していた本多静六と対照的だ。この本は国内・朝鮮・台湾の老樹名木を総覧した日本で最初の書として非常に貴重なものだが、本多は大正五（一九一六）年にこうも発言している。「自分の一村一郷を愛する心のある人にして、初めて完全な愛国心が起こりうるのだ」「その地方の老樹・名木はその地方の風致や風俗、また学術上に大きな利益があるだけでなく、偉大な帝国の建設上に欠くべからざるものだ」と（「天然紀念物と老樹名木」）。老樹名木は愛郷心から愛国心へとまっすぐ延びる国家主義の道の上に完全に位置づけられてしまっていた。

本多とは姿勢に違いがあった三好だが「史蹟名勝天然紀念物保存法」が制定された大正八（一九一九）年、念願叶ったときにはこう書いた（「史蹟名勝天然紀念物保存法の発布に就て」）。大意をとる。

外国の保存機関は国々によって一様ではない。それぞれの国情習慣によるのであって、わが国には天皇を頂く「国体」がある。建国の歴史は古く、神代から今日まで二千五百余年にわたる史蹟や優れた名勝がある。天然物の特異な分布も地理上の恩恵を受けた結果だから、この三つ（史蹟・名勝・天然記念物）を合わせてともに保存することは、わが国の保存事業の場合最も適当なやり方だ。「国体」のうえからも必要であり、風致を維持し、国民性を陶冶（育成）していくうえでは欠くべからざるものだ。

もともと三好が天然記念物の保存を説くときは、もちろん国には統一的基準による保護も求めてはいるが、どちらかというと「郷土」に重点があった。ところが史蹟・名勝という天皇中心の歴史観、国家観に強く影響されるものと一緒に保存の法律を制定しようとすると、どうしても「国家」「国体」を前面に出さねばならなくなる。実際法案を整え、承認への道筋をつけてくれたのは内務省の官僚たちだった。三好念願の天然記念物保存は日本の場合、地方の公共団体、自治機関や民間団体ではなく、政府による国家的保存がふさわしいと考えたのだろう。

あれだけ強調していた「郷土の誇り」「郷土事業」「土地の宝」という言葉はこの論文にはない。「愛郷心から愛国心へ」一直線ともいえる本多のような直截な言い方はしないが、三好の場合でも、天然記念物保存の主体は「郷土」から「国家」に移っていた。天然記念物保存は「国民性を陶冶（育成）する」うえで必要という内務官僚の目指す「国民教化」の方向に吸い上げられてしまった感がある。

明治四三年の菩提寺イチョウ調査は誰が主導したか

このような中央での動向を踏まえ、もう一度岡山県勝田郡役所による菩提寺イチョウ調査を振り返ってみよう。調査は明治四三（一九一〇）年となっている（月日は不明）。翌四四年に「史蹟及天然記念物保存ニ関スル建議案」が貴族院と衆議院で承認された。当然内務大臣から地方に訓令が発せられ（三好學「史蹟名勝天然紀念物保存事業の由来」）、すぐに実地の調査も開始されただろう。岩手県久慈長泉寺のイチョウ調査は大正元（一九一二）年とあった。この訓令を受けて実施されたものだろう。全国各地でも行われたに違いない。

しかし菩提寺の場合はそれよりさらに早い。両議院で「建議案」が承認され「保存協会」ができるよりも前の明治四三（一九一〇）年だ。岡山県勝田郡役所は何を受けてこんなに早い動きをしたのか。実のところその根拠はまだつかめていない。

当事者でもあった高円村の守安治一郎らは「天然記念物保存」という新しい欧米由来の主張が中央で起きていることなど知っていただろうか。郡会議員でもあったことから中央からの情報に接する機会はあったとは思われるが。そこでもう少し三好學の啓蒙活動を見てみよう。

三好學は明治三九（一九〇六）年「名木ノ伐滅幷ニ其の保存の必要」という論文を『東洋学芸雑誌』という学術総合雑誌に寄稿したことは先に述べた。翌四〇年には続けざまに複数の方法で名木保存を世間に訴えている。一つは先の論文を植物学の専門誌『植物学雑誌』に転載。同時に博文館発行の総合雑誌『太陽』に、よりわかりやすく名木保存の方法まで書いて掲載した。ここでは従来の「名木」ではなく「天然記念物」という言葉を初めて使っている。

雑誌だけではない。『太陽』掲載の文を同社はすぐに『植物学叢話』という刊本にして発行した。反響があると見たのだろう。さらに三好はよりコンパクトにした文を西欧化批判の雑誌『日本及日本人』にも投稿。この年は次々啓蒙活動を実施し、名木保存問題の普及に努めた。

三好は明治四三年から四四年にかけて積極的に各界名士に働きかけるが、それより前にこれだけの啓発活動を行っていた。どれくらい地方にも伝播、浸透していたかはつかめていないが、雑誌『太陽』は博文館公表で一〇万部発行というから、地方にもかなり広い読者層があったのだろう。これに刺戟されて天然記念物保存の必要性は中央だけでなく、問題関心のあった地域の先進的な人たちにも共有され始めていたのではないか。

もともと菩提寺復活にも強い意欲を示して実現してきた高円村の人々だ。国家による保存が現実課題になり始め、官からの指令が来るよりも前に、三好の呼びかけを受けとめ、まずは郷土の誇りとして自ら巨樹保存の意思、行為を示しつつあったと考えたい。全国にも他に例を見ない独自の詳細な測定が行われている。これは決して受け身の態度から来るものではない。郡会議員でもあった守安治一郎らは積極的に郡役所を動かして、この調査に持っていったのではないかと私は考えている。

大正八（一九一九）年「史蹟名勝天然紀念物保存法」が制定された。保存すべきものの細目も決まる。そして翌九年から順次指定が始まった。イチョウの場合、一回目の指定は大正一五（一九二六）年一〇月で、青森県法量、宮城県苦竹、東京府麻布善福寺、富山県氷見上日寺、佐賀県有田であった。岡山県菩提寺はそれに続く第二回目で、昭和三（一九二八）年一月、国の「史蹟名勝天然紀（記）念物」指定を受けている。

第一〇章　菩提寺イチョウに吹く新しい風

「国民教化」から解放された戦後の天然記念物保存

史蹟・名勝の指定は、大正八（一九一九）年の最初の段階から国家思想を発揚し、国民性を涵養する目的があった。昭和に入るとますます天皇関係の史蹟、つまり「聖蹟」が指定されることが多くなり、皇国史観色がいっそう強まった（西村幸夫「「史蹟」保存の理念的枠組みの成立」）。

しかし昭和二〇（一九四五）年の敗戦は、「史蹟名勝天然紀念物」の位置づけに根本的な変更を迫ることとなった。新憲法の制定により皇国史観は否定され、天皇主権国家から国民主権の国家に切り替わる。昭和二三（一九四八）年、連合軍総司令部（ＧＨＱ）の指示により明治天皇聖跡三七七カ所は一括解除された（文化庁『文化財保護法五十年史』）。二五年には旧「史蹟名勝天然紀念物保存法」は廃止され、代わって「文化財保護法」が制定される。天然記念物を含む文化財は「国民的財産」と位置づけし直された。

こうしたなかでも自然系の天然記念物では直接大きな変化はなく、枯死、倒伏、戦災などによる解除はあったものの戦前の指定が継承された。もちろん本多静六が強調したような、「老樹・名木が偉大な帝国の建設上に欠くべからざるもの」というような、木の国家への奉仕、従属といった考えは一掃される。「国民教化」からは解放され、「国民の文化的向上を目的とする」ものとなった。木の新たな価値については、木に接する各個人のさまざまな思い、期待に任されることとなる。

奈義町議会でのやりとり

平成二〇（二〇〇八）年一二月、奈義町議会では菩提寺とイチョウについて芦田一郎町議会議員と花房昭夫町長との間におよそ次のようなやりとりが交わされた。（『奈義町議会だより　一〇九号』平成二一〈二〇〇九〉年二月一日発行）

議員　町外から菩提寺イチョウの観光に来る人は多いが、周囲の雰囲気があまりよくない。宝の持ち腐れだ。「菩提寺の地権者と地元の関係を我々はよく承知しているが、町外からは、行政はなぜ放置しているのかと心配されている。本堂の屋根は穴があき、垂木が落下しかけ、山門や鐘楼は傾いており、参詣者は危険な所を避けて通っている状態だ。今のままで放っておくと、荒れ放題という印象を外部の人に与えかねない。今後修復し、外部からの参詣者が普通に見て回れる程度のことはやっておくべきではないか。

町長　菩提寺は奈義町にとって観光の一番の資源だ。大イチョウは昭和三（一九二八）年に国の天然記念物指定を受け、町のシンボル的存在として町内外の人に非常に親しまれている。本堂は明治一四（一八八一）年に建立されたが、現在は住職により施設管理が行われている。行政が宗教法人の所管する境内について、景観形成をはじめとする個々の行政指導を行うことは関係法令に抵触する場合がある。しかし本町を代表する貴重な文化財指定等であるので、地元の高円地区で組織されている菩提寺奉賛会や奈義町観光協会と連携を図りながら、歴史的な文化財産を後世に継承する責務もあり、今後も最大限取り組んでまいりたい。

平成二〇（二〇〇八）年といえば、私が初めて菩提寺イチョウに出会ったときから三年後だ。ここで交わされている質疑応答と全く同じようなことを私自身も現場で感じたし、案内してくださった人たちからもそう説明を受けた。戦後の菩提寺とイチョウは、ある時期から行政側と宗教法人との微妙な関係もあって、必ずしも管理が行き届いているとはいえない状態が続いていたのだ。平成二（一九九〇）年に菩提寺イチョウ奉賛会が設立されたとは聞いた。同五年、六年にイチョウに対して樹勢の診断と治療が実施されるなどしたものの、その後はかばかしい進展はなかったのだろう。

しかし右のやりとりがなされて以降、新たな展開があった。長々と書き進めてきた「木の伝記」の最終章としてそのことを書いておこう。

樹木医の提案とＤＮＡ鑑定――「天明イチョウ」の誕生

平成二二（二〇一〇）、二三年、樹木医原田照太氏による樹勢診断が実施された。衰退判定はⅢと出た。

健康とまではいえず、イチョウそのものの周辺環境の整備の必要性が指摘された。平成二五（二〇一三）年にはイチョウと枝が触れ合う周辺の支障木を一部伐採してイチョウへの風通しをよくし、根の周辺を歩くことによる踏圧害防止のための仮の外周柵を設置した。

同時に重要な提案があった。菩提寺イチョウの北東側のすぐ後ろの傾斜地に生えている古木イチョウと菩提寺イチョウのＤＮＡを調べて、二つに関係があるかないか鑑定してはどうかと。「明治四三（一九一〇）年調査報告書」（『美作高円史』所収）の記述が事実か否か確認してみてはという提案だ。明治四三年の報告書にはこうあった。

この大樹の北の方へ向かう大枝は、天明年間（一七八一～八九）大雪のため半折れし、枝の先端が土中に突き入り、そこから芽が出て木になった。今を去ること一三〇年。その折れた枝は生存してしばらくは本体とつながっていたが、明治二〇（一八八七）年、大雪暴風で夜中に離れ落ち、現在はその様子を見ることができない。

平成二五（二〇一三）年八月、九州大学大学院農学研究院白石進教授の指導によりＤＮＡ検査が実施された。翌二六年二月鑑定結果が報告され、二つのＤＮＡは完全に一致すると判定された。古木イチョウは菩提寺イチョウのクローンと証明されたのである。その後名前が募集された結果、古木イチョウは「天明イチョウ」と命名された（図10－1）。

図10-1　「天明イチョウ」から親木の菩提寺イチョウを見る。2005年、著者撮影。

すでに堀さんはこのような形でのクローンの存在を青森県七戸町の例で気づいている（写真と資料が語る日本の巨木イチョウ』二九九頁　写真一三）。垂れ下がった巨樹の枝が地に触れ、そこから細いイチョウの幹が垂直に上に伸びている。天明イチョウのような折れた枝先とは状況は違うが、類似の事例といえるだろう。私もそう推定される例を青森県階上町道仏のイチョウで見ている。しかし私が見た道仏のイチョウの場合は二本のイチョウが現在完全に離れているし、記録もない。印象的判断からくる可能性にとどまっていた。

今回菩提寺イチョウと古木イチョウの間で精密な鑑定が行われた結果、科学的にもクローン関係が証明された。記録に書かれていたことが裏づけられたわけで、全国で初めての確認事例といえる。イチョウの歴史研究にとって画期的な出来事だ。今後同様の関係が確認される例が増えるだろう。

平成二六（二〇一四）年には文化庁から補助金が出

図10-2　現在の菩提寺イチョウを観察するための木道。2022年、著者撮影。

て踏圧防止のための木道が整備された。古い説明板に替えて新たなものが設置され、大枝を支える金属の支柱の塗装も実施された。イチョウのある奈義町、岡山県、文化庁の連携によって支援態勢は整い、周辺環境は見違えるように整備された（図10－2）。明らかに観光を意識したもので、菩提寺イチョウ、天明イチョウの注目度は一挙に高くなった。菩提寺イチョウにも新しい風が吹き始めたのである。

このめでたい結果を記したところで私の『木に伝記あり』も終わりにしたいところだが、実のところまだ終われない。文献史料にこだわり続けてきた者としては、ここにもまだいくつかの疑問点、問題点が残されているからだ。

「天明年中」とは何年のことか

大枝が折れ、先端が大地を突き刺した年は

「天明のたび」と「明治四三（一九一〇）年調査報告書」には書かれている。ふつう「天明年間」と説明してすまされることが多いのだが、もう少し年代を絞れないものか。

『津山学ことはじめ――津山歴史散歩百話』に、天明三（一七八三）年晦日から四年一月三日（西暦＝グレゴリウス暦一七八四年一月二四日）にかけて津山地方は未曽有の大雪となり、二尺六寸（約七九センチ）積もったとある。大坂に出ていた奉公人は実家が大雪でつぶれ、急ぎ帰郷したという実話があるほどだ（『美作孝民記』巻之五）。

天明三年といえば、七月八日（西暦八月五日）に浅間山が大噴火した。アイルランドのラキ火山も大噴火し北半球の温度は低下、異常現象のため世界的な冷害、凶作を引き起こしたといわれている。津山地方の大雪もこれと関係していた可能性があるのではないか。

菩提寺のイチョウの大枝が折れて地面を突き刺し、そこから木が立ち上がったことを裏づける江戸時代の資料はないのだろうか。思い出そう。『東作誌』を書いた正木輝雄に協力した皆木保実という人物のいたことを。彼が描いた『白玉拾』の菩提寺イチョウの絵は写実性に乏しくイメージ性が強かった。しかし改めてここでは絵の横に記された文字に注目してみよう。

「この枝根を出したり巡二尺ばかり（この枝が根を出した、巡りは二尺ほど）」と記されている。ごく短い記述だが、一本の枝が（折れて大地に刺さり、その先から）根が出たと読める。太さは「巡り」つまり円周二尺（六一センチ）だと。

『白玉拾』の執筆は文化年間（一八〇四～一八）から天保年間（一八三〇～四四）とされていて幅があり

すぎる。しかし皆木が山に登ったのはこの周辺の記事から文化九（一八一二）年とあるからきっとそのときのことだろう。イチョウは三八年間ですでに「巡り二尺」ほど、円周六一センチ、直径にして二〇センチ弱にまで生長していたのだ。このときは折れた大枝も本体とは連結していたのだが、そこまでは文字にしていない。しかし「この枝が根を出した」という表現を受けて絵を見ると、なるほどそうらしくも見える。ごく短い一文だが、絵と併せ見ると想像力も刺戟されて興味は尽きない。

離脱した年に異説あり

離脱した年についてはどうか。「明治四三（一九一〇）年調査報告書」では明治二〇（一八八七）年のこととしていた。ところが同じ『美作高円史』（七一、七〇頁に錯簡あり）に収録された守安徳太郎の『菩提寺古今録』にはこうある。

同（明治）二九（一八九六）年八月三〇日、古来未曾有の大風害によってまたもや高い枝が折れて下に落ち懸かった。親木から「二代イチョウ」（子のイチョウのこと）を生んだ木の元と末をつないでいた半折れの枝は、百三十年の間に折れ口が腐っていたのだろう、落ちてきた新しい枝の重みで「親子」をつないでいた枝は完全に離れ、もはやかつての姿を留めていない。

「またもや」といっているのは明治一五（一八八二）年八月五日にも同様のことがあったからだ。徳太郎は書いている。

八月五日未曽有の大風によって高い大枝が吹き折れて落下し、大樹本体にも大きな損傷を負わせた。人夫をもって片付けさせ、住職が不在だったので津山の泰安寺を通して九月一三日京都の本山知恩院に伺いをたてたところ、二二日に本山から献納するようにとの指令を頂いた。そこで陸路と川船で西大寺湊まで運び、その先瀬戸内海、さらに淀川を遡上させて知恩院まで運んだ。運賃は西大寺湊までは菩提寺が持ち、その先本山までは本山側が支払った。その後本山のほうで「念珠」に仕立て、末流の信徒に配った。

この話は折れた枝を運ぶ運賃やイチョウの最後の利用法まで書かれていてリアリティーがある。知恩院側には関連資料は残っていなかったが、本山の記録のあり方としてはそういうことは書かないから不思議ではないという（知恩院史料編纂所談）。

ちなみに菩提寺イチョウを襲った二度の大風は、全国的にも有名な「局地風」のひとつ「広戸風（ひろとかぜ）」の可能性が強い。八、九、一〇月の台風の季節を中心に、日本海側からの風が那岐山系の山を越えて吹きおろす際に発生する強風だ。「おろし」の代表的なもので、影響を被る区域は東西一二キロ、南北八キロと限られている（『岡山県史 第一巻 自然風土』）。菩提寺辺はこの局地風の端（はし）で、寺もちょうどポケットに入るような感じに位置している。そのお陰でイチョウも被害を逸れ生き残ってきた（岡本美昭氏談）。

しかし時にはこのように大枝の折れる被害も被った。

このように『菩提寺古今録』はイチョウの被災のことも日を特定して詳しく書いていた。一方「明治四三（一九一〇）年調査報告書」は、明治二〇（一八八七）年に大雪暴風で折れた木が完全に離脱したという。そんなだいじなことはもう少し詳しく書き留めておいてもよかっただろうに、あまりに大雑把すぎる。『津山治水永例及風火水災取調書』（明治二七〈一八九四〉年刊）という書には明治二〇年八月六日、津山で洪水が起きたことは書かれている。しかしこの年「大雪暴風」という冬の被害は記されていない。

以上のことから、これまで『菩提寺古今録』の正確性を評価してきた私としては、明治二九（一八九六）年離脱説を支持したい。天明四（一七八四）年正月に折れた大枝は明治二九（一八九六）年八月までつながっていたと考える。一一二年間（一三〇年というのは正しくないだろう）「橋を架せる如くなり（あたかも橋を架けたような状態であった）」（内務省『天然紀念物及名勝調査報告　植物之部　第八輯』）姿を保ち続けたことになる。

阿弥陀堂イチョウは親木、菩提寺イチョウは子木という伝説は疑問

九州大学のDNA鑑定は菩提寺イチョウ、天明イチョウ以外にも阿弥陀堂のイチョウ（奈義町小坂）、河原のイチョウ（勝央町河原）、誕生寺（久米南町）のイチョウについても行われた。この三本は佐藤さんもすでにDNA検査を行っている。誕生寺は異なるタイプ、他は同じタイプと判定していた。今回は

図 10-3　因幡道を杉が乢から下ってきて小坂阿弥陀堂のイチョウを望む。手前を流れるのは馬桑川。2024 年、小島徹氏撮影。

さらに詳細な鑑定で、誕生寺以外の菩提寺、小坂阿弥陀堂、河原出雲井の三本のイチョウがいずれも同一のクローン関係にあることが完全に証明された。

小坂阿弥陀堂のイチョウと菩提寺イチョウの関係でしばしば語られる伝説がある。勢至丸（法然幼名）が菩提寺に修学にあがるとき、麓の小坂のイチョウの枝を杖にしてあがった。寺に着いてそれを願いとともに挿して生長したのが今の菩提寺イチョウだという（図10-3）。小坂のイチョウが「親木」、菩提寺イチョウが「子木」という関係だ。地元では常識のように語られるが、私はこの伝えの根拠を知らない。伝統なりにどのように伝えられてきたのか。文字になったものはないのかが知りたい。今回クローン関係が証明されたことで、根拠のない伝説が裏付けられたかのように誤解される恐れもある。これには待ったをかけておきたい。

そもそも菩提寺イチョウは、推定樹齢からしても法然存世の平安末、鎌倉初期に届かないことはすでに述べた。一方阿弥陀堂イチョウは幹周六七七センチ（環境庁・一九八八、環境省・二〇二〇で九二九センチに変更）で、いかに大きく見積もっても菩提寺イチョウの幹周(*)、樹齢を越えることはできない。先の伝説が史実として成り立たないのはいうまでもない。伝説のストーリーとしてもありがちなごく単純なもので、今後もあくまで「伝説」のレベルにとどめるべきだ。クローン関係の由来は伝説とは切り離して考えなければならない。

＊菩提寺イチョウの幹周は、環境庁一九八八・二〇〇〇確認で一三四八センチ、二〇二四確認で一二一〇センチに変更。

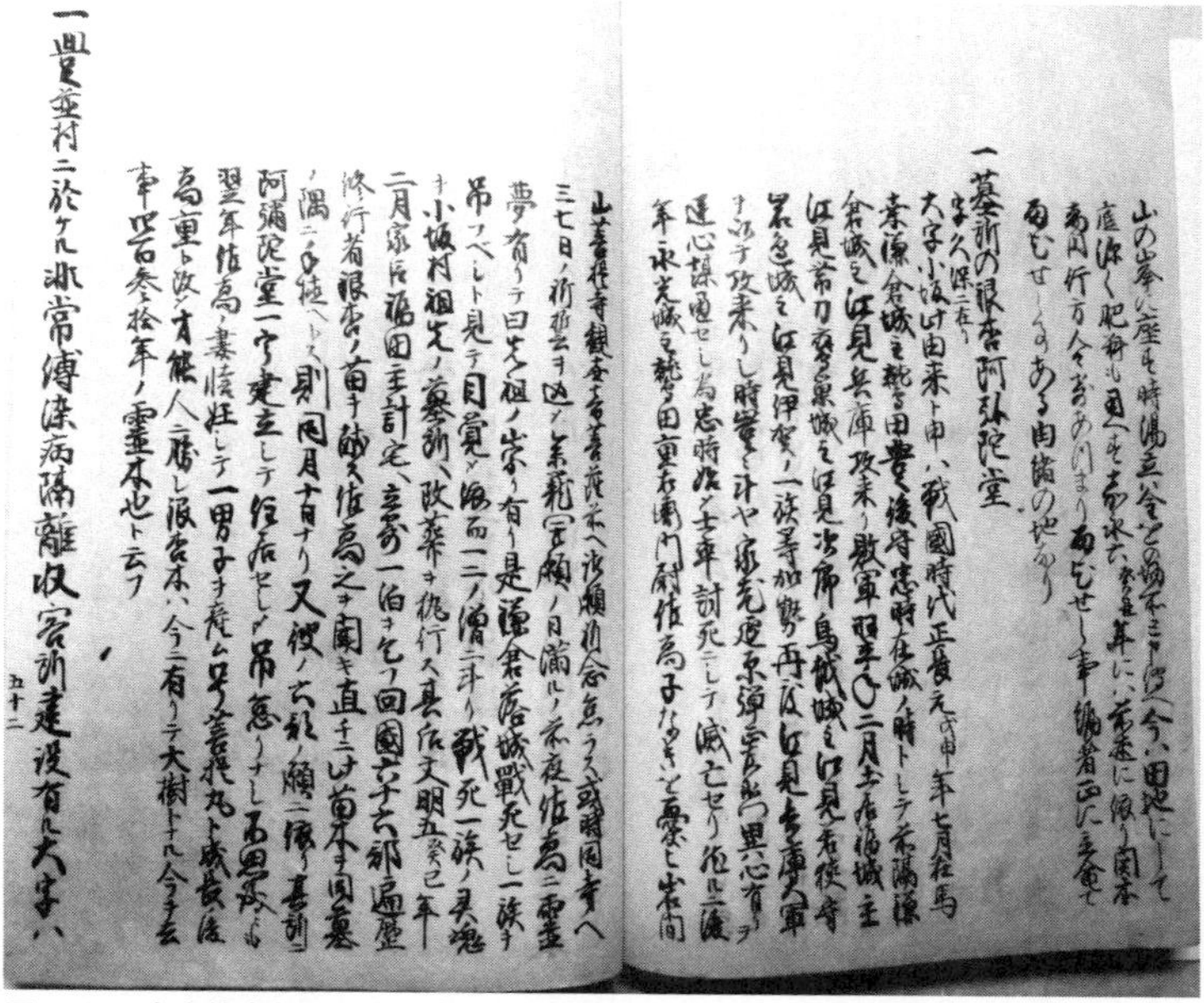

図10-4　守安徳太郎が記した「墓所の銀杏阿弥陀堂」（『豊並村古今村誌』より。岡山県立図書館蔵）。

全く異なる阿弥陀堂イチョウ伝説

守安徳太郎が記した『豊並村古今村誌』には、阿弥陀堂イチョウについて全く異なる伝説が書かれていた。「墓所の銀杏阿弥陀堂」というタイトルになっている（図10－4）。書き下しは省略するが、要点は以下のようだ。

永光城主鷲田佐高は子どものないことを憂い、常々菩提寺の観世音菩薩に願をかけていた。あるとき参籠して満願になる前夜、霊夢を蒙った。合戦で戦死した一族の霊を弔うべしと。そこで佐高は小坂村にある先祖の墓所に戦死者を改葬した。

文明五（一四七三）年二月、佐高の家臣福田主計の家に一宿を乞う回国六十六部遍歴の修行者が立ち寄った。泊めてもらったお礼であろうか、イチョウの苗木を献じた。福田の主人佐高はこれを聞き伝え、すぐにその苗木を先祖の墓の隅に植えた。また六部の願いにより阿弥陀堂一宇を建立して住まわせた。それによって一族の弔いも滞り（とどこお）なく行えた。

不思議なことに翌年佐高の妻は懐妊し男子を生んだ。菩提丸と名づけられた子は成長して高重と改名し、人に勝る才能豊かな人物となった。墓のイチョウの木は大樹となって現在に至っている。今を去ること四三〇年の霊木だ。

小坂村は関本村から杉が峠（たわ）を越え馬桑川に下った所にある小さな村だ。北は馬桑村から黒尾峠を越えて因幡国へ、南は皆木村を通って備前国に向かう。これらの村は念仏行者の活動した文化の頃、高円村とともに「菩提寺講中」を組織した山麓五か村の村々だ。『東作誌』には、かつて小坂には幸福寺という阿弥陀三尊を祀る寺があり、石塔が多くあると記されている（図10－5）。

伝説を読み解く

徳太郎が書き留めた伝説は、永光城主鷲田佐高についての対照的な二つの話で構成されている。永光城は関本村の西北丘陵上にある小さな山城だから、この地の領主の話ということになる。

話の一つは佐高が菩提寺観音に対して「申し子」をする「生命誕生」の話、もう一つは佐高が一族の

図10-5　小坂の石碑群から北方、因幡国との境界黒尾峠方向を望む。石碑は右から宝篋印塔、無縫塔、五輪塔と並ぶ。2005年、著者撮影。

不遇な死者を弔い鎮魂する「死者」の話だ。観音に対する申し子がうまく成就して立派な後継ぎが誕生するためには、異常死した一族の戦死者をきちんと墓所に入れて弔うことが必要だった。このように生と死とが切り離せない背中合わせの話になっている。

さらに死者の弔いが十全に果たされるためには、「六十六部」という宗教者と、極楽浄土への往生に導く阿弥陀仏の安置された「阿弥陀堂」が必要だった。加えて墓を飾るものも要った。イチョウはその荘厳の飾りという役割をもって植えられた。これだけのことを用意してはじめて望み通り佐高に後継ぎが生まれ、「菩提丸」と名づけられた子は立派に成長することができたというのである。

幕末、明治を生きた守安徳太郎によって書き留められたこの伝説は、これまで全く知られていなかった。よく観察すると、この伝説は佐高の菩提寺観音に対する申し子成就の話とは別の、もう一面を持っていることに気づく。現在目にすることのできる小坂の空間の由来を語っているということだ。

まず今や立派に生長して大樹となった「イチョウ」。次に南北朝時代の年号も入る宝篋印塔、五輪塔、供養塔などのある「墓所」。それに元は幸福寺と呼ばれていたらしいが、今は「阿弥陀堂のイチョウ」と呼ばれるほど地域でもなじみのある「阿弥陀堂」。「小坂」といえばこの三つの名があがるほどに著名な三者の結びつきの、歴史的な由来を語っているのである。

菩提寺周辺にも「六部」がいた

では誰がその伝説をつくり、語り伝えたのか。伝説そのものの中心にいる者を考えれば解けるだろう。イチョウの枝を他から運び込んだのは「六部」と略称される六十六部の回国聖だった。阿弥陀堂をつくってもらって住まいし、弔いを行ったのも六部だった。もちろん石塔や墓の供養にも六部は関わった。まさに、すべてに関わった六部こそが伝説の中心に位置していたのだ。

六部はすでに中世、室町時代には活動していたといわれる。伝説では、この話は文明五（一四七三）年のこととなっており、植えられたイチョウの樹齢も四三〇年になるという。四三〇年というのは、この伝説を書き留めた守安徳太郎が活動した時点までのことだろう。応仁の乱の最中の話ということになる。現在のイチョウの樹齢としてはそれでもいいが、六部の話をそこまでさかのぼらせることができるかどうかははなはだ疑わしい。六部が盛んになるのは近世のことだ。

六部で思い出されるのは、幕末近く「菩提寺第二の中興」ともいわれた喜悦房のことだ。麓の沢村随泉寺から「菩提寺留守居」として送り込まれ、念仏行者の派手な活動の後始末をし、地道な活動で負債を返却して菩提寺を立て直した人物。彼もまた阿弥陀信仰の人、念仏の六部だった。間違いなく菩提寺の復興に大きな役割を果たした六部がいた。

先にも書いたように、六部には阿弥陀信仰と親和的な修行者が多かったといわれている。小坂阿弥陀堂の背後にもそうした人物たちの影が見えてくる。喜悦房もそのなかのひとりだったかもしれない。伝説にはこうした念仏系の六部が関わっていたことは間違いないだろう。

小坂阿弥陀堂に伝わった伝説はこういうものであった。阿弥陀堂イチョウが親木、菩提寺イチョウが子木というような単純な話は全く問題になっていなかった。

最後に——改めて『美作高円史』あってこそ

いよいよ最後だ。もう一度菩提寺イチョウと天明イチョウに戻ろう。雪害という自然災害をきっかけに、元のイチョウがクローンのイチョウを生んだ。「二代のイチョウ」「親子のイチョウ」といわれるゆえんだ。何よりもまず植物としてのイチョウ独特の強靱な生命力がこうした関係をつくり出した。次にその二本がクローン関係にあることが証明された。ＤＮＡ鑑定という自然科学分野の急速な進歩がこれを可能にした。

そしてもう一つ、二本のイチョウのＤＮＡ鑑定へと導くきっかけをつくったのは「文字史料」の存在だ。天明年間（一七八一〜八九）の大雪で起きた出来事とその後を記した文字史料がなければ、ＤＮＡ鑑定を試みようという判断にまでは進まなかっただろう。

生物としてのイチョウそのものの生命力、肉眼では見えない生命誕生の仕組みを見ることのできる現代自然科学の力、そして人間が経験したこと、見聞したことを書き留めた文字史料の力、この三つの力が組み合わされたことで、二本のイチョウにもこれまでとは違った意味が与えられ、新しい世界が開けた。ここでもまた私たちは『美作高円史』という、半ば埋もれかかっていた古い文献の力を思い知らされるのである。

おわりに

最後に書いておきたいことがある。実は、この『木に「伝記」あり』を書く試みには導きの糸があった。平成元（一九八九）年に東京渋谷区の広尾で立ち上がった「一本の樹プロジェクト」のことだ。その頃、渋谷の住宅街で樹齢一〇〇年余りのケヤキが伐られることになった。これを惜しむ人がケヤキに寄りそって一つの運動を起こした。伐採停止を声高に叫んだわけではない。しかたのないことと受け止めながらも、「ならば」とその一本の木の命に徹底的に関わった。多くの人に呼びかけ、伐られていく木の命をそれぞれが自分の考える形にしてケヤキと自分の物語をつくってもらうことを企画した。

ケヤキまつりが行われ、伐採当日は「ケヤキ」を送る儀式から伐採終了まで一部始終が撮影され記録された。その後は枝、葉っぱ、幹、根っこ等解体されたケヤキのすべてを参加者が自分の希望に応じて持ち帰り、作品をつくる。そして三年後、大々的な展覧会も開かれた。この試みに参加できなかったり、期間中に見ることのできなかった人に向けては『樹〈一本の樹から地球へ〉』というバインダー式のブックも作られた。

私はこのプロジェクトに参加したわけではない。こんな試みのあったことを後で知り、ブックを購入して読んだ。青少年向けの本『一本の樹からはじまった』も出版された。失われていく一本の木に対して、ここまで敬意をもって心のこもった見送りをする人々のいたことに感動した。

それは「個」としての木が、人々に対してそれだけの熱意と多様性を呼び起こしてくれるパワーを持っていたからだろう。この木のエネルギーを受け止めて何か形にして残そうと考え企画した人がいた。呼びかけに応じて参加した数百人もの人が、それぞれ自分にできることを工夫し力を発揮した。木と人が一体となってつくり得た素晴らしい作品、成果だった。小さくてまことに大きな運動、参加した人々の思いと多様性に驚く。

今回菩提寺イチョウとその稀有な史料に出会ったとき、このプロジェクトのことが脳裏をよぎった。やってみたい、自分も。広尾のプロジェクトとは目的も質も全く異なるが、何百年もの長い時間を生きてきた一本の木にこだわって伝記を書く。それはこれまでなんらかの形でこの木に関わった人々の営みや気持ちに触れ「書き残す」作業でもある。「個木史」、私の言う一本の「木の伝記」だ。

もちろん「伝記」といえば、生まれてから死ぬまで長い時間の記録になる。人の伝記でもそうだが、手掛かりになるもの、ことに文字が残っていてくれなければ歴史を書くことは不可能に近い。だから私の「木の伝記」は、一本の木とその周辺について「文字に残してくれた人の歴史」でもある。そのことを軸にして書いてみよう、そう決意した。

とにもかくにもゴールにたどり着くことができたのは、ひとえに世にも稀(まれ)な享保五(一七二〇)年の「享保吟味覚書」に出会えたからだ。三通の古文書史料を徹底的に読んで、時の将軍徳川吉宗の好奇心に思いを致し、その対極にいた村の百姓の「祟り」への恐れを想像した。現地に臨んで詳細な聞き取りを実施し、書き留め、絵にして幕府に提出した手代と呼ばれた幕府末端の役人たちを思い浮かべることも楽しかった。

三通の「享保の事件」文書に出会えたのは、その価値の大きさに気づいて原文を書き写してくれた郷土史家寺阪五夫のお陰以外の何ものでもない。『美作高円史』執筆のために、村の史料を探し出し寺阪に提供した岡本友一らの熱意、協力も忘れられない。菩提寺とイチョウの歴史のもう一人の語り手、高円の守安徳太郎でさえ、この古文書の存在は知らなかった、あるいはあっても全く注意を払わなかったのだから。

心残りなのは、三点の古文書がどこの誰の所蔵で、発見のときどこにあったのかがわからないままになってしまったことだ。直接原本の確認ができなかったことは歴史研究者としては痛恨事だった。将来への課題としなければならないだろう。

『美作高円史』には、享保の古文書以外の別の重要史料も載せられていた。守安徳太郎の編集した『菩提寺古今録』だ。守安もまた当地の人として菩提寺とイチョウに並々ならぬ情熱を注ぎ、貴重な歴史を整理し書き留めてくれた。残念ながらそれは現存しない。寺阪は守安の正確に記録する姿勢に強く共鳴し、関連する重要箇所を書き写しておいてくれた。守安徳太郎も寺阪によって後代に記憶されるべき人物となった。

さらに寺阪は明治四三（一九一〇）年、勝田郡役所が実施した現代でも稀なほどの詳細なイチョウ調査の記録を『美作高円史』に書き留めておいてくれた。今回、絵で復元を試みることにした元のデータもこれによっている。

江戸時代後期、大雪のため枝が折れて大地についたその枝先から根を出し生長したいわゆる「天明イチョウ」のことも、寺阪の記録がなければＤＮＡ調査までして確認されることはなかっただろう。菩提寺イチョウとのクローン関係がこれによって証明された。

寺阪は美作地方を中心に数々の史料を調査発掘し、各地の郷土史を書き残した。高円は彼の生まれ育った村というわけではなかったが、菩提寺とイチョウに関しては特別な関心と強い愛着があった。岡本友一ら寺の関係者に頼まれたのだろう、『美作高円史』から菩提寺の部分だけを抜き出し、小さな冊子も作成している。自分が詠んだ俳句、短歌、漢詩も多く収められている。

改めて思う。郷土史家寺阪五夫は、将来史料が失われることで歴史がわからなくなる、それを防ぐために「史料を生のままで保全する」ということを繰り返し言っている。菩提寺イチョウは、『美作高円史』という書においてその正しかったことをはっきりと証明してみせた。原史料が失われるという悲劇に対して、「史料保全のために書かれた郷土史」が辛うじて世界でも稀なイチョウの事件史を後世に守り伝えたのである。

寺阪が書いた一冊の本を通して菩提寺イチョウに出会えたことは、私にとってまことに幸運なことだった。『木に「伝記」あり』などという無謀な試みに挑戦する勇気を与えてくれたからだ。初めてお会いした日に、こんな本があると言ってびっしり文字の詰まった、読みにくい古ぼけた一冊の本を貸してくださった岡本美昭さんとの出会いも幸運だった。岡本さんは現在ご存命のなかでは、この本を読み込んでおられるほとんど唯一の方ではないか。寺阪五夫の名前を出して、そこに大きな可能性のあることを示唆されたのも岡本さんだった。

翻(ひるがえ)って菩提寺イチョウの側に立ってみると、このイチョウが寺阪五夫によって見出されたことも幸運としかいいようがない。日本全国他の地域でも、多かれ少なかれ木には固有の歴史があったはずだ。文字として残らなかったためにほとんど注目もされないということは無数にあるだろう。いやそれは私たちの側の怠慢かもしれない。その気になれば、きっとまだまだ木の歴史を語る文字の史料に出会える可能性はある。

こうして積み重ねられてきた人々の着目や地道な努力がほとんど顧みられず、埋もれた状態になってしまっているのは非常に残念なことだ。私たちは見た目の形状に心を寄せて木を称賛することはあっても、これを守り伝えてきた人、木の歴史を発見した人、さらに貧素な装丁だったとしても文字にして出版し、われわれにつないでくれた人の地道な営みに目を向けることはほとんどない。もっと心を寄せて記憶したいものである。

渋谷広尾の伐られたケヤキプロジェクトのように、多くの賛同者とともに一本の木の多様性を引き出すことなどはできなかったが、何百年という時間を生きてきたという事実や、この木の置かれた場、時間、空気などをともにした人々に少しは接することができたように思う。一本の木という「個」にこだわりながら、あちこちよそ見もした。それが歴史的・人文学的視点からする「木に伝記あり」ということになる。

巨樹・巨木といわれる由緒のありそうな木ばかりに注目する必要はない。生きてきた時間が五〇年、一〇〇年の木であってもいい。何か自分に訴えかけてくるものがあれば、徹底的に「個」にこだわってその固有の「生」あるいは「死」を追ってみるといい。きっとこれまで自分には見えていなかった木の力や、聞こえていなかった人の声に気づかせてくれるだろう。自分を発見させてくれるという意味でも、「個」としっかり関わる価値は十二分にあるのだ。

今は亡き堀さんからの誘いを受けてイチョウの勉強を始めここに至った。堀さんの期待からははるか遠いものとなってしまったが、とにもかくにもここに深い感謝の気持ちを込めて報告をしたい。

謝辞

いま本づくりの最終段階に来て思うこと。こんな小さな本でも実に多くの人、機関の協力をいただいてできたという、あまりにもあたり前のことです。

イチョウ研究という全く専門外の世界に導いてくださったのは堀輝三、志保美ご夫妻でした。おふたりは今や故人ですが、おふたりのことを書くことに理解を示してくださったご遺族に厚く御礼申し上げます。

また堀氏のもとで学び、堀氏にも大きな刺激を与えた徳島大学の佐藤征弥氏。氏は「生物ど素人」の私の問いにいつも丁寧に答えてくださいました。また氏の紹介で、イチョウ研究に注力している日本北方圏域文化研究会にも近づくことができました。会の中心的メンバーとして牽引してこられた栄花茂氏や児島恭子氏のイチョウについてのご教示も大きかったのです。

今回は地方の調査が主な方法でした。民俗学研究者の畏友福田アジオ氏は常々、調査したら必ず成果を現地に返さなければならないと説き実践しておられます。同僚として側で見ていた私は、自分の調査がたいていやりっぱなしで、形に出来ないまま放り出してしまうことに忸怩たる思いでした。

今回の全国巨樹イチョウ調査も同じようになってしまいました。ほんとうに多くの機関や人たちのお世話になりながら、十分な成果の還元ができていません。辛うじてこの本で取り上げた地域の方と機関に限ってお名前を出すことになってしまいましたこと、深くお詫び致します。

調査の始まりはたいてい各地の教育委員会か博物館です。あるいはそこから紹介された方です。青森県深浦町教育委員会の伊東信氏、岩手県久慈市教育委員会の千葉啓蔵氏、大分県玖珠町教育委員会の佐藤祐二氏と説明に加わっていただいた小川通安氏、長尾嘉泰氏。熊本県小国町教育委員会で紹介いただいた小国郷史談会の原山光成氏。岡山県奈義町教育委員会の寺坂信也氏といつもご一緒いただいた岡本美昭氏、車で案内していただいた佐桑一吉氏、津山郷土博物館、津山市洋学資料館の小島徹氏、美作市教育委員会の池田和雅氏、また氏から教えていただいた美作市古町の田中宏典氏。兵庫県尼崎市立歴史博物館の辻川敦氏の方々です。

岡本氏には奈義に行くたびにお会いして話を伺いましたが、ある年は東京への土産にびっくりするほど大きな袋いっぱいのギンナンを頂きました。もちろん菩提寺のモノではなく、ご自身が育てておられたものです。人にも分けましたが、東京に持って帰り毎日八粒ずつ食べてなくなるまで数か月かかりました。それ以来私は一年中どこかでギンナンを見つけては購入し、毎朝食べることが習慣になっています。

教育委員会のスタッフや博物館の学芸員には若い人もいます。最初は戸惑いながらの案内ですが、もともと熱意のある人たちです、私の質問や要求になんとか応えようとして対応してくださいます。外部から来る者の質問を受けてご自身も勉強になるのでしょう。まさに掛け合いによって両者が成長していく、そういう研究者と現地スタッフの関係のあり方に大きな希望を見出したものです。

多くの寺院にもお世話になりました。岩手県久慈市長泉寺の藤原菊英氏、藤原耕道氏、藤原聡史氏。そしてご紹介いただいた一関在住の仏師佐久間溪雲氏からは書簡での丁寧な説明を頂戴しました。岡山県では奈義町随泉寺の石戸秀定氏、津山市少林寺の清涼晃輝氏、大信寺ご住職、東京芝増上寺、京都東山知恩院、同史料編纂所の高橋大樹氏、東京大田区安養寺です。

忘れられないのは長泉寺の藤原菊英氏のお話です。八〇数年間、黄葉したイチョウの葉が散るすがたを寺の一室から眺めておられたようです。霜の強い無風の朝、小雨のように静かにサラサラと降る。夜が明けて十時くらいまでに葉はすべて散ってしまう。あまりに見事で、神秘的で、けれどだれも関心を示さない。一生を長泉寺のイチョウとともに生きてこられた人の観察と言葉です。イチョウを自分の存在と感性すべての源泉にしているような方でした。私の全国イチョウ行脚の中でも決して忘れることのできない場面です。菊英氏はその後の私の研究の実に力強い心の支えとなってくださったのです。

寺阪五夫氏のご子息彰郎氏にもご高齢にもかかわらず大変お世話になりました。質問を書いて送るたびに、写経のように一字もゆるがせにしないていねいな文字で、父五夫氏の手書きの文を書き写し提供してくださいました。五夫氏もかくやと勝手に想像させられたものです。美智子氏には父五夫氏の素顔やエピソードを熱く語っていただきました。五夫氏の勤務先のことや史料収集で走り回る姿が手に取るように浮かびました。お孫さんの元之氏には写真を探していただき提供を受けました。こうしたことを受けて、私は五夫氏が生涯焦がれ続けたふるさと勝上村の地に一度立ってみたいとの強い衝動を抑えることができなくなったのです。

近世史のことはあまり勉強したことがなく不安だらけでした。そこで近世史の専門家で元東京大学史料編纂所の佐藤孝之氏に幕府の仕組みや命令伝達の経路など、その他幾つもの文献を教えていただきました。難解な古文書の理解にもアドバイスを頂戴しました。菩提寺イチョウを書くことには十分意味があると確信が持てるようになったのも佐藤氏のおかげです。

韓国の調査では元水原大学の姜憲氏に大変なご協力を頂戴しました。韓国々内を車で縦横無尽に走っていただき、また氏独特の闊達な話しぶりで現地の人からのおもしろい情報も得ることができました。氏に紹介いただいた元啓明大学の姜判權氏は韓国イチョウ研究の第一人者です。「樹木人文学」という魅力的な研究分野の開拓者でもあります。私の質問に対しても即座に返信を頂きました。グーグルの翻訳機能を使いながらおよそのところはわかりましたが、私の理解力の乏しさではまだまだ不安です。氏は昨年韓国のイチョウの本を刊行され私も頂戴しました。一日も早く日本でも翻訳されることを切に願うものです。一番に読ませていただきたいのです。高麗大学の梁誠允氏にも資料の提供や翻訳でお世話になりました。日本の古典文学を研究しておられるだけに、こなれた日本語翻訳は実にありがたいものでした。

すべてにおいて図書館は頼りになりました。青森県立図書館、弘前市立図書館、岡山県立図書館、奈義町立図書館、大田区蒲田駅前図書館、武蔵大学図書館です。武蔵大学図書館のレファレンスの威力には驚きました。ピンポイントで地域の天候を江戸時代から知りたいなどという質問に対しても、すぐにわかること、そうでない場合は史料の所在を東京と現地に分けて詳細に教えてもらえました。司書のプロ意識の高さには感服したものです。

イチョウ研究を始めた二二年前、堀氏から提供していただいた全国イチョウ資料によって、どこにどんな文献やデータがあるかの調べが始まりました。当時パソコンが使えなかった私は、大学院生三島暁子氏に依頼してネット検索と武蔵大学図書館検索で可能なデータを集めてもらいました。調査研究のスタートラインに立てて大いに助かりました。

資金面です。三菱財団人文科学研究助成、文科省科学研究助成のお世話になりました。特に三菱財団には、すぐ出ない成果をも認めて援助していただいたことにとても感謝しています。共同研究をはじめるときに堀氏に「人文研究は時間がかかります」と思わず言ってしまった言葉がその通りとなりました。研究支援のあり方を考えさせてくれた思い出です。

この本は最初朝日新聞社の能登屋良子氏の編集で出してもらう予定でした。しかし私の進行がはかどらず、氏は定年を機に奈良ゆみ子氏に引き継ぎをしてくださいました。お陰であせらず時間をかけて調べ直すことができました。もうそろそろとやんわりお声がかかり、観念することにしました。奈良氏は提出後の私の原稿のばらばらな用字、用法の統一に始まり、章の構成の調整、挿入写真選びと掲載許可願い、図表づくり、本の体裁と一切に関わってくださいました。

イラストレーターマカベアキオ氏にも原画の模写や作図で大変お世話になりましたが、何度か描き直しをしていただきました。そのときの弁明も奈良氏にお願いしました。奈良氏のハードワークは私をはるかに超えるものがあります。勝手に「同志」と呼んで甘え無理難題も強引にお願いしました。また奈良旬晃氏には車で現地の隅々まで走り回っていただきました。たくさんの写真も撮っておられましたが、すべて提供していただき、撮影著者の名で載せたものもあります。とにかく個人の論文作成と本作りは「似て非なるもの」との実感を強く抱かされたことでした。

最後にもうひとこと個人的なことをお許しください。これまで私の書くものなど読んだこともなかった妻知子が、今回は時間に追い詰められた私を見かねて、段ボール箱十数個にびっしり詰まった全参考文献をエクセルに打ち込んでくれました。最後の最後集中できたことは実にありがたいことでした。

こうして多くの機関、人々のご協力によって、ようやくここに一冊の本が誕生することになります。改めて厚く御礼申し上げる次第です。ほんとうはあげるべきお名前を落としてしまっていることを恐れますが、そのときはどうかご寛恕のほどよろしくお願い申し上げます。

二〇二五年三月一日

瀬田勝哉

参考文献

（著者名等の五十音順）

青森県史編さん考古部会『青森県史　資料編　考古4　中世・近世』（二〇〇三年）
青森県立郷土館編『青森県の板碑』青森県立郷土館調査報告第一五集　歴史二（一九八三年）
青森県立郷土館『関の民俗　青森県西津軽郡深浦町関』（一九八四年）
青森県立郷土館編『蓑虫山人と青森　放浪の画家が描いた明治の青森』（二〇〇八年）
赤坂信「戦前の日本における郷土保護思想の導入の試み」『ランドスケープ研究』六一巻五号（日本造園学会　一九九八年）
赤松氏研究会編『年報　赤松氏研究』創刊号（二〇〇八年）
赤松氏研究会編『年報　赤松氏研究』第二号（二〇〇九年）
蘆田伊人編集校訂『御府内備考』大日本地誌大系（雄山閣　二〇〇〇年）
足立久男「倒壊した鎌倉・鶴岡八幡宮の大イチョウ」『地学教育と科学運動』六七号（地学団体研究会　二〇一二年）
尼崎市立地域研究史料館編「尼崎市クロニクル一〇〇年のあゆみ」『たどる調べる尼崎の歴史　上巻』（二〇一六年）
安藤裕「植物学者三好學　研究資料Ⅰ」『清泉女学院短期大学研究紀要』第一一号（一九九三年）
五十嵐和雄「垂乳根の銀杏考七〇年」〈樹木文化を語るシンポジューム「西津軽のイチョウ巨樹と郷土の文化」〉レジュメ（深浦町教育委員会後援・日本北方圏域文化研究会主催　二〇一六年）
池澤一郎「大田南畝『調布日記』における詩情について」『国文学研究』一六三巻（早稲田大学国文学会　二〇一一年）
石井進『日本の中世1　中世のかたち』（中央公論新社　二〇〇二年）
石川謙「世俗教育場としての寺院」『日本学校史の研究』（小学館　一九六〇年）
石川謙『古往来についての研究——上世・中世における初等教科書の発達』（大日本雄辯會講談社　一九四九年）

石川松太郎「古代・中世撰作の往来（古往来）」『往来物の成立と展開』（雄松堂フィルム出版　一九八八年）
伊丹公論編集委員会『伊丹公論』復刊第一号　通巻二〇号（伊丹市立図書館ことば蔵　二〇一三年）
伊丹市編纂専門委員会編『伊丹市史　第三巻』（一九七二年）
一宮郷土史編集発行委員会編『美作一宮　郷土の歩み』（津山市一宮公民館　一九五五年）
一本の樹プロジェクト『一本の樹から地球へⅠ、Ⅱ、Ⅲ』（一九九二年〜）
遺伝学普及会編集委員会「特集Ⅰイチョウの世界」『生物の科学　遺伝』第七四巻第五回配本（エヌ・ティー・エス　二〇二〇年）
伊藤唯真『浄土宗史の研究　伊藤唯真著作集Ⅳ』（法藏館　一九九六年）
今橋理子『江戸の花鳥画　博物学をめぐる文化とその表象』（スカイドア　一九九五年）
今堀太逸『浄土宗の展開と総本山知恩院』（法藏館　二〇一八年）
今村鞆『増補　朝鮮風俗集』韓國地理風俗誌叢書一三六〔『朝鮮風俗集』訂正三版（ウツボヤ書籍店　一九一九年）の影印〕（景仁文化社　一九九〇年）
入間田宣夫・小林真人・斉藤利男編『北の内海世界　北奥羽・蝦夷ヶ島と地域諸集団』（山川出版社　一九九九年）
岩城卓二・高木博志『博物館と文化財の危機』（人文書院　二〇二〇年）
岩手県教育会九戸郡部会編『九戸郡誌』（名著出版　一九七二年）
『岩波講座日本通史　別巻2　地域史研究の現状と課題』（岩波書店　一九九四年）
上野隆生「雑誌『太陽』の一側面について」『東西南北　和光大学総合文化研究所年報二〇〇七年』（二〇〇七年）
上原敬二『樹木大図説Ⅰ』（有明書房　一九六一年）
宇高良哲『江戸浄土宗寺院寺誌史料集成』（大東出版社　一九七九年）
宇高良哲「近世初期における増上寺と知恩院の地位」『大本山増上寺史　本文編』（大本山増上寺　一九九九年）
宇高良哲『近世浄土宗史の研究』（青史出版　二〇一五年）
馬田綾子「第五章　南北朝・室町時代」『姫路市史　第二巻　本編古代中世』（二〇一八年）
海浦義観『増補　陸奥津軽　深浦沿革誌』（海浦義観　非売品　一八九八年）

『新訂江戸名所図会　二』ちくま学芸文庫
『新訂江戸名所図会　四』ちくま学芸文庫
榎本角郎『大庄村誌』（大庄村教育調査會　一九四二年）
榎本渉『僧侶と海商たちの東シナ海』（講談社　二〇一〇年）
大石直正・入間田宣夫・遠藤巖・伊藤喜良・小林清治・藤木久志『中世奥羽の世界』（東京大学出版会　一九七八年）
大石直正『中世北方の政治と社会』（校倉書房　二〇一〇年）
大石学「享保改革期の薬草政策」『名城大学人文紀要』二四巻一号（名城大学人文研究会　一九八八年）
大石学「日本近世国家の薬草政策——享保改革期を中心に」歴史学研究会編『歴史学研究』六三九号（青木書店　一九九二年）
大石学『徳川吉宗　国家再建に挑んだ将軍』（教育出版　二〇〇一年）
大分県玖珠町教育委員会編『角牟礼城跡　玖珠町文化財調査報告書第一二集』（二〇〇〇年）
大分県玖珠町編　石井進監修『よみがえる角牟礼城』（新人物往来社　一九九七年）
大分県林務管理課　森との共生推進班　作成「豊の国名樹」大分県ホームページ　https://www.pref.oita.jp/soshiki/16210/meiboku.html
大国正美・樋口元巳「本庄村誌嘱託　松田直市について」『生活文化史』第四四号（神戸深江生活文化史料館　二〇一六年）
大島建彦「口承文藝における巨樹の信仰」『季刊　悠久』一二四号（鶴岡八幡宮悠久事務局　二〇一一年）
大田南畝『玉川披砂　上』『大田南畝全集第九巻』（岩波書店　一九八七年）
大田南畝『調布日記』『大田南畝全集第九巻』（岩波書店　一九八七年）
大田区教育委員会『大田区の文化財　第十一集　文化財総覧』（一九七五年）
「大田区史事典」作成グループ編『大田区の仏様とお寺　大田区ゆかりのことがら　その2』（二〇〇六年）
大田区史編さん委員会『大田区史（資料編）寺社1』（一九八一年）
大場秀章編『日本植物研究の歴史　小石川植物園三〇〇年の歩み』（東京大学総合研究博物館　一九九六年）
大場秀章『江戸の植物学』（東京大学出版会　一九九七年）

大原町史編集委員会編『大原町史　史料編（中）古代・中世・近世』（美作市　二〇〇六年）
大山喬平監修・石川登志雄・宇野日出生・地主智彦編『上賀茂のもり・やしろ・まつり』（思文閣出版　二〇〇六年）
岡村吉彦「因幡における広峯御師の活動」『鳥取県　とりネット　第五六回県史だより』（鳥取県立公文書館　二〇一〇年）
岡山縣勝田郡役所編『岡山縣勝田郡志』（岡山県勝田郡役所　一九一二年）
岡山県教育委員会編『岡山県文化財総合調査報告書Ⅵ（天然記念物編）勝央町』（一九七五年）
岡山県教育委員会編「菩提寺境内確認調査」『岡山県埋蔵文化財報告』一四（一九八四年）
岡山県教育委員会編『岡山県文化財総合調査報告書（建造物・石造美術・工芸品・有形民俗文化財・史跡・天然記念物・古文書編）山手村、清音村、里庄町、勝田町、勝央町』（一九八五年）
岡山県教育委員会編『岡山県歴史の道調査報告書第五集 因幡往来・因幡道・倉吉往来』（一九九三年）
岡山県古代吉備文化財センター編『岡山県中世城館跡総合調査報告書 第三冊美作編』（岡山県教育委員会　二〇二〇年）
岡山県史蹟名勝天然記念物調査会編「菩提寺ノ公孫樹」『岡山県史蹟名勝天然記念物調査報告　第二』（一九二二年）
岡山県史編纂委員会『岡山県史　第一巻　自然風土』（一九八三年）
岡山県史編纂委員会『岡山県史　第四巻　中世Ⅰ』（一九九〇年）
岡山県史編纂委員会『岡山県史　第五巻　中世Ⅱ』（一九九一年）
岡山県史編纂委員会『岡山県史　第六巻　近世Ⅰ』（一九八四年）
岡山県史編纂委員会『岡山県史　第七巻　近世Ⅱ』（一九八六年）
岡山県歴史人物編集委員会『岡山県歴史人物事典』（山陽新聞社　一九九四年）
小川剛生『足利義満　公武に君臨した室町将軍』（中央公論社　二〇一二年）
『お湯殿上日記』続群書類従・補遺三（続群書類従完成会　一九八〇年）
貝原益軒『大和本草』（一七〇九年）京都大学貴重資料デジタルアーカイブ
笠谷和比古「徳川吉宗の享保改革と本草」山田慶兒編『東アジアの本草と博物学の世界　下』（思文閣出版　一九九五年）
片倉慶子・河上友宏・渡辺洋一・藤井英二郎・上原浩一「日本のイチョウ巨木の遺伝的変異の地域特性」『日本緑化工学会誌』四四－四（二〇一九年）

神奈川県教育委員会文化財保護課編『樹木総合診断調査報告書（Ⅰ）』（一九九〇年）
神奈川県教育委員会文化財保護課編『樹木総合診断調査報告書（Ⅱ）』（一九九〇年）
狩野秀頼『高雄観楓図屏風』東京国立博物館所蔵
禿迷盧『小国郷史』（一九六〇年）
賀茂御祖神社編『下鴨神社と糺の森』（淡交社　二〇〇三年）
唐沢孝一『語り継ぐ焼けイチョウ——東京大空襲、広島・長崎、そして神戸』（北斗出版　二〇〇〇年）
唐沢孝一『よみがえった黒こげのイチョウ——命を守り震災や戦災を伝える樹木』（大日本図書　二〇〇一年）
川内淳史「素描・伊丹の地域史研究——小林杖吉による私立伊丹図書館の開設を起点に」『地域研究いたみ』第四二号（伊丹市立博物館　二〇一三年）
川嶋將生「喝食の額髪——「銀杏の葉」型額髪の意味をめぐって」『風俗絵画の文化学Ⅱ　虚実をうつす機知』（思文閣出版　二〇一二年）
河添房江・皆川雅樹編『唐物と東アジア　舶載品をめぐる文化交流史』（勉誠出版　二〇一六年）
河添房江・皆川雅樹編『「唐物」とは何か　舶載品をめぐる文化形成と交流』（『アジア遊学』二七五号）（勉誠出版　二〇二二年）
河原武敏『平安鎌倉時代の庭園植栽』（信山社　一九九九年）
姜在彦『歴史物語　朝鮮半島』（朝日新聞社　二〇〇六年）
姜判權『인류의 미래 은행나무（人類の未来　イチョウ）』（アロパ出版　二〇二四年）
環境省自然環境局生物多様性センター、全国巨樹・巨木林の会編集協力『大きな木が待っている！』巨樹・巨木林の基本的な計測マニュアル（二〇〇〇年）
環境省自然環境局生物多様性センター編『第六回自然環境保全基礎調査　巨樹・巨木林フォローアップ調査報告書』（二〇〇一年）
環境省・生物多様性センター『巨樹・巨木林データベース』　https://kyoju.biodic.go.jp
環境庁編『日本の巨樹・巨木林　全国版』（一九九一年）
環境庁編『日本の巨樹・巨木林　各ブロック別　八冊分』（一九九一年）

韓国教員大学歴史教育科『韓国歴史地図』（平凡社　二〇〇六年）
岸本美緒・宮嶋博史『明清と李朝の時代』（中央公論社　一九九八年）
『愚管記』續史料大成（臨川書店　一九六七年）
久慈市教育委員会『久慈市の指定文化財』（一九九四年）
久慈市史編纂委員会編『久慈市史　第一巻通史　自然・原始・古代・中世』（一九八四年）
玖珠郡史談会編『玖珠川歴史散歩』（葦書房　一九九一年）
玖珠郡教育会『玖珠郡史』（一九一七年）
玖珠町史編纂委員会『玖珠町史　上巻　自然～近世』（二〇〇一年）
玖珠町史編纂委員会『玖珠町史　下巻　宗教・文化財～特論』（二〇〇一年）
國枝利久「霊場寺院に付せられた和歌について」藤堂恭俊博士古希記念会編『浄土宗典籍研究　研究篇』（同朋舎出版　一九八八年）
国政寛編『合併記念　勝田郡誌』（勝田郡誌刊行会　一九五八年）
熊本県編『熊本縣老樹名木誌略』（一九三二年）
熊本県教育委員会編『下城遺跡Ⅰ――国道二一二号改良工事に伴う文化財調査』（一九七九年）
熊本県教育委員会編『下城遺跡Ⅱ――国道二一二号改良工事に伴う文化財調査』（一九八〇年）
国立能楽堂編『百万絵巻』（日本芸術文化振興会　二〇一〇年）
児島恭子「イチョウ巨樹の信仰」『東北・北海道のイチョウ』（秋田文化出版株式会社　二〇一六年）
児島恭子「イチョウ巨樹の乳信仰――歴史研究の資料に関する課題」『札幌学院大学人文学会紀要』一〇三号（二〇一八年）
小嶋博巳『六十六部日本廻国の研究』（法蔵館　二〇二二年）
後藤丹治・釜田喜三郎校注『日本古典文學大系三四　太平記一』（岩波書店　一九六〇年）
後藤丹治・岡見正雄校注『日本古典文學大系三六　太平記三』（岩波書店　一九六二年）
近藤祐介「熊野参詣の衰退とその背景」『人文』一四号（学習院大学人文科学研究所　二〇一五年）
齋藤慎一「補　中世資料としての「銀杏」覚書」『中世東国の信仰と城館』城館研究叢書二（高志書院　二〇二一年）

嵯峨井健「鴨社の祝と返祝詞」『神主と神人の社会史』神社史料研究会叢書第一輯（思文閣出版　一九九八年）
酒井敏雄『評伝　三好學　日本近代植物学の開拓者』（八坂書房　一九九八年）
佐々木勝三「長久寺と義山明恩禅師」『新岩手人』第九巻第九号・一〇号通巻九七号・九八号（新岩手人社　一九三四年）
佐藤征弥「ＤＮＡからみたイチョウの日本への伝来・伝播」『TREE DOCTOR』No.16　特集イチョウ（日本樹木医会　二〇〇九年）
佐藤征弥・瀬田勝哉「青森県深浦町の北金ヶ沢と関に存在する巨樹イチョウと杉について」『東北・北海道のイチョウ』（秋田文化出版株式会社　二〇一六年）
佐藤弘『小国郷の史蹟・文化財』（熊本日日新聞情報文化センター　一九八六年）
佐藤弘『続　小国郷の史蹟・文化財』（熊本日日新聞情報文化センター　一九九五年）
史蹟名勝天然紀念物保存協会編『史蹟名勝天然紀念物　第一巻』（復刻版）（不二出版　二〇〇三年）
史蹟名勝天然紀念物保存協会編『史蹟名勝天然紀念物　第二巻』（復刻版）（不二出版　二〇〇三年）
史蹟名勝天然紀念物保存協会編『史蹟名勝天然紀念物　第三巻』（復刻版）（不二出版　二〇〇三年）
史蹟名勝天然紀念物保存協会編『史蹟名勝天然紀念物保存協会報告』（復刻版）（不二出版　二〇〇三年）
史蹟名勝天然紀念物保存協会編『史蹟名勝天然紀念物』解説・総目次・索引（不二出版　二〇〇三年）
島川観水編『西津軽郡誌』（一九一五年）
清水谷孝尚『巡礼と御詠歌　観音信仰へのひとつの道標』（朱鷺書房　一九九二年）
巡礼研究会編『巡礼論集２　六十六部廻国巡礼の諸相』（岩田書院　二〇〇三年）
浄宗会編『圓光大師　法然上人御霊跡　巡拝の栞』（知恩院　一九九六年）
浄土宗総本山知恩院『浄土教報』明治二九年八月一五日、明治三〇年五月一五日、大正三年六月一九日、大正七年六月七日（教法社　一八九六年、一八九七年、一九一四年、一九一八年）
浄土宗大辞典編纂委員会編『新纂浄土宗大辞典』（二〇一六年）
昌平坂学問所地理局『新編武蔵風土記稿』（一八三〇年）大日本地誌大系（雄山閣　一九五七年）
新城常三『新稿社寺参詣の社会経済史的研究』（塙書房　一九八二年）

真野俊和編『講座日本の巡礼　第二巻　聖蹟巡礼』（雄山閣出版　一九九六年）
関周一『中世の唐物と伝来技術』（吉川弘文館　二〇一五年）
関周一『中世の海域交流と倭寇』（吉川弘文館　二〇二四年）
関祐二「土を知る、土を使う」『世界の土vii　朝鮮半島の土（2）』（FoodWatch Japan　二〇一三年）
瀬田勝哉『木の語る中世』（朝日新聞社　二〇〇〇年）
曹福亮・沈国舫『中国銀杏志』（中国林並出版社　二〇〇七年）
神山榮眞・田中祥雄編『美作　誕生寺古記録集成』（誕生寺　山喜房佛書林　二〇一七年）
大光山聖壽寺『大光山聖壽萬年禅寺縁起』（二〇一四年）
平祐史『法然伝承と民間寺院の研究』（思文閣出版　二〇一一年）
高木博志「史蹟・名勝の成立」『日本史研究』三五一（日本史研究会　一九九一年）
高崎宗司『朝鮮の土となった日本人――浅川巧の生涯』（草風館　二〇〇二年）
武石彰夫「御詠歌の世界」『仏教和讃御詠歌全集　上』（図書刊行会　一九八五年）
武内善信「日露戦後の自然保護運動と「エコロジー」――南方熊楠の神社合祀反対運動と三好学の天然記念物保護活動」『同志社法学』五九巻二号（同志社法学会　二〇〇七年）
田阪美徳「幸福なる兄妹樹」『都市公園』第二号（東京都公園協会　一九五六年）
糺の森顕彰会事務局編『鴨社の絵図』（一九八九年）
田中智彦『聖地を巡る人と道』（岩田書院　二〇〇四年）
玉村竹二『五山禅僧傳記集成』（講談社　一九八三年）
『多聞院日記』（角川書店　一九六七年）
中世日本研究所・東京藝術大学大学美術館・産経新聞社・福本事務所編『尼門跡寺院の世界――皇女たちの信仰と御所文化』（産経新聞社　二〇〇九年）
朝鮮総督府編『朝鮮巨樹老樹名木誌』（一九一九年）
全瑛宇著・金相潤訳『森と韓国文化』（国書刊行会　二〇〇四年）

辻川敦「尼崎における地域史の編纂――『尼崎市史』以前の市村史誌」『季刊TOMORROW』第八巻第四号通巻三〇号（あまがさき未来協会　一九九四年）
津田大浄『十方庵遊歴雑記』（一八一二年～一八二八年）国立公文書館デジタルアーカイブ
坪田茉莉子『南葵文庫　目学問・耳学問』（東京都教職員互助会　二〇〇一年）
津山教育委員会編『新訂・増補美作略史』（二〇一三年）
津山市史編さん委員会編『津山市史　第四巻　近世Ⅱ――松平藩時代』（一九九五年）
津山市役所行政広報室『津山学ことはじめ――津山歴史散歩百話』（津山市　二〇〇〇年）
帝国森林会編著『日本老樹名木天然記念樹』（大日本山林会　一九六二年）
帝国秘密探偵社編『大衆人事録　第一二版　近畿・中国・四国・九州編』（帝国秘密探偵社・国勢協会　一九三八年）
寺阪五夫編『立花志稿』（立花村役場　一九四〇年）
寺阪五夫『勝上邑誌』（寺阪五夫　一九四二年）
寺阪五夫編『勝加茂村史』（一九五一年）
寺阪五夫編『美作古城史』（寺阪五夫　一九五五・五八年、作陽新報社　一九七七年）
寺阪五夫編『美作高圓史』（岡本友一　一九五八年）
寺阪五夫編『勝加茂史』（旧勝加茂閉村処理委員会　一九五九年）
寺阪五夫編『豊澤誌』（豊澤誌編纂委員会　一九六二年）
寺阪五夫『柏水詩鈔』（一九六三年）
寺阪五夫『美作史跡名勝誌』（一九六三年）
寺阪五夫『美作郷土資料』（名著出版　一九八五年）
樋田豊宏『イチョウ』（自家版　一九九一年）
東京国立博物館・京都国立博物館・九州国立博物館・NHK・NHKプロモーション『法然と極楽浄土』（NHK・読売新聞社　二〇二四年）
東京国立博物館・NHK・NHKプロモーション・朝日新聞社編『法然と親鸞　ゆかりの名宝』法然上人八百回忌・親鸞聖人

七百五十回忌特別展（NHK　二〇一一年）
東京大学史料編纂所『後深心院関白記　六』大日本古記録（岩波書店　二〇一五年）
東京府『東京府史蹟名勝天然記念物調査報告書　第二冊天然記念物老樹大木の調査』（一九二四年）
藤堂恭俊「浄土宗内における祖跡巡拝について——とくに『霊沢案内記』以降」藤堂恭俊博士古希記念編『浄土宗典籍研究
研究篇』（同朋舎出版　一九八八年）
土岐小百合『一本の樹からはじまった』（アリス館　一九九四年）
『言継卿記』（続群書類従完成会）
内務省『天然紀念物及名勝調査報告　植物之部第八輯』（一九二八年）
中井真孝「中世後期・近世初頭の知恩院——一宗本寺への道程」「京坂浄土宗寺院の成立」『法然伝と浄土宗史の研究』（思文
閣出版　一九九四年）
永沢奉実『津軽史　第一一巻』みちのく双書　特輯（青森県文化財保護協会　一九八一年）
永島福太郎・小田基彦校訂『熊野那智大社文書第二　米良文書二』史料纂集　古文書編三（続群書類従完成会　一九七二年）
中田書矢「津軽西浜の歴史景観——海辺と山あいの遺跡から」（東北中世考古学会編『東北中世考古学叢書3　遺跡と景観』
（高志書院　二〇〇三年）
長田敏行『イチョウの自然誌と文化史』（裳華房　二〇一四年）
長田敏行、堀輝三、ミヒャエル・ハップス、岩槻邦男『いまなぜイチョウ?』イチョウ精子発見百周年記念市民国際フォーラ
ム・リポート（現代書林　一九九七年）
中塚武『気候適応の日本史　人新世をのりこえる視点』（吉川弘文館　二〇二二年）
中野美智子『岡山の古文献』岡山文庫一三五（日本文教出版　一九八八年）
中村清兄『日本の扇　日本の美と教養』（河原書店　一九四二年）
中村清兄『扇と扇絵　日本の美と教養』（河原書店　一九六九年）
中村惕斎『訓蒙図彙』（一六六六年）国立公文書館デジタルアーカイブ
中村良之進『折曽乃關』（島男司　一九二二年）

『奈義町議会だより』一〇九号（二〇〇九年）
奈義町教育委員会編『さんぶ太郎考　なぎの伝説』（一九八五年）
奈義町教育委員会編『なぎのむかしばなし』（一九九〇年）
奈義町教育委員会編『奈義町の文化財』（二〇〇三年）
奈義町教育委員会「天明のイチョウ」調査報告書（未刊、二〇一四年）
奈義町誌編纂委員会『奈義町誌』（一九八〇年）
成田俊治「霊場めぐりの一環としての宗祖遺跡めぐり」藤堂恭俊博士古希記念会編『浄土宗典籍研究　研究篇』（同朋舎出版　一九八八年）
西岡芳文「歴史のなかのイチョウ」『年報三田中世史研究』Vol.5（三田中世史研究会　一九九八年）
西海賢二『近世の遊行聖と木食観正』（吉川弘文館　二〇〇七年）
西海賢二『念仏行者と地域社会　民衆のなかの徳本上人』（大河書房　二〇〇八年）
西沢淳男『江戸幕府代官履歴辞典』（岩田書院　二〇〇一年）
西沢淳男『代官の日常生活　江戸の中間管理職』（ＫＡＤＯＫＡＷＡ　二〇一五年）
西村幸夫「『史蹟』保存の理念的枠組みの成立　歴史的環境概念の生成史　その4」『日本建築学会計画系論文報告集』第四五二号（一九九三年）
二戸市史編さん委員会編『二戸市史　第一巻　先史・古代・中世』（二〇〇〇年）
日本北方圏域文化研究会報告書編集委員会編『東北・北海道のイチョウ――イチョウの生物学的・文化的神秘を探る』（秋田文化出版　二〇一六年）
日本樹木医会『TREE DOCTOR』No.16　特集イチョウ（二〇〇九年）
『日本歴史地名大系二　青森県の地名』（平凡社　一九八二年）
『日本歴史地名大系二九　兵庫県の地名Ⅰ』（平凡社　一九九九年）
『日本歴史地名大系三　岩手県の地名』（平凡社　一九九〇年）
『日本歴史地名大系三四　岡山県の地名』（平凡社　一九八八年）

『日本歴史地名大系四四　熊本県の地名』（平凡社　一九八五年）
『日本歴史地名大系四五　大分県の地名』（平凡社　一九九五年）
納富常天「鎌倉期典籍と葉子——金沢文庫資料研究余滴」『神奈川県博物館協会会報』二二号（神奈川県博物館協会　一九七〇年）
野田遺跡調査委員会編『岡山県勝田郡奈義町　野田遺跡——奈義町農協肉用牛等振興施設建設に伴う埋蔵文化財発掘調査』（一九八四年）
萩原龍夫・真野俊和編『仏教民俗学大系　二　聖と民衆』（名著出版　一九八六年）
橋本浩『熊本県阿蘇郡　小国郷土誌』（阿蘇郡北部教育會　一九二三年）
橋本政宣・宇野日出生編『賀茂信仰の歴史と文化』神社史料研究会叢書六（思文閣出版　二〇二〇年）
長谷川成一・村越潔・小口雅史・斉藤利男・小岩信竹『青森県の歴史』（山川出版社　二〇〇〇年）
橋本雄『中華幻想——唐物と外交の室町時代史』（勉誠出版　二〇一一年）
長谷川博史『戦国大名尼子氏の研究』（吉川弘文館　二〇〇〇年）
長谷川匡俊『近世念仏者集団の行動と思想　浄土宗の場合』（評論社　一九八〇年）
長谷川匡俊「念仏聖の特徴と意義——信仰と修行にみる」『近世浄土宗の信仰と教化』（渓水社　一九八八年）
花巻市教育委員会『花巻市史　別篇2　寺院編』（一九六二年）
濱田浩一郎「播磨赤松氏と神社」『日本宗教文化史研究』第一三巻第一号（日本宗教文化史学会　二〇〇九年）
濱野周泰「鶴岡八幡宮大銀杏倒木の記録」『季刊　悠久』一二四号（二〇一一年）
林盛龍軒「山陽道美作國古城」『美作鬢鏡』（一七一七年）『吉備群書集成 第一輯』（吉備群書集成刊行会　一九二一年）
原田龍門『寂室元光』（春秋社　一九八〇年）
半田喜久美『寛永七年刊　和歌食物本草　現代語訳——江戸時代に学ぶ食養生』（源草社　二〇〇四年）
ピーター・クレイン著、矢野真千子訳『イチョウ　奇跡の二億年史　生き残った最古の樹木の物語』（河出書房新社　二〇一四年）
飛田範夫『日本庭園の植栽史』（京都大学学術出版会　二〇〇二年）

姫路市史編集専門委員会編『姫路市史　第九巻　史料編 中世2』（二〇一二年）
姫路市史編集委員会編『姫路市史　史料編一』（一九七四年）
兵庫県史編集専門委員会編『兵庫県史　史料編　中世二』（一九八七年）
平泉澄『中世に於ける社寺と社會との関係』國史研究叢書第二編（至文堂　一九二六年）
平野順治『多摩川下流域における築堤がもたらした堤内地の環境変化に関する史的研究』（とうきゅう環境浄化財団　一九九六年）
平野順治『六郷今昔小誌』（六郷地区自治会連合会　二〇〇一年）
深井雅海『江戸城——本丸御殿と幕府政治』（中央公論新社　二〇〇八年）
深浦町編『深浦町史　上巻』（一九七七年）
深浦町編『深浦町史　下巻』（一九八五年）
深浦町編『深浦町史年表　ふるさと深浦の歩み』（一九八五年）
深浦町眞澄を読む会『菅江眞澄　深浦読本』（深浦町教育委員会　一九九九年）
深浦町歴史民俗資料館・津軽深浦北前の舘編『所蔵品図録』（深浦町教育委員会　一九九七年）
福島政民『美作鏡抄』『吉備群書集成　第二輯（地誌部　中）』（吉備群書集成刊行會　一九二一年）
藤井駿・水野恭一郎共編『岡山縣古文書集』（思文閣出版　一九八一年）
藤崎信哉「菩提寺史及立石家譜」『摩訶衍』一一号　宗祖遺跡号（佛教専門学校出版部　一九三二年）
藤田直子・小野良平・熊谷洋一「史蹟名勝天然紀念物保存における「社叢」の意味と位置付けの変遷に関する研究」『ランドスケープ研究』六八巻五号（日本造園学会　二〇〇五年）
藤巻正之編『美作誌　前編　東作誌』（石原書店　一九一二年）
古川武志「地域社会における郷土史の展開——泉州地域を中心として」『ヒストリア』一七三（大阪歴史学会　二〇〇一年）
『法然上人行状絵図』小松茂美編『続日本絵巻大成一〜三　法然上人絵伝』（中央公論社　一九八一年）
堀輝三・黒岩常祥『種子の中の海　イチョウの精子と植物の生殖進化』ＤＶＤ（東京シネマ新社　二〇〇〇年）
堀輝三『写真と資料が語る　日本の巨木イチョウ　二三世紀へのメッセージ』（内田老鶴圃　二〇〇三年）

堀輝三・堀志保美　共著『写真と資料が語る　総覧・日本の巨樹イチョウ——幹周7m以上22m台までの全巨樹』（内田老鶴圃　二〇〇五年）
堀江朋子『菅原道真と美作菅家　わが幻の祖先たち』（図書新聞　二〇一三年）
本多静六「（質疑　泉水松　公孫樹及び杉苗に就て）応答」『大日本山林會報』第三百五十八號（大日本山林會　一九一二年）
本多静六編『大日本老樹名木誌』（大日本山林會　一九一三年）
本田正次・吉川需・品田穣編『天然記念物事典』（第一法規出版　一九七一年）
本間健彦『「イチョウ精子発見」の検証　平瀬作五郎の生涯』（新泉社　二〇〇四年）
正木輝雄著、矢吹金一郎訂『新訂作陽誌　東作誌　参巻』（作陽古書刊行會　一九一四年）
松江重頼『毛吹草』（一六四五年）岩波文庫
松田直市「武庫村の民俗（一）（二）」『地域史研究』第七巻第二号、三号（尼崎市立地域研究史料館　一九七七年、七八年）
水野恭一郎「美作誕生寺についての若干の考察」恵谷隆戒先生古稀記念会編『浄土教の思想と文化』（佛教大学　一九七二年）
皆木佽耿『室町中期の美作国　守護代中村則久と地域社会』（二〇一二年）
皆木佽耿『美作中世史研究（三）中世の村の伝承を訪ねて』（二〇〇二年）
皆木保実『白玉拾』津山郷土博物館蔵（年代未詳）
皆木保実著・奈義町文化財保護委員会編『白玉拾』複製（奈義町教育委員会　二〇〇六年）
三保サト子『寺院文化圏と古往来の研究』（笠間書院　二〇〇三年）
美作市教育委員会「田中家文書目録　大原町田中家所蔵文書」未刊
美作の歴史を知る会・ふるさと歴史見学会『美作の大庄屋　——故地をたずねる』（二〇一九年）
作者不詳『美作風土』『吉備群書集成　第二輯（地誌部　中）』（吉備群書集成刊行會　一九二一年）
宮家準「中世後期の畿内の熊野先達」『大倉山文化会議研究年報』第二号（一九九一年）
宮田周「京都の旧社家町に関する研究——下鴨神社周辺地域を中心として」芝浦工業大学工学部建築工学科卒論（二〇一八年）
三好基之「寺阪五夫『美作郷土資料』解説」（名著出版　一九八五年）

三好基之『新釈　美作太平記』（山陽新聞社　一九八六年）
三好學「名木ノ伐滅並ニ其保存ノ必要」『東洋學藝雜誌』第二三巻第三〇一号（一九〇六年）
三好學「名木ノ伐滅並ニ其保存ノ必要」『植物學雜誌』第二四一号（一九〇七年）
三好學「自然物の保存及保護」『日本及日本人』四五二号（一九〇七年）
三好學「天然記念物保存の必要並に其保存策に就いて」『太陽』第一三巻一号（一九〇七年）
三好學「天然記念物保存の必要並に其保存策に就いて（承前）」『太陽』第一三巻二号（一九〇七年）
三好學『植物學叢話』（博文館　一九〇七年）
三好學『天然記念物』（富山房　一九一五年）
三好學「史蹟名勝天然紀念物保存法の発布に就いて」『史蹟名勝天然紀念物』第三巻第七號（一九一九年）
三好學『日本巨樹名木圖説』（刀江書院　一九三六年）
三好學『随筆　學軒集』（岩波書店　一九三八年）
民話さんぶたろう研究実行委員会『今も生きている巨人　伝説さんぶたろう』（奈義町教育委員会・吉備人出版　二〇一七年）
村井章介『中世日本の内と外』（筑摩書房　二〇一三年）
村井章介・斉藤利男・小口雅史編『北の環日本海世界　書きかえられる津軽安藤氏』（山川出版社　二〇〇二年）
村井章介『中世倭人伝』（岩波書店　一九九三年）
村井章介『国境を越えて　東アジア海域世界の中世』（校倉書房　一九九七年）
村井章介『日本中世の異文化接触』（東京大学出版会　二〇一三年）
望月昭秀『蓑虫放浪』（国書刊行会　二〇二〇年）
元木蘆洲『燈下録』巻七（一八一二年）『新編阿波叢書　上』（歴史図書社　一九七六年）
森敏弘「「菅家一族」と「三穂太郎」の実像を探る——出雲街道宿場考」『作州路』一二三号（美作学術文化振興財団　二〇二〇年）
森ノブ（岩手県文化財保護審議会委員）監修『慶弔会記念　知音記』（銀杏山長泉寺　一九九二年）
森ノブ（岩手県文化財保護審議会委員）著『慈明忌記念　長泉寺ものがたり』（銀杏山長泉寺　一九九七年）

守安徳太郎『岡山縣勝田郡豊並村古今村誌』（一九一三年）
文部省『天然紀念物調査報告　植物之部第十三輯』（一九三二年）
八坂神社文書編纂委員会『新編八坂神社文書　第二部　鴨脚家文書』（臨川書店　二〇一四年）
安田健『江戸諸国産物帳　丹羽正伯の人と仕事』（晶文社　一九八七年）
保田光則撰『新撰陸奥風土記』（青葉文庫叢書刊行会　一九一三年）
弥藤邦義『知られざる久慈・歴史ロマン——長久寺の謎に迫る』（二〇一五年）
藪内彦瑞編『知恩院史』（知恩院　一九三七年）
矢吹正則『津山治水永例及風火水災取調書』（一八九四年）
山路興造「前近代　被差別民呼称とその実像」世界人権問題研究センター編『中近世の被差別民像　非人・河原者・散所』（世界人権問題研究センター　二〇一八年）
山田慶兒編『物のイメージ　本草と博物学への招待』（朝日新聞社　一九九四年）
山田慶兒編『東アジアの本草と博物学の世界　上・下』（思文閣出版　一九九五年）
山本博子『法然上人　二十五霊場への誘い』（東方出版　二〇〇二年）
山本博子「法然上人二十五霊場と大坂講」『印度學佛教學研究』第五十四巻第二号（二〇〇六年）
山本博子「江戸期における法然上人二十五霊場巡拝の実態」『佛教文化研究』第五一號（浄土宗教學院　二〇〇七年）
山本博子「法然上人二十五霊場における番外札所」『印度學佛教學研究』第五十六巻第一号（二〇〇七年）
山本博子「法然上人二十五霊場の札所詠歌」『印度學佛教學研究』第五十七巻第一号（日本印度学仏教学会　二〇〇八年）
霊沢（岸誉順阿霊沢）『聖跡巡拝案内記』東北大学附属図書館狩野文庫所蔵（一七六六年）
若井敏明「皇国史観と郷土史研究」『ヒストリア』一七八（大阪歴史学会　二〇〇二年）
渡邊大門「美作地域における奉公衆の研究」『地域生活科学研究所報』五号（美作大学・美作大学短期大学部地域生活科学研究所　二〇〇八年）
渡邊大門「戦国期美作国における中小領主の特質」『佛教大学大学院紀要　文学研究科篇』第三九号（二〇一一年）

瀬田勝哉（せた・かつや）
1942年大阪府生まれ。歴史家。専門は日本中世史および木の社会史・文化史。東京大学大学院人文科学研究科博士課程中退。武蔵大学名誉教授。主な著書に『洛中洛外の群像――失われた中世京都へ』（増補、平凡社ライブラリー）、『見る・読む・わかる　日本の歴史 2 中世』（編著・朝日新聞社）、『木の語る中世』（朝日選書）、『変貌する北野天満宮――中世後期の神仏の世界』（編著、平凡社）、『戦争が巨木を伐った――太平洋戦争と供木運動・木造船』（平凡社選書）がある。

朝日選書 1048

木に「伝記」あり

巨樹イチョウの史料を探して全国を歩く

2025年4月25日　第1刷発行

著者　瀬田勝哉

発行者　宇都宮健太朗

発行所　朝日新聞出版
〒104-8011　東京都中央区築地 5-3-2
電話　03-5541-8832（編集）
03-5540-7793（販売）

印刷所　大日本印刷株式会社

Published in Japan by Asahi Shimbun Publications Inc.
ISBN978-4-02-263139-8
定価はカバーに表示してあります。